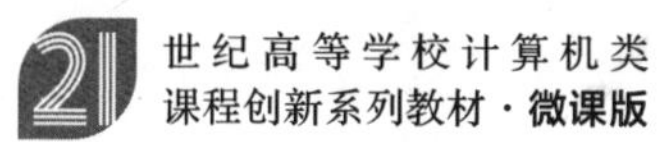

Java Web程序设计与项目案例

微课视频版

郭 煦 / 编著

清華大学出版社
北京

内容简介

本书将基础理论知识和工程案例相结合，循序渐进地介绍关于Java Web开发领域的常用技术和开发框架。全书共16章，分别介绍JSP、Servlet、EL和JSTL、过滤器和监听器、JDBC、Web开发模型、MyBatis、Spring和Spring MVC等知识，书中的每个知识点都有相应的案例代码。

本书主要面向广大从事Java Web开发、云计算的专业人员，可供从事高等教育的专任教师、高等学校的在读学生及相关领域的广大科研人员阅读参考。

图书在版编目(CIP)数据

Java Web程序设计与项目案例：微课视频版/郭煦编著. —北京：清华大学出版社，2023.1（2025.2重印）
21世纪高等学校计算机类课程创新系列教材：微课版
ISBN 978-7-302-62569-8

Ⅰ. ①J… Ⅱ. ①郭… Ⅲ. ①JAVA语言－程序设计－高等学校－教材 Ⅳ. ①TP312.8

中国国家版本馆CIP数据核字(2023)第008827号

责任编辑：陈景辉 李 燕
封面设计：刘 键
责任校对：焦丽丽
责任印制：曹婉颖

出版发行：清华大学出版社
网 址：https://www.tup.com.cn，https://www.wqxuetang.com
地 址：北京清华大学学研大厦A座 **邮 编**：100084
社 总 机：010-83470000 **邮 购**：010-62786544
投稿与读者服务：010-62776969，c-service@tup.tsinghua.edu.cn
质量反馈：010-62772015，zhiliang@tup.tsinghua.edu.cn
课件下载：https://www.tup.com.cn，010-83470236
印 装 者：三河市人民印务有限公司
经 销：全国新华书店
开 本：185mm×260mm **印 张**：19.25 **字 数**：469千字
版 次：2023年2月第1版 **印 次**：2025年2月第4次印刷
印 数：3501～5000
定 价：59.90元

产品编号：098831-01

前 言

随着互联网的飞速发展，Java Web 已成为市场上主流的 Web 开发技术。Java Web 是指所有用于 Web 开发的 Java 技术的总称，主要包括 JSP、Servlet、JDBC 等。这些技术已经稳定地占据了 Web 开发市场。Java Web 技术是有志于在 Java 开发领域发展的人员所必须掌握的技能。

本书主要内容

本书是一本以案例为基础的图书，非常适合具备一定 Java 基础的读者学习。通过本书的学习，读者可以实现从 Java Web 入门级开发到运用 Spring、Spring MVC 和 MyBatis 三大框架进阶开发的跨越。

全书分为两部分，共有 16 章。

第一部分为 Java Web 开发基础，包括第 1～7 章。第 1 章是概述，主要介绍 Java Web 开发的常用技术、概念和术语，以及 HTTP 概述等。第 2 章是 JSP，主要介绍 JSP 基础语法、运行原理和内置对象等。第 3 章是 Servlet，主要介绍 Servlet 基础、Servlet 配置、Servlet 常用接口、会话跟踪技术等。第 4 章是 EL 和 JSTL。第 5 章是过滤器和监听器，主要介绍过滤器编程接口、监听器编程接口和应用案例。第 6 章是 JDBC，主要介绍 JDBC 常用 API、JDBC 综合案例和数据库连接池等。第 7 章是 Web 开发模型，主要介绍 JavaBean 技术、JSP 开发模型、MVC 设计模式和应用案例。

第二部分为 Java Web 开发框架，包括第 8～16 章。第 8 章是 MyBatis，主要介绍 MyBatis 简介及入门程序、MyBatis 配置、MyBatis 映射与综合案例、MyBatis 关联映射、MyBatis 缓存与动态 SQL 等。第 9 章是 MyBatis 注解开发，主要介绍 MyBatis 基础注解、动态 SQL 注解和关联查询注解。第 10 章是 Spring IoC，主要介绍 Spring 概述、控制反转、Bean 实例化、依赖注入、Bean 的作用域、Spring 的组件装配。第 11 章是 Spring AOP，主要介绍 Spring AOP 简介、Spring AOP 开发基础、AspectJ AOP 开发等。第 12 章是 Spring 数据库开发，主要介绍 JdbcTemplate、JdbcTemplate 的常用方法、Spring 事务管理（基于 XML 方式和基于注解方式的事务管理）、Spring 整合非关系数据库（Redis 和 MongoDB）。第 13 章是 Spring MVC 基础，主要介绍 Spring MVC 简介、Spring MVC 工作流程、Spring MVC 功能组件、视图解析器等。第 14 章是 Spring MVC 控制器，主要介绍控制器相关注解、请求映射、请求转发与重定向、数据绑定和 JSON 数据交互。第 15 章是 Spring MVC 高级特性，主要介绍拦截器、异常处理和文件上传与下载。第 16 章是 SSM 框架整合，结合后端项目案例，介绍基于 XML 方式整合和注解方式整合框架，并提供了 Vue.js 客户端和微信小程序客户端代码。

附录 A～D 以数字资源形式展示，分别介绍在 Eclipse 中配置 Maven、MySQL 的安装与设置、Vue.js客户端代码和微信小程序客户端代码。

本书特色

(1) 案例驱动,视频讲解。本书采用基础知识点与实战案例相结合的模式编写,提供微课视频,可降低读者的学习门槛。

(2) 内容全面,综合性强。本书涵盖Java程序设计、UML可视化建模、软件测试、计算机网络、数据结构、Web前端开发、软件工程、软件设计模式等内容。

(3) 兼顾框架,前后端分离。既介绍Java Web开发的基础内容,又兼顾框架内容。从基础到前后端分离项目开发均有讲解。

(4) 简明易懂,代码详尽。本书语言由浅入深、通俗易懂,案例代码详尽、清晰,非常便于初学者阅读。

配套资源

为便于教与学,本书配有微课视频、源代码、教学课件、教学大纲、实验指导、程序安装包。

(1) 微课视频的获取方式:先扫描本书封底的文泉云盘防盗码,再扫描书中相应的视频二维码即可。

(2) 源代码的获取方式:先扫描本书封底的文泉云盘防盗码,再扫描下方二维码即可获取。

源代码

(3) 其他配套资源的获取方式:先扫描本书封底的"书圈"二维码,关注后回复本书书号即可下载。

读者对象

本书主要面向广大从事Java Web开发、云计算的专业人员,可供从事高等教育的专任教师、高等学校的在读学生及相关领域的广大科研人员阅读参考。

本书在编写的过程中参考了诸多相关资料,在此对相关资料的作者表示衷心的感谢。限于个人水平和时间仓促,书中难免存在疏漏之处,欢迎广大读者批评指正。

作　者

2023年1月

目　　录

第1章 概 述

1.1 开发技术概述

Java Web 应用开发是基于 Jakarta EE 技术平台的。Jakarta EE 是企业级应用的解决方案。Jakarta EE 框架提供的 Web 开发技术主要支持两类软件的开发：一类是 Web 应用服务器(Web Application Server)；另一类是在 Web 应用服务器上运行的 Web 应用程序(Web Application)。本书介绍的 Java Web 应用开发就是第二类,即在 Web 应用服务器上运行的 Web 应用程序的开发。

Java Web 是使用 Java 技术解决 Web 相关领域开发问题的技术栈。开发一个完整的 Java Web 项目涉及静态 Web 资源、动态 Web 资源以及项目的部署。在 Java Web 中,静态资源开发技术包括 HTML、CSS、JavaScript、XML 等；动态资源开发技术包括 JSP、Servlet 等。一个 Java Web 应用程序可以认为是将静态资源、动态资源、类及其他任何种类的文件绑定起来,在 Web 应用服务器上运行的 Web 资源的集合。在学习 Java Web 开发技术之前,需要了解相关的技术和术语。

1. 组件

组件(Component)是指在应用程序中能够发挥特定功能的软件单位。实际上,组件是几种特定的 Java 程序,只不过这些程序有固定的格式和编写方法,它们的功能和使用方式在一定程度上被标准化了。例如,JavaBean 组件就是按照特定格式编写的 Java 类文件,JavaBean 可以通过 Getters(Setters)方法访问对象的属性。

2. 容器

容器(Container)指的是能够提供特定服务的标准化运行环境,是一种服务程序。容器的作用是为组件提供与部署、执行、生命周期管理、安全相关的服务。此外,不同类型的容器明确地为它们管理的各种类型的组件提供附加服务。例如,Web 容器可以响应客户请求,并且支持将响应的结果返回客户端的运行时环境；Web 容器还负责管理某些基本服务,如组件的生命周期、数据库连接资源的共享、数据持久化支持等。

Java Web 开发中常用的 Web 容器有 Tomcat、Resin、WebLogic 和 WebSphere 等。

3. 容器与组件的关系

组件是组装到 Jakarta EE 平台中独立的软件单元,每一个 Jakarta EE 组件都在容器中执行。Java Web 应用程序由组件构成,这些组件根据各自的功能进行分类。容器为每个组件提供标准化服务和相关的 API 支持。Web 容器充当 Java Web 应用的组件通向底层 Jakarta EE 平台的接口。

4. 静态资源开发技术

在Java Web应用开发中,静态资源开发技术主要指静态网页技术。静态网页是指可以由浏览器解释执行而生成的网页,其内容相对稳定。静态网页的主要开发技术有HTML、CSS和JavaScript。

(1) HTML(Hyper Text Markup Language,超文本标记语言)是一组标签,负责网页的基本内容。

(2) CSS(Cascading Style Sheets,层叠样式表)是一种用于控制网页样式并允许将样式信息与网页内容分离的标签语言,主要用于完成字体、颜色、布局等方面的设置。

(3) JavaScript是Web中一种功能强大的脚本语言,可以嵌入HTML页面中,在浏览器端执行。能够在浏览器端实现丰富的交互功能,为用户带来流畅多样的体验。

5. 动态资源开发技术

在Java Web应用开发中,动态资源开发技术主要指动态网页技术。动态网页是指跟静态网页相对的一种网页编程技术。静态网页的页面内容和显示效果是基本稳定的。而动态网页则不然,页面代码虽然没有变,但是显示的内容却可以随着时间、环境或者数据库操作的结果而发生改变。常见的动态网页开发技术有PHP、ASP和JSP等。

本书采用Jakarta EE平台的相关技术,因此只简要介绍JSP。JSP页面由HTML代码和嵌入其中的Java代码组成。其中,HTML代码用于实现网页中静态内容的显示,Java代码用于实现网页中动态内容的显示。

对于Java Web开发,除了动态网页开发技术外,还有其他相关技术,如Servlet。Servlet是用Java语言编写的服务器端程序,是由服务器调用和执行的。它可以处理客户端传来的HTTP请求,并返回响应数据。它是按照Servlet规范设计的一个组件,其运行需要由Servlet容器(Web容器)提供支持。

6. 其他支撑技术

XML(eXtensible Markup Language,可扩展的标记语言)用于提供数据描述格式,适用于不同应用程序之间的数据交换,而且这种交换不以预先定义的数据结构为前提。在Java Web应用程序中,XML主要用于描述配置信息。

JSON(JavaScript Object Notation,JavaScript对象简谱)是一种轻量级的数据交换格式。JSON采用完全独立于编程语言的文本格式来存储和表示数据。JSON易于人阅读和编写,同时也易于机器解析和生成,并能够有效地提升网络传输效率。

此外,Java Web开发离不开框架。软件框架是一种可复用的软件环境。使用框架可以减少代码冗余,增强代码的可维护性,提高开发效率。Java Web开发常用的框架有Spring、SpringMVC、MyBatis、SpringBoot等。

1.2 HTTP

1.2.1 HTTP概述

浏览器与服务器的交互过程要遵循一定的通信规则。这个规则就是HTTP(Hyper Text Transfer Protocol,超文本传输协议)。HTTP可以定义浏览器和服务器之间数据交换的过程和格式。目前,Web 应用系统采用的基本的通信协议都是 HTTP。HTTP 是 Web 数据通信的基础。

HTTP 是客户端(用户)和服务器(网站)应答的标准。作为一种应用层协议,HTTP 广泛应用于分布式和超媒体信息系统。

HTTP 是一种请求/响应式协议。当客户端与服务器建立 TCP 连接后,就可以利用 HTTP 向服务器发送请求,这种请求称为 HTTP 请求。服务器在接收到请求后会做出响应,称为 HTTP 响应。HTTP 交互过程如图 1-1 所示。

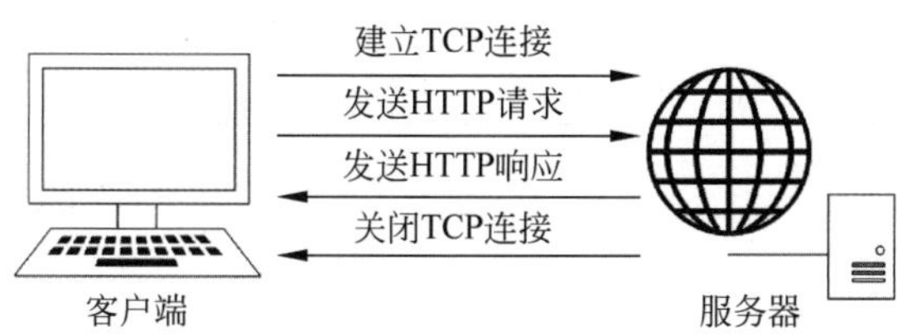

图 1-1 HTTP 交互过程

1.2.2 HTTP 的特点

(1) HTTP 工作于客户-服务器架构上。浏览器作为一种 HTTP 客户端,通过 URL (Uniform Resource Locator,统一资源定位器)向 HTTP 服务器端(即 Web 服务器)发送请求。

(2) 常见的 Web 服务器有 Apache、Nginx、IIS(Internet Information Services,互联网信息服务)等。

(3) Web 服务器根据接收到的请求,向客户端发送响应信息。

(4) HTTP 服务的默认端口号是 80,可以改为 8080 或者其他端口。

(5) HTTP 支持持久连接。对于 HTTP 1.0 版本,服务器处理完客户端的请求,并收到客户端的应答后,断开 TCP 连接。每次连接只处理一个请求,即通常所说的短链接。从 HTTP 1.1 版本开始默认保持长连接,即在一个 TCP 连接上可以传送多个 HTTP 请求和响应,这样减少了建立和关闭连接的消耗和延时。

(6) HTTP 是媒体独立的。这意味着,只要客户端和服务器知道如何处理数据的内容,任何类型的数据都可以通过 HTTP 传送。客户端以及服务器指定使用适合的 MIME (Multipurpose Internet Mail Extensions,多用途互联网邮件扩展)类型。

(7) HTTP 是无状态协议。无状态是指协议对于事务处理没有记忆能力。缺少状态信息意味着如果后续处理需要前面的信息,则相应数据必须重传,这样可能导致每次连接传送的数据量增大。另一方面,在服务器不需要先前信息时,它的应答就较快。

以上 7 点为 HTTP 的特点。当浏览器或其他客户端利用 HTTP 访问某个 URL、单击网页的某个超链接或者提交网页上的表单(form)时,客户端都会向服务器发送请求数据,即 HTTP 请求消息。服务器接收到请求数据后,会将处理后的数据发送给客户端,即 HTTP 响应消息。

1.3 HTTP 请求

一个完整的 HTTP 请求报文由请求行、请求头和实体主体 3 部分组成，HTTP 请求报文结构如图 1-2 所示。

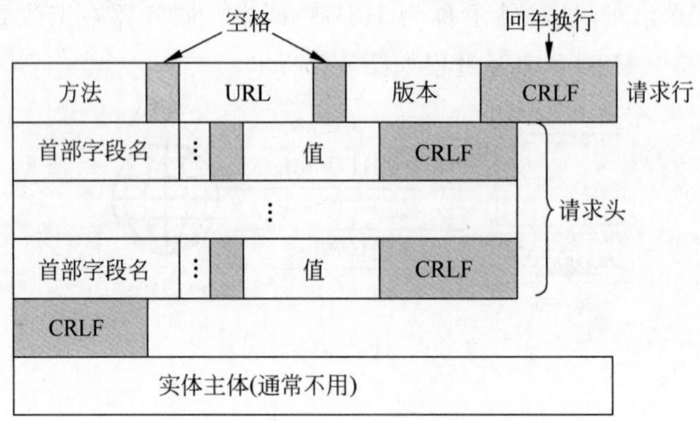

图 1-2 HTTP 请求报文结构

1.3.1 HTTP 请求行

HTTP 请求行位于请求消息的第 1 行，包括 3 部分，分别是请求方式、资源路径和 HTTP 版本号，如：

```
POST /index.html HTTP/1.1
```

其中，POST 为请求方式，index.html 为请求的资源路径，HTTP/1.1 是通信协议名称及版本。

HTTP/1.1 中的请求方式共有 8 种，每种方式都指明了操作服务器中指定资源的方式，如表 1-1 所示。

表 1-1 HTTP 的请求方式

请求方式	说明
GET	请求指定的页面信息，并返回实体主体
HEAD	类似于 GET 请求，只是返回的响应中没有具体的内容，用于获取报头
POST	向指定资源提交数据处理的请求(如提交表单或者上传文件)。数据被包含在请求体中。POST 请求可能会导致新资源的建立或已有资源的修改
PUT	用客户端向服务器传送的数据取代指定的文档内容
DELETE	请求服务器删除 Request-URI 所标识的资源
TRACE	回显服务器收到的请求，主要用于测试或诊断
OPTIONS	允许客户端查看服务器的性能
CONNECT	HTTP/1.1 中预留给能够将连接改为管道方式的代理服务器。通常用于 SSL 加密服务器的链接(经由非加密的 HTTP 代理服务器)

在上述 8 种请求方式中，最常见的是 GET 方式和 POST 方式。HTTP 服务器至少能够处理以 GET 和 POST 方式发送的请求，其他方式都是可选的。

1. GET 方式

当用户在浏览器的地址栏直接输入 URL 或者单击网页上的一个超链接时，浏览器将使用 GET 方式发送请求。

以 GET 方式提交的数据会放在 URL 之后，也就是请求行里面，以"?"分隔 URL 和请求参数。参数之间以"&"相连，如 http://www.bookmanager.com?name=test&id=123456。

GET 方式提交的数据大小有限制（因为浏览器对 URL 的长度有限制），而 POST 方式提交的数据大小没有限制。

2. POST 方式

如果将网页上的表单（form）的 method 属性设置为 POST，当用户提交表单时，浏览器会使用 POST 方式发送请求。并把表单元素和用户填写的数据作为 HTTP 请求的实体主体的内容，而不是 URL 地址的参数发送给服务器。

需要注意的是，在项目开发中，通常会使用 POST 方式发送请求，主要原因有两个。

（1）GET 方式通过请求参数传递数据，最多可传递 2KB 数据，而 POST 方式通过实体主体传递数据，可以传递的数据大小没有限制。

（2）以 GET 方式发送的参数信息都会在请求的 URL 中以明文形式显示，而 POST 方式传递的参数隐藏在请求的实体主体中。因此，POST 方式比 GET 方式更加安全。

1.3.2 HTTP 请求头

在 HTTP 请求消息中，请求行之后就是若干请求头。请求头主要用于向服务器传递附加消息，例如客户端可以接收的数据类型、压缩方法、语言以及发送请求的超链接所属页面的 URL 等信息。请求头的示例如下：

```
Accept: text/plain, */*; q=0.01
Accept-Encoding: gzip, deflate, br
Accept-Language: zh-CN,zh;q=0.9
Connection: keep-alive
```

常用的 HTTP 请求头字段如表 1-2 所示。

表 1-2 常用的 HTTP 请求头字段

请求头字段	说　　明
Accept	浏览器可接受的 MIME 类型
Accept-Charset	浏览器可接受的字符集
Accept-Encoding	将客户端能够理解的数据编码方式（如 gzip）发送给服务器
Accept-Language	浏览器所希望的语言种类，当服务器能够提供一种以上的语言版本时要用到
Authorization	告知服务器客户端的 Web 认证信息
Connection	表示是否需要持久连接。如果值为"Keep-Alive"，或者请求使用的是 HTTP 1.1（HTTP 1.1 默认进行持久连接），就可以建立持久连接。当页面包含多个元素时（例如图片），持久连接可以显著地减少下载所需要的时间
Content-Length	表示请求消息正文的长度

续表

请求头字段	说　明
Host	URL 中的主机和端口
Referer	包含一个 URL,用户从该 URL 代表的页面出发访问当前请求的页面
User-Agent	浏览器类型,告知服务器 HTTP 客户端程序的信息

用户可以利用浏览器的开发者工具查看请求头的内容。以 Google Chrome 浏览器为例,按 F12 键打开开发者工具。在浏览器的地址栏输入请求的"URL: http://www.baidu.com",待网页完全打开后,可以在开发者工具窗口的 Network 选项卡中选择请求资源的名字,在 Headers 选项卡部分可见对应的请求头信息,如图 1-3 所示。

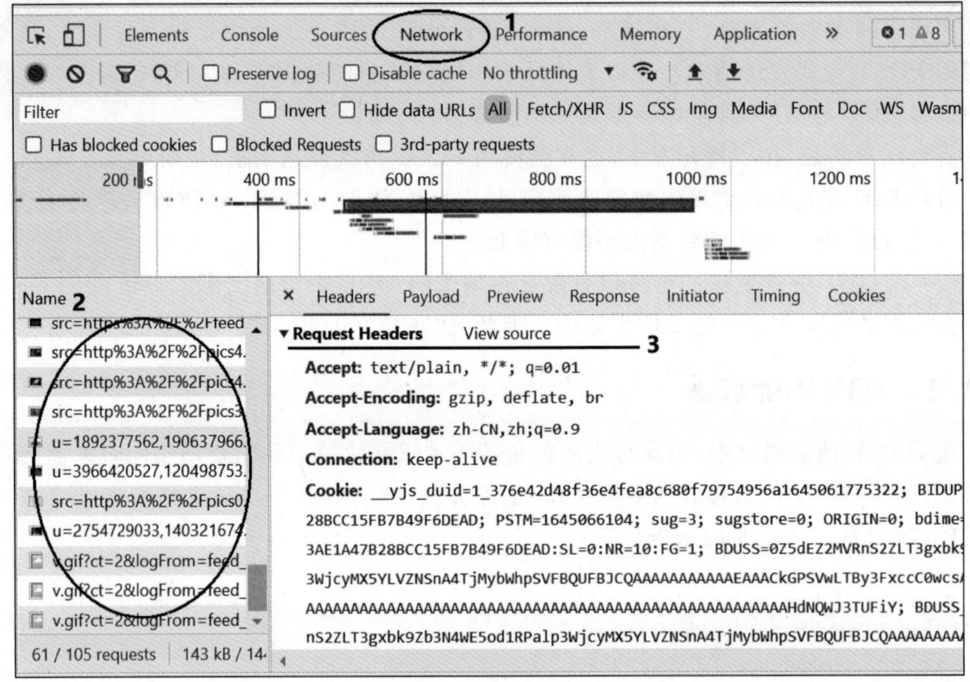

图 1-3　查看请求头

1.3.3　实体主体

实体主体是与 HTTP 请求或响应一起发送的实体正文(如果有)的格式和编码,它由请求头字段 Entity-Body 定义。在 HTTP 请求报文中一般不使用实体主体。

1.4　HTTP 响应

当服务器收到客户端的请求后,会向客户端发送响应。响应报文与请求报文都由三部分构成,区别在于开始行不同。请求报文中的开始行叫作请求行,而响应报文的开始行叫作状态行。一个完整的响应消息主要包括状态行、响应头和实体主体。HTTP 响应报文结构如图 1-4 所示。

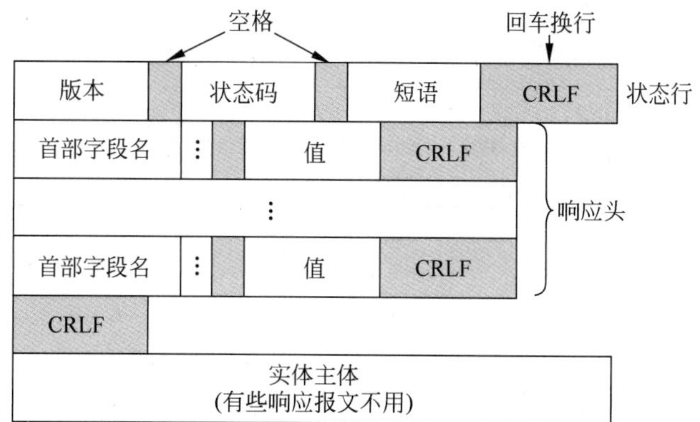

图 1-4　HTTP 响应报文结构

1.4.1　HTTP 状态码

HTTP 响应状态行是响应消息的第 1 行，包括 3 个部分，分别是 HTTP 版本、一个请求处理状态的整数代码(状态码)和描述状态码的文本信息。HTTP 状态行的示例如下：

```
HTTP/1.1 200 OK
```

其中，HTTP/1.1 是通信协议和协议版本，200 是状态码，OK 是状态描述，说明服务器端成功处理了请求。

HTTP 的状态码由 3 位数字构成，表示请求是否被理解或处理。响应状态码分为 5 类，如表 1-3 所示。

表 1-3　HTTP 状态码分类

状态码分类	说　　明
1 **	信息，服务器收到请求，需要请求者继续执行操作
2 **	成功，操作被成功接收并处理
3 **	重定向，需要进一步的操作以完成请求
4 **	客户端错误，请求包含语法错误或无法完成请求
5 **	服务器错误，服务器在处理请求的过程中发生了错误

HTTP 状态码数量众多，常见的 HTTP 状态码如表 1-4 所示。

表 1-4　常见的 HTTP 状态码

状　态　码	说　　明
100	继续。客户端应继续其请求
101	切换协议。服务器根据客户端的请求切换协议。只能切换到更高级的协议，例如，切换到 HTTP 的新版本协议
200	请求成功。一般用于 GET 和 POST 请求
301	永久移动。请求的资源已被永久地移动到新 URI(Uniform Resource Identifier，统一资源标识符)，返回信息会包括新的 URI，浏览器会自动定向到新 URI。今后任何新的请求都应使用新的 URI 代替

续表

状态码	说明
302	临时移动。与 301 类似,但资源只是临时被移动。客户端应继续使用原有 URI
404	服务器无法根据客户端的请求找到资源(网页)
500	服务器内部错误,无法完成请求

1.4.2 HTTP 响应头

在 HTTP 响应消息中,第一行为响应状态行,紧接着是若干响应头,服务器通过响应头向客户端传递附加信息,包括服务程序名、被请求资源需要的认证方式、客户端请求资源的最后修改时间、重定向地址等信息。响应头的示例如下:

```
Content-Length: 13
Content-Type: application/json; charset=utf-8
Date: Tue, 03 May 2022 07:17:54 GMT
```

常用的 HTTP 响应头如表 1-5 所示。

表 1-5 常用的 HTTP 响应头

响应头字段	说明
Allow	服务器支持哪些请求方法(如 GET、POST 等)
Content-Type	表示文档属于什么 MIME 类型。Servlet 默认为 text/plain,但通常需要显式地指定为 text/html
Expires	应该在什么时候认为文档已经过期,从而不再缓存它
Last-Modified	文档的最后改动时间。客户可以通过 If-Modified-Since 请求头提供一个日期,该请求将被视为一个条件 GET,只有改动时间迟于指定时间的文档才会返回,否则返回一个 304(Not Modified)状态
Location	表示客户应当到哪里去提取文档。Location 通常不是直接设置的,而是通过 HttpServletResponse 的 sendRedirect()方法,该方法同时设置状态代码为 302(Temporarily Moved)
Refresh	表示浏览器应该在多长时间后刷新文档,单位:s
Set-Cookie	设置和页面关联的 Cookie

与查看请求头的方法类似,也可以通过浏览器的开发者工具查看响应头的内容。

1.5 开发环境准备

扫描下方二维码,可获取本节电子版资料。

第 2 章 JSP

2.1 JSP 基础语法

视频讲解

JSP 的全称是 Java Server Page，它是一种运行在服务器端的脚本语言，是建立在 Jakarta EE 规范之上的动态网页开发技术。一个 JSP 文件既包含可以由文本格式（如 HTML）表示的静态数据，又包含由 JSP 元素构成的动态内容。即 JSP 文件由 HTML 标签和嵌入 HTML 中的 Java 代码段构成。JSP 文件的扩展名为 jsp。作为服务器端脚本，JSP 需要 Web 容器提供必要的运行环境。Tomcat 就是这类 Web 容器。

下面通过一个案例讲解 JSP 的基础语法。

【例 2-1】 编写一个简单的 JSP 程序来计算 1+2+…+10，输出计算结果。

在 Eclipse 中创建一个名为 page 的动态 Web 项目，在 src/ main/webapp 文件夹下创建一个名为 ex21.jsp 的 JSP 文件，代码如文件 2-1 所示。

【文件 2-1】 ex21.jsp

```
1  <%@ page contentType = "text/html; charset = UTF - 8" %>
2  <html>
3  <body>
4    <%! int sum ; %>
5    <% for(int i = 1;i < 11;i++)
6         sum += i;
7     %>
8    <h2>
9         从 1 累加到 10 的结果是:
10        <% = sum %>
11   </h2>
12   <% -- 这是 JSP 注释 -- %>
13   <!-- 这是 HTML 注释 -->
14 </body>
15 </html>
```

如文件 2-1 所示，其中用到了 JSP 的 5 种常见标记，分别如下。

(1) <%! 和 %> 标记组成了 JSP 声明(第 4 行)。它允许在 JSP 页面中声明变量和方法。声明后的变量和方法随着 JSP 页面一同被初始化，并可以在 JSP 页面的任何位置使用。JSP 声明的语法格式如下：

```
<%! 定义变量或方法等 %>
```

(2) <% 和 %> 标记组成了 JSP 代码段(第 5～7 行)。JSP 代码段可以包含任意合法的 Java 语句,该代码段在服务器处理请求时执行。JSP 代码段的语法格式如下:

```
<% 符合 Java 语法的代码段 %>
```

(3) <%= 和 %> 标记组成了 JSP 表达式(第 10 行)。它可以计算 Java 表达式的值并输出到客户端。JSP 表达式的语法格式如下:

```
<% = Java 表达式 %>
```

注意:<%= 是一个完整的标记,中间没有空格。表达式元素包含任何符合 Java 语法的表达式,并且不能用分号";"结束。

(4) <%-- 和 --%> 标记组成了 JSP 注释(第 12 行)。同其他编程语言一样,JSP 也有自己的注释。JSP 注释的语法格式如下:

```
<% -- 注释信息 -- %>
```

此外,JSP 页面也可以使用 HTML 注释。HTML 注释的语法格式如下:

```
<!-- 注释信息 -->
```

需要注意的是,Web 容器(如 Tomcat)在编译 JSP 页面时,会忽略 JSP 注释的内容,并不会将注释信息发送到客户端。对于 HTML 注释,Web 容器则会将其作为普通文本发送到客户端。在文件 2-1 代码中,既包含了 JSP 注释,也包含了 HTML 注释。启动 Tomcat 服务器,在浏览器的地址栏输入"http://localhost:8080/page/ex21.jsp",访问 ex21.jsp 页面,其运行结果如图 2-1 所示。

为了检查 Tomcat 对文件 2-1 中的注释是如何处理的,可以在浏览器页面空白处单击鼠标右键,选择"查看网页源代码"命令,如图 2-2 所示。

localhost:8080/page/ex21.jsp

从1累加到10的结果是: 55

图 2-1 例 2-1 的运行结果

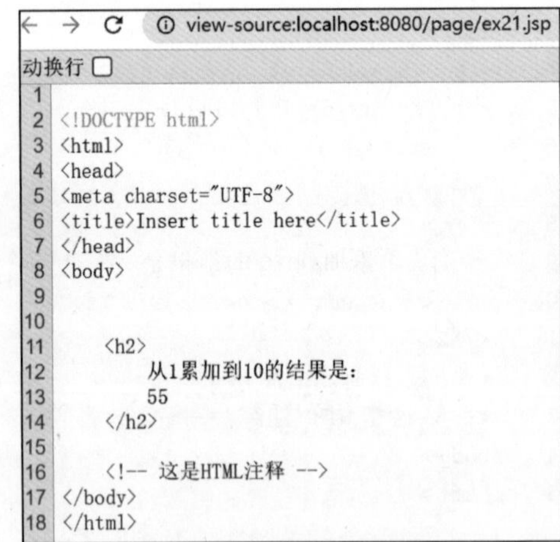


```

<!DOCTYPE html>
<html>
<head>
<meta charset="UTF-8">
<title>Insert title here</title>
</head>
<body>


	<h2>
		从1累加到10的结果是:
		55
	</h2>

	<!-- 这是HTML注释 -->
</body>
</html>
```

图 2-2 查看网页源代码

如图 2-2 所示,JSP 注释信息并未被客户端接收,而 HTML 注释已被接收,但浏览器并不显示 HTML 注释的内容。

(5) <%@ 和 %> 标记组成了 JSP 指令(第 1 行)。JSP 指令在客户端是不可见的,它只在服务器端执行。图 2-2 的客户端源代码也证明了这一点。指令元素可以使服务器按照指令的设置执行相应的动作，也可以设置在整个 JSP 页面范围内有效的属性。JSP 2.0 规范定义了 page、include、taglib 指令，每种指令都有各自的属性。在一条指令中可以设置多个属性，这些属性的设置可以影响整个页面。JSP 指令的语法格式如下：

```
<%@ 指令名字 属性 1 = "属性值 1"   属性 2 = "属性值 2"   … 属性 n = "属性值 n" %>
```

1. page 指令

page 指令用来定义 JSP 页面中的全局属性，它描述了与页面相关的一些信息。page 指令的作用域为它所在的 JSP 页面和该 JSP 页面包含的文件，作用域与其书写的位置无关。习惯上把 page 指令写在 JSP 页面的最前面。page 指令的常用属性见表 2-1。

表 2-1 page 指令的常用属性

属性名称	取值示例	说明
language	java	指定代码段中使用的语言，默认是 java
buffer	none 或 *** kb	设置 JSP 的输出缓冲区大小
errorPage	某 JSP 文件的相对路径	在 JSP 抛出异常时，指示要跳转的错误页面
isErrorPage	true 或 false	设置当前页是否是一个错误处理页
import	类的全限定名	导入需要的类。可多次声明。若导入多个类，中间用英文逗号隔开
session	true 或 false	指定 JSP 是否内置 session 对象，默认为 true
contentType	text/html;charset=UTF-8 或 application/msword 或 image/jpeg 等	JSP 生成响应的 MIME 类型和字符编码。客户端据此来判断接收响应的类型
pageEncoding	UTF-8	指定页面所用编码，默认与 contentType 取值相同

page 指令使用的注意事项如下：

a. 在每个页面中可以使用多个 page 指令，用以描述不同的属性。

b. page 指令中的每个属性只能使用一次，但 import 属性可以使用多次。

c. page 指令的属性名称区分大小写。

d. page 指令的属性都是可选的。

下面列举两个使用 page 指令的示例：

```
<%@ page contentType = "text/html;charset = UTF - 8" %>
<%@ page import = "java.util.Calendar", "java.util.List" %>
```

2. include 指令

如果需要在 JSP 页面中静态包含一个文件，如 HTML 文件、JSP 文件，可以通过 include 指令实现。include 指令的语法格式如下：

```
<%@ include file = "被包含文件的地址" %>
```

其中，include 指令只有一个 file 属性。file 属性的取值为被包含文件的相对路径。被包含文件应与当前文件存放在同一 Web 服务目录下。

关于 include 指令，使用时有以下注意事项。

a. 被引入的文件必须遵循 JSP 语法，其内容可以包含 HTML、JSP 代码块和 JSP 指令等普通 JSP 页面所具有的一切内容。

b. 除了指令元素外，被引入的文件的其他元素都应被转换成相应的 Java 源代码，然后插入 Java 源文件中(此 Java 源文件由 Web 容器翻译当前 JSP 页面而生成)，插入位置与 include 指令在当前 JSP 页面中的位置一致。

c. file 属性的值必须指定为相对路径。即不可以用"/"开头。

【例 2-2】 有两个文件，文件 ex22.jsp 的功能是显示"Hello，world!"，而文件 ex22include.jsp 的功能是显示"This is the included file"。现要求访问 ex22.jsp 时能看到上述两个 JSP 页面的内容。

解决方案：在 ex22.jsp 中使用 include 指令将 ex22include.jsp 包含其中。两个 JSP 文件代码分别如文件 2-2 和文件 2-3 所示。

【文件 2-2】 ex22.jsp

```
1  <%@ page contentType = "text/html; charset = UTF - 8" %>
2  <html>
3  <head>
4  <title> ex22 </title>
5  </head>
6  <body>
7      <h3> Hello,world!</h3>
8      <%@ include file = "file/ex22include.jsp"  %>
9  </body>
10 </html>
```

【文件 2-3】 ex22include.jsp

```
<%@ page contentType = "text/html; charset = UTF - 8" %>
<html>
<head>
<meta charset = "UTF - 8">
<title> include </title>
</head>
<body>
    This is the included file.
</body>
</html>
```

如文件 2-2 所示，ex22.jsp 文件利用 include 指令包含 ex22include.jsp(第 8 行)，并通过 file 属性指定了被包含文件的相对路径。两个文件存放的位置如图 2-3 所示。

启动 Tomcat 服务器，在浏览器的地址栏输入"http://localhost:8080/page/ex22.jsp"，浏览器显示的结果如图 2-4 所示。

3. taglib 指令

taglib 指令允许 JSP 用户引入一个自定义标签集合。需要指定的属性包括标签库的 URI 和标签库的前缀。taglib 指令的语法如下：

```
<%@ taglib uri = "uri" prefix = "prefixOfTag"  %>
```

关于 taglib 指令的使用见 4.2 节。

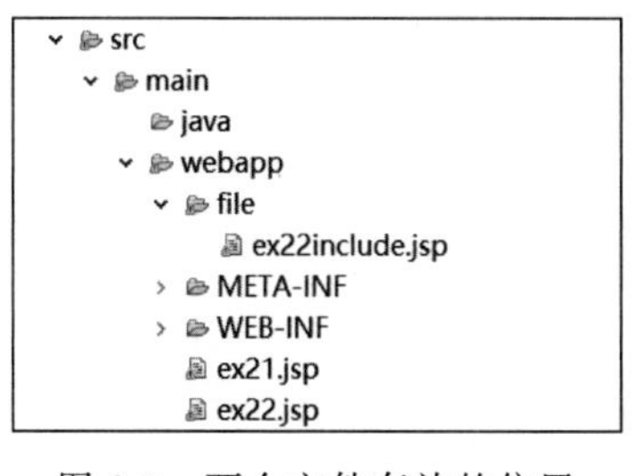

图 2-3 两个文件存放的位置

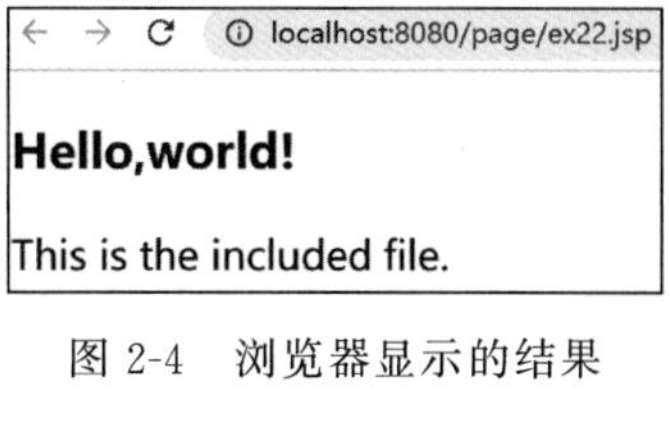

图 2-4 浏览器显示的结果

2.2 JSP 运行原理

JSP 的工作模式是请求/响应模式。客户端首先发出 HTTP 请求，JSP 程序在收到请求后进行处理并返回处理结果。当 JSP 文件第一次被请求时，JSP 容器(Web 容器)会把 JSP 文件转换为 Servlet(小服务程序，内容见第 3 章)。JSP 的运行原理如图 2-5 所示。

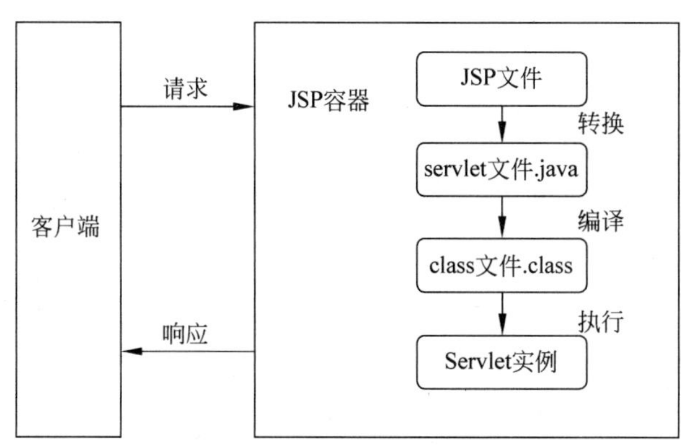

图 2-5 JSP 的运行原理

如图 2-5 所示，JSP 的运行过程如下。

(1) 客户端发送请求，访问 JSP 文件。

(2) JSP 容器(Web 容器)先将 JSP 文件转换成一个 Java 源文件(Servlet 源程序)。在转换过程中，如果发现 JSP 文件中存在语法错误，则中断转换并向客户端和服务器返回错误信息。如果转换成功，则 JSP 容器将生成的 Java 源文件编译成相应的字节码文件(class 文件)。该字节码文件是一个 Servlet。

(3) 由 Servlet 容器(Web 容器)加载转换后的 Servlet 类(class 文件)，并创建该 Servlet 的一个实例，处理客户请求。

(4) 对于每个请求，JSP 容器都会创建一个新的线程来处理它。如果多个客户端同时请求该 JSP 文件，则 JSP 容器会创建多个线程，使每个客户端请求都对应一个线程。

(5) 当请求处理完成后，响应对象由 JSP 容器接收，并将 HTML 格式的响应信息发送到客户端。

JSP 运行过程中采用多线程的执行方式可以极大地降低对系统资源的需求，提高系统的并发量并缩短响应时间。需要注意的是，由于第(3)步生成的 Servlet 是常驻内存的，所以响应的速度非常快。虽然JSP的执行效率很高,但在第一次调用的时候由于转换和编译,往往会产生一些轻微的延迟。

2.3 JSP内置对象

为了便于数据信息的保存、传递、获取等操作,JSP 2.0规范专门设置了九个内置(隐式)对象。它们是JSP默认创建的,用户无须显式创建,可直接在JSP页面上使用。这九个内置对象的名称、类型和说明如表2-2所示。

表2-2 JSP内置对象

名称	类型	说明
application	jakarta.servlet.ServletContext	应用程序上下文,允许包含在同一个Web应用中的任何Web组件共享信息
config	jakarta.servlet.ServletConfig	允许将初始化数据传递给JSP
exception	java.lang.Throwable	表示JSP所发生的异常
out	jakarta.servlet.jsp.JspWriter	提供对输出流的访问,用于向客户端输出
page	jakarta.servlet.jsp.HttpJspPage	代表JSP所对应的Servlet对象
pageContext	jakarta.servlet.jsp.PageContext	JSP本身的上下文
request	jakarta.servlet.http.HttpServletRequest	客户端的请求信息
response	jakarta.servlet.http.HttpServletResponse	服务器向客户端的响应信息
session	jakarta.servlet.http.HttpSession	用来保存服务器与某一个客户端之间的需要保存的会话信息

本节主要介绍out、request、response、session和application对象。对于其他不常用的对象,可参考JSP 2.0规范。

2.3.1 out对象

out对象的主要功能是向客户端输出响应信息。其主要方法是print(),可以输出任意类型的数据。HTML标记也可以作为out对象输出的内容。下面通过一个例子演示out对象的使用方法。

【例2-3】 使用out对象输出指定的字符串,代码如文件2-4所示。

【文件2-4】 ex23.jsp

```
<%@ page contentType="text/html; charset=UTF-8" %>
<html>
<body>
    <%
        out.print("用户名或密码不正确<br>");
        out.print("请重新<a href='http://www.baidu.com'>登录</a><br>");
        out.print("<a href=\"javascript:history.go(-1)\">后退</a>");
    %>
</body>
</html>
```

如文件 2-4 所示，当单击“登录”超链接时，会跳转到百度主页。当单击“后退”超链接时，相当于单击浏览器的“后退”按钮。程序运行结果如图 2-6 所示。

图 2-6 ex23.jsp 的运行结果

2.3.2 request 对象

request 对象代表客户端向服务器发出的请求。当客户端通过 HTTP 请求一个 JSP 页面时，JSP 容器会自动创建 request 对象并将请求信息封装到 request 对象中。当 JSP 容器处理完请求后，request 对象就会被销毁。

获取客户端提交的数据是 request 对象最为常见的操作，可以使用 request 对象的 getParameter()方法完成这个任务，该方法的原型如下：

```
String getParameter(String name)
```

其中，参数 name 与客户端提供的请求参数名称对应。如果请求中没有名字为 name 的参数，则返回 null。

简单来说，客户端可以通过两种方式向 JSP 传递参数。第一，使用 JSP 或 HTML，利用表单传递参数，采用 POST 方式提交请求。第二，可以利用请求 URL 后缀请求参数，采用 GET 方式提交请求。例如：

【例 2-4】 编写一个 JSP 页面，接收客户端提交的姓名和电话号码并显示。

解决方案：利用 request 对象的 getParameter()方法获取请求参数，代码如文件 2-5 所示。

【文件 2-5】 ex24.jsp

```
1  <%@ page contentType = "text/html; charset = UTF-8" %>
2  <html>
3  <body>
4      <%
5          String name_str = request.getParameter("name");
6          String phone_str = request.getParameter("phone");
7      %>
8    <font size = "4">
9          您输入的信息：<br>
10         姓名：<% = name_str %><br>
11         电话：<% = phone_str %>
12   </font>
13 </body>
14 </html>
```

如文件 2-5 所示，第 4～7 行调用 request 对象的 getParameter()方法获取请求参数。可以利用 GET 和 POST 方式向 ex24.jsp 提交请求，查看其获取请求参数的情况。

GET 方式：在请求 ex24.jsp 的 URL 后附带请求参数。例如，在浏览器的地址栏输入："http://localhost:8080/page/ex24.jsp? name=lili&phone=123456"。

ex24.jsp 的运行结果如图 2-7 所示。

localhost:8080/page/ex24.jsp?name=lili&phone=123456

您输入的信息:
姓名: lili
电话: 123456

图 2-7　ex24.jsp 的运行结果

POST 方式：编写一个表单提交页面，通过该页面向 ex24.jsp 发送请求，代码如文件 2-6 所示。

【文件 2-6】　ex24form.jsp

```
1   <%@ page contentType="text/html;charset=UTF-8" %>
2   <html>
3   <body>
4       <form action="ex24.jsp" method="POST">
5         <fieldset>
6               <legend>Form:</legend>
7               Name: <input type="text" name="name"/><br>
8               Phone: <input type="text" name="phone"/><br>
9               <input type="submit" value="SAVE" />
10        </fieldset>
11      </form>
12  </body>
13  </html>
```

如文件 2-6 所示，第 4 行用<form>标签的 action 属性指定处理请求的程序为 ex24.jsp，并用 method 属性规定了提交请求的方式为 POST。第 7 行和第 8 行指定要传送给 ex24.jsp 的参数的名称。当表单提交时，<form>表单中的数据会以请求参数的形式提交给 ex24.jsp，并且请求参数的名字为<form>表单中控件的名字，此例中的两个请求参数名字分别为 name 和 phone。在 ex24form.jsp 中填写数据，如图 2-8 所示，单击 SAVE 按钮后，可以得到与图 2-7 相同的结果。

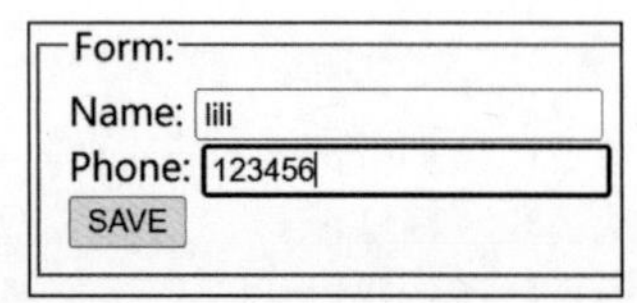

图 2-8　填写相关数据

2.3.3　response 对象

与 request 对象相对应，response 对象代表响应，用于服务器向客户端输出数据。当服务器向客户端传送响应数据时，JSP 容器会自动创建 response 对象并将数据封装到 response 对象中。response 对象的常见操作是页面的自动刷新或自动跳转，可以利用 response 对象的 setHeader()方法实现。该方法的其中一种重载形式如下：

```
void setHeader(String name,String value)
```

其中，参数 name 用于指定响应头字段的名字，value 为响应头字段的值。

【例 2-5】 编写一个 JSP 页面，实现在打开该页面 5s 后，自动跳转到“百度”主页。

解决方案：可以利用 response 对象的 setHeader()方法对名为 refresh 的响应头设置相应的值，从而实现页面的自动跳转，代码如文件 2-7 所示。

【文件 2-7】 ex25.jsp

```
<%@ page contentType = "text/html; charset = UTF - 8" %>
<html>
<body>
    <font size = "4">
        It will jump to baidu within 5 seconds.
        <% response.setHeader("refresh",
            "5;url = http://www.baidu.com"); %>
    </font>
</body>
</html>
```

2.3.4 session 对象

session 对象的主要作用是存储、获取用户会话信息。可以利用 session 对象的 setAttribute()和 getAttribute()方法实现在多个请求（request）域间共享数据。其中，上述两个方法的原型如下：

- void setAttribute(String name,Object value)
- Objective getAttribute(String name)

setAttribute()方法是将一个对象 value 与名字 name 绑定，之后存入 session 域中。getAttribute()方法是取出与名字 name 对应的存放在 session 域中的对象，如果与名字 name 对应的对象不存在，则返回 null。

【例 2-6】 利用 session 对象实现两个 JSP 文件间的数据共享。即在 ex26-1.jsp 中存入数据，从 ex26-2.jsp 中取出数据。代码分别如文件 2-8 和文件 2-9 所示。

【文件 2-8】 ex26-1.jsp

```
<%@ page contentType = "text/html; charset = UTF - 8" %>
<html>
<body>
    <% session.setAttribute("msg", "this is shared data"); %>
</body>
</html>
```

【文件 2-9】 ex26-2.jsp

```
<%@ page contentType = "text/html; charset = UTF - 8" %>
<html>
<body>
    <% out.print(session.getAttribute("msg")); %>
</body>
</html>
```

开启 Tomcat 服务器，在浏览器的地址栏输入“http://localhost:8080/page/ex26-1.jsp”，首先将数据存入 session。随后，向 ex26-2.jsp 发送请求，可以看到 ex26-2.jsp 能够从 session

中获取共享数据并显示,如图 2-9 所示。

图 2-9 取出共享数据

2.3.5 application 对象

application 对象用于保存应用程序中的公有数据。在 Web 容器启动时会为每个应用程序自动创建一个 application 对象。只要 Web 容器不关闭,application 对象就一直存在。同一个应用程序的所有用户可共享同一个 application 对象。

【例 2-7】 利用 application 对象统计网站历史访问人数。

解决方案:统计网站访问人数,需要判断是否有一个新的会话建立,从而判断是否是一个新的访客,并且访客数量的统计结果应存放在 application 域中。代码如文件 2-10 所示。

【文件 2-10】 ex27.jsp

```
<%@ page contentType = "text/html;charset = UTF - 8" %>
<html>
<body>
<%
    Integer number = (Integer)application.getAttribute("count");
    //检查 count 属性是否可取得
    if(number == null) {
        number = new Integer(0);
        application.setAttribute("count",number);
    }
    //判断用户是否执行刷新操作
    if(session.isNew() == true) {
        //将取得的值增加 1
        number = new Integer(number.intValue() + 1);
        application.setAttribute("count",number);
    }
 %>
<% int a = (Integer)application.getAttribute("count"); %>
<p>您是第 <% = a %> 个访问本站的客户
</body>
</html>
```

如文件 2-10 所示,所有访问同一个 Web 应用程序的用户,都共享同一个 application 对象。只有关闭 Web 容器时,application 对象才会被销毁。启动 Tomcat 后,当用浏览器访问 ex27.jsp 时,会显示是第 1 位访客。换用一个浏览器访问 ex27.jsp,此时会创建一个新的会话(session)对象,因此被认定为一个新的访客,访客统计结果如图 2-10 所示。

JSP 是对 Servlet 更高级别的扩展。它的内置对象 request、response、config、session 和 application 都与 Servlet 中的类或接口同源。关于 JSP 内置对象的更多用法,可以学习 Servlet 规范中(见第 3 章)对应的内容。如果在 JSP 页面中嵌入过多的"<%"和"%>"标记,会使 JSP 页面的功能无法向单一化方向发展,会使 JSP 增加除数据表示以外的其他功能,

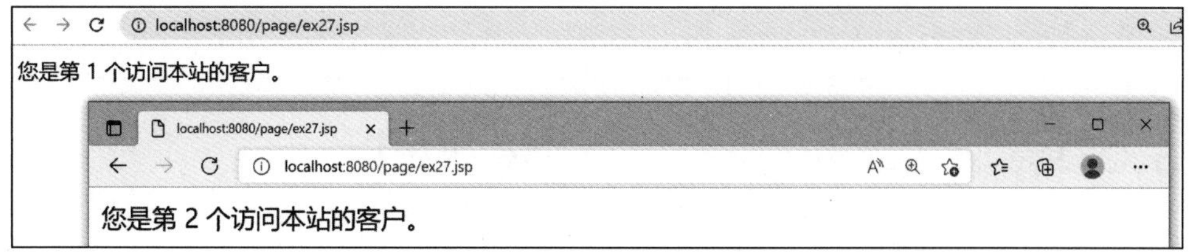

图 2-10　访客统计结果

使得 JSP 代码的可读性降低，从而违背项目按功能分层的思想，破坏项目的整体结构。

综上所述，JSP 在 Web 项目开发中仅仅起到数据表示的作用。良好的设计方案应将 Java 代码从 JSP 中分离，提高程序的可读性。分离出的 Java 代码的功能可以由 EL（Expression Language，表达式语言）、JSTL（Java Server Pages Standard Tag Library，JSP 标准标签库）、Servlet（服务器端程序）等技术替代。

第3章 Servlet

3.1 Servlet 概述

视频讲解

Servlet 是用 Java 语言编写的服务器端程序，在服务器端调用和执行。Servlet 可以处理客户端发来的 HTTP 请求，并返回一个响应。狭义的 Servlet 指用 Java 语言实现的一个 Servlet 接口，广义的 Servlet 指任何实现了这个接口的类。虽然是用 Java 语言编写的程序，Servlet 没有 public static void main(String[] args)方法，不能独立运行。它的运行需要服务器提供运行环境。能够为 Servlet 提供运行环境的软件称为 Web 容器或 Servlet 容器（如 Tomcat）。Web 容器在接收客户端请求后生成响应。一台物理服务器上可以布置多个 Web 容器。而 Servlet 需要由 Web 容器实例化并调用。Servlet 应用程序的体系结构如图 3-1 所示。

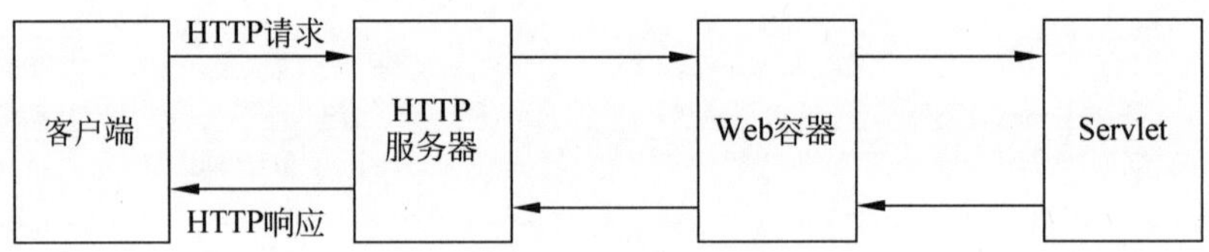

图 3-1　Servlet 应用程序的体系结构

如图 3-1 所示，客户端向 Servlet 发出请求，该请求首先被 HTTP 服务器（如 Nginx、Apache 等）接收，HTTP 服务器只负责静态页面（HTML 页面）的解析，对于 Servlet 请求则转交给 Web 容器。Web 容器会根据请求路径的映射关系调用相应的 Servlet 进行处理。Servlet 处理请求后，将响应返回给客户端。

与其他技术相比，Servlet 技术具有以下特点：

(1) Servlet 使用了与 CGI(Common Gateway Interface，通用网关接口)不同的处理模型，因此运行速度更快。

(2) Servlet 使用了很多 Web 容器都支持的标准 API（Application Programming Interface，应用程序编程接口）。

(3) Servlet 具有 Java 语言的全部优点，如开发简单、平台独立等。

(4) Servlet 可以使用 Java API。

3.2 Servlet 基础

针对 Servlet 开发，有一系列可用的接口和类。其中最重要的接口是 jakarta.servlet.Servlet。Servlet 接口定义了 5 个抽象方法，如表 3-1 所示。

表 3-1 Servlet 接口的抽象方法

方法声明	说明
void init(ServletConfig config)	Web 容器在创建 Servlet 对象后,会调用此方法。该方法接收一个 ServletConfig 类型的参数,容器通过这个参数向 Servlet 传递初始化配置信息
ServletConfig getServletConfig()	用于获取 Servlet 对象的配置信息,返回 ServletConfig 对象
String getServletInfo()	返回一个字符串,其中包含 Servlet 信息,如作者、版本等
void service(ServletRequest request,ServletResponse response)	负责响应用户请求,当容器收到客户端访问 Servlet 的请求时就会调用此方法。容器会构造一个表示客户端请求信息的 ServletRequest 对象和一个用于响应请求的 ServletResponse 对象作为参数传递给 service()方法。该方法可以通过 ServletRequest 对象得到客户端的相关信息和请求信息,在对请求进行处理后,调用 ServletResponse 对象的方法设置响应信息
void destroy()	负责释放 Servlet 对象占用的资源。当服务器关闭或 Servlet 对象被移除时,容器会调用此方法销毁 Servlet 对象

Servlet 接口是 Jakarta Servlet API 的核心。所有的 Servlet 都可以实现这个接口。或者更直接地,用户自定义的 Servlet 可以继承 Servlet 接口的实现类。在 Jakarta Servlet API 中,有两个实现了 Servlet 接口的类:GenericServlet 和 HttpServlet。Servlet 接口、GenericServlet 类和 HttpServlet 类的关系如图 3-2 所示。对大多数开发者而言,可以通过直接继承 HttpServlet 类,创建一个 Servlet。

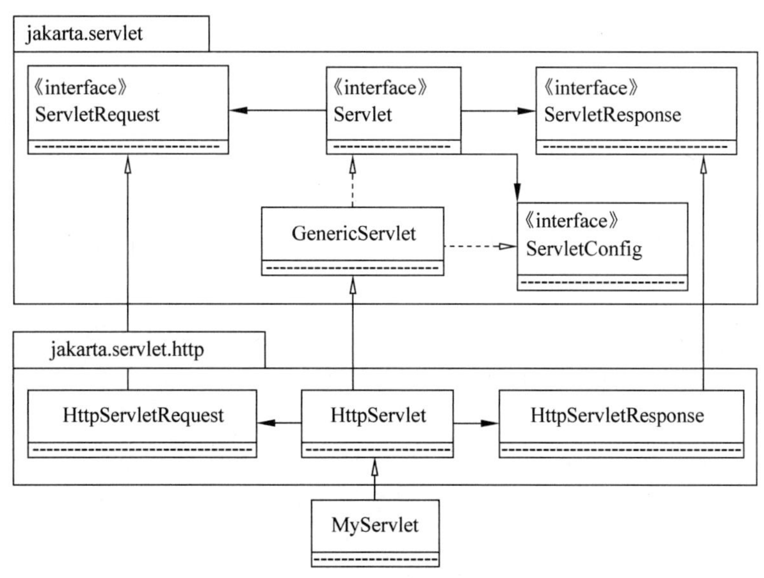

图 3-2 Servlet 接口、GenericServlet 类和 HttpServlet 类的关系

图 3-2 给出了 jakarta. servlet 包中与 Servlet 接口有关的 4 个接口。ServletRequest 和 ServletResponse 接口分别代表请求和响应对象;ServletConfig 代表 Servlet 初始化时用来传递 Servlet 配置信息的对象。此外,在 jakarta. servlet. http 包中还提供了 ServletRequest 接口的子接口 HttpServletRequest 和 ServletResponse 接口的子接口 HttpServletResponse,它们分别

代表HTTP请求对象和HTTP响应对象。关于HttpServletRequest、HttpServletResponse和ServletConfig接口的更多内容见3.4节。

表3-1列举的5个抽象方法中,init()、service()和destroy()方法是与Servlet生命周期相关的3个方法。Servlet的生命周期可以被定义为Servlet从创建到销毁的整个过程。Servlet的生命周期可以分为初始化阶段、运行阶段和销毁阶段,如图3-3所示。

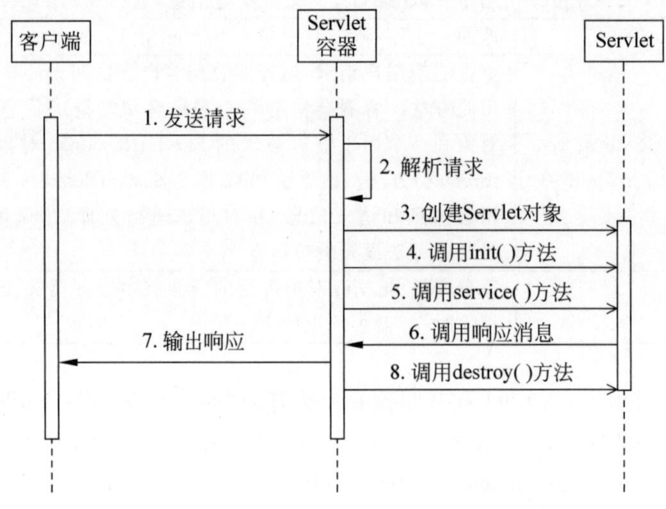

图3-3 Servlet的生命周期

1. 初始化阶段

当客户端向Servlet容器发出HTTP请求访问Servlet时,Servlet容器会解析请求,检查内存中是否已经存在该Servlet对象。如果存在则直接使用该Servlet对象;如果没有则创建Servlet对象。然后调用init()方法实现Servlet的初始化。初始化一般是完成一些一次性的工作,如读取持久化配置数据,执行一些耗时的操作[如基于JDBC(Java Database Connetivity,Java数据库连接)API的数据库连接]。在Servlet的生命周期内,init()方法只被调用一次。

2. 运行阶段

这是Servlet生命周期中最重要的阶段。在这个阶段,Servlet容器会创建代表客户端请求的ServletRequest对象和代表服务器响应的ServletResponse对象,然后将它们作为参数传递给Servlet的service()方法。service()方法从ServletRequest对象中获得客户端请求信息并处理该请求,通过ServletResponse对象生成响应。在Servlet的整个生命周期内,对于每一个访问Servlet的请求,Servlet容器都会创建新的ServletRequest和ServletResponse对象,并调用service()方法处理该请求。即在Servlet的生命周期中,service()方法会被多次调用。

3. 销毁阶段

当Servlet容器关闭或Servlet对象被移除时,Servlet容器会调用destroy()方法。destroy()方法一般用于执行一些清理活动,如关闭数据库连接,停止后台线程,把Cookie数据写入磁盘等。在Servlet的生命周期中,destroy()方法只被调用一次。

【例3-1】 创建一个Servlet并运行。

创建一个名为myservlet的动态Web项目,在src/main/java文件夹下创建一个名为

com.example.servlet.demo 的包。右击该包，在弹出的快捷菜单中选择 Servlet 的创建向导，如图 3-4 所示。

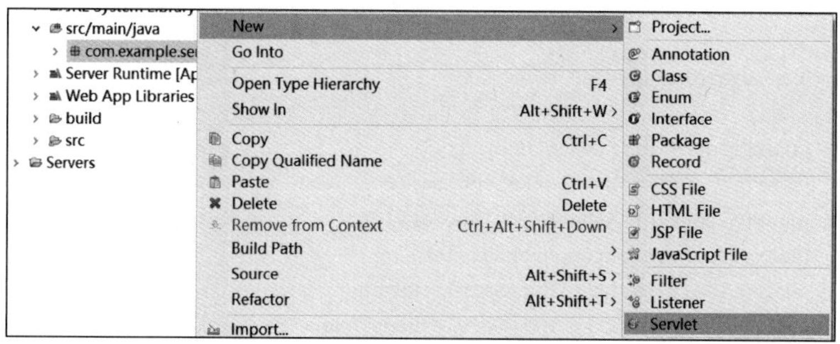

图 3-4 选择 Servlet 的创建向导

指定新建的 Servlet 的名字和所在包，如图 3-5 所示，本例中的 Servlet 继承了 jakarta.servlet.http.HttpServlet 类。单击 Next 按钮，指定要自动生成的 Servlet 方法，如图 3-6 所示，本案例中选择生成 init()、service()和 destroy()方法。单击 Finish 按钮即完成 Servlet 的创建。

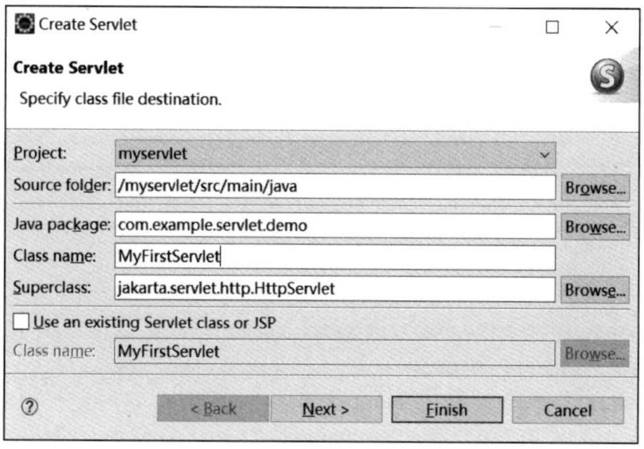

图 3-5 指定 Servlet 的包名和类名

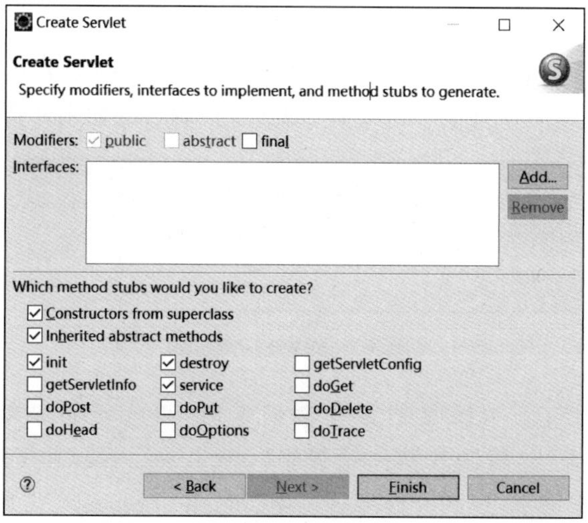

图 3-6 指定要自动生成的 Servlet 方法

修改生成的 Servlet 代码。在 init()方法和 service()方法中分别加入控制台输出。修改后的代码如文件 3-1 所示。

【文件 3-1】 MyFirstServlet.java

```
package com.example.servlet.demo;

import jakarta.servlet.ServletConfig;
import jakarta.servlet.ServletException;
import jakarta.servlet.annotation.WebServlet;
import jakarta.servlet.http.HttpServlet;
import jakarta.servlet.http.HttpServletRequest;
import jakarta.servlet.http.HttpServletResponse;
import java.io.IOException;

@WebServlet("/MyFirstServlet")
public class MyFirstServlet extends HttpServlet {
    private static final long serialVersionUID = 1L;

    public MyFirstServlet() {
        super();
    }
    public void init(ServletConfig config) throws ServletException {
        System.out.println("initialize");
  }
  public void destroy() {
  }

  protected void service(HttpServletRequest request,
     HttpServletResponse response)
     throws ServletException, IOException {
        System.out.println("handle requests");
  }
}
```

运行 Servlet 的时候,需要先将项目部署到 Tomcat 服务器上(右击 Servlet 类文件,依次选择 Run as→Run on server 命令),启动 Tomcat,然后在浏览器的地址栏输入“http://localhost:8080/myservlet/MyFirstServlet”。此时,控制台的输出如图 3-7 所示。

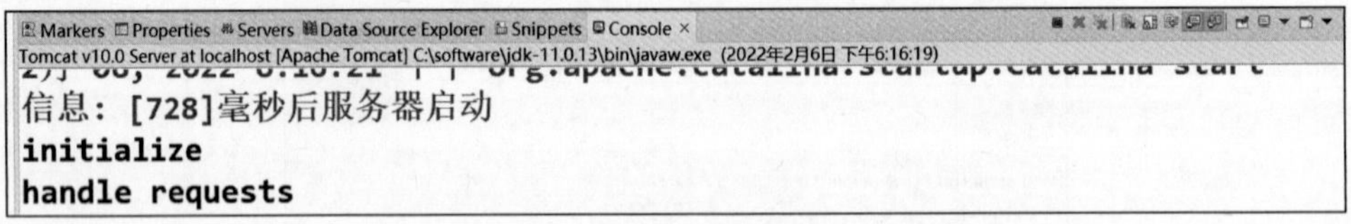

```
Markers  Properties  Servers  Data Source Explorer  Snippets  Console ×
Tomcat v10.0 Server at localhost [Apache Tomcat] C:\software\jdk-11.0.13\bin\javaw.exe (2022年2月6日 下午6:16:19)
信息: [728]毫秒后服务器启动
initialize
handle requests
```

图 3-7 控制台的输出

可见,当 MyFirstServlet 接收到客户端请求时,首先进行初始化,由 Servlet 容器(Tomcat)调用 init()方法,控制台输出字符串“initialize”。随后,Tomcat 调用 Servlet 的 service()方法处理用户请求,控制台输出字符串“handle requests”。此时,如果刷新浏览器窗口,会看到控制台又一次输出字符串“handle requests”。由此可见,在 Servlet 的生命周期中，init()方法只被调用一次，而用来处理请求的 service()方法会被多次调用。

提示：给 Servlet 发送请求的时候，请求的地址必须与@WebServlet 注解中的参数完全一致。如本例中，@WebServlet 标签中指定的参数是“/MyFirstServlet”，因此，该 Servlet 请求地址即为“http://localhost:8080/myservlet/MyFirstServlet”

事实上，HttpServlet 类不仅定义了 service()方法，也定义了 doGet()和 doPost()方法。这样，在 Servlet 的生命周期中，处理客户端请求就有两种方案。一种是用 service()方法处理请求，另一种是用 doGet()和 doPost()方法代替 service()方法处理请求。这两个方法与客户端发送请求的方式密切相关。doGet()方法处理以 GET 方式发送的请求，doPost()方法处理以 POST 方式发送的请求。由于大多数客户端发送请求的方式都是 GET 和 POST，因此，学习如何使用 doGet()方法和 doPost()方法处理请求就变得相当重要。下面通过一个案例来介绍 doGet()和 doPost()方法的使用。

【例 3-2】 分别以 GET 和 POST 方式向 Servlet 发送请求，并查看控制台输出，步骤如下。

1. 创建 Servlet 类

在 com.example.servlet.demo 包中创建一个名为 RequestMethodServlet 的类。

2. 重写 doGet()和 doPost()方法

重写 doGet()和 doPost()方法如文件 3-2 所示。

【文件 3-2】 RequestMethodServlet.java

```
package com.example.servlet.demo;

import jakarta.servlet.ServletException;
import jakarta.servlet.annotation.WebServlet;
import jakarta.servlet.http.HttpServlet;
import jakarta.servlet.http.HttpServletRequest;
import jakarta.servlet.http.HttpServletResponse;
import java.io.IOException;
import java.io.PrintWriter;

@WebServlet("/RequestMethodServlet")
public class RequestMethodServlet extends HttpServlet {

protected void doGet(HttpServletRequest request,
  HttpServletResponse response) throws ServletException, IOException {
      PrintWriter out = response.getWriter();
      out.print("this is doGet() method.");
  }

protected void doPost(HttpServletRequest request,
  HttpServletResponse response) throws ServletException, IOException {
      PrintWriter out = response.getWriter();
      out.print("this is doPost() method.");
  }
}
```

3. 提交GET请求

启动Tomcat服务器,在浏览器的地址栏输入“http://localhost:8080/myservlet/RequestMethodServlet”,以GET方式向Servlet发送请求,浏览器显示结果如图3-8所示。由此可见,当以GET方式向Servlet发送请求时,Servlet会调用doGet()方法处理请求。

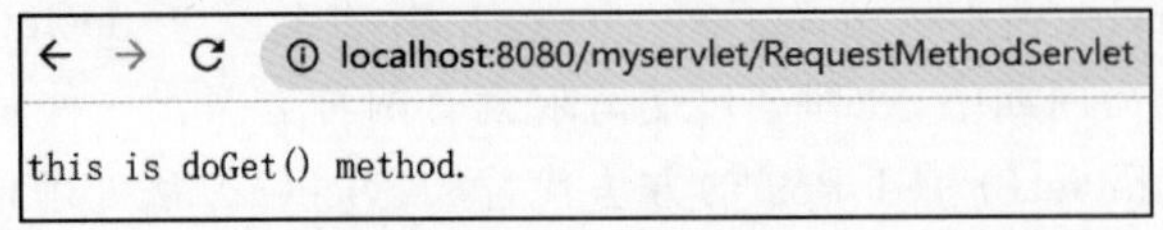

图3-8　提交GET请求后浏览器的显示结果

4. 提交POST请求

采用POST方式提交请求时,需要在src/main/webapp目录下创建一个名为form.html的文件,其中表单的acion属性要与@WebServlet注解指定的参数一致。这里省略了代表项目根目录的正斜线(/),并指定请求提交方式为POST,代码如文件3-3所示。

【文件3-3】　form.html

```
<html>
<body>
  <form action = "RequestMethodServlet" method = "post">
      <label>用户名</label>
      <input type = "text" name = "name" /><br>
      <input type = "submit" value = "提交" />
  </form>
</body>
</html>
```

启动Tomcat服务器后,在浏览器的地址栏输入“http://localhost:8080/myservlet/form.html”。填写相关内容后,单击“提交”按钮,以POST方式向Servlet发送请求,浏览器显示的结果如图3-9所示。由此可见,采用POST方式提交请求时,Servlet会调用doPost()方法处理请求。

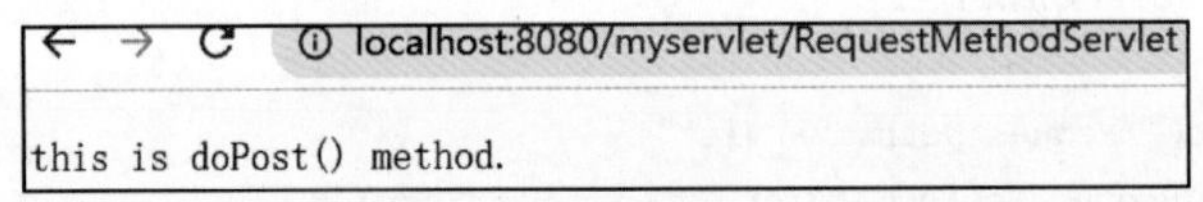

图3-9　提交POST请求后浏览器的显示结果

3.3　Servlet配置

不同于传统的Java应用程序,Servlet在创建后需要在服务器端做好配置。当然,有些集成化开发环境在创建Servlet的同时即完成了配置,例如文件3-1的创建过程。配置Servlet有两种方式:部署描述符和注解。

1. 部署描述符

部署描述符可以在应用程序开发阶段、集成阶段和部署阶段传递Web应用程序的元素和配置信息。在Servlet 5.0规范中,部署描述符是根据XML Schema文档定义的。对于例 3-1 中的 Servlet，可采用如下的部署描述符进行配置。

在项目的 WEB-INF 目录中创建(或修改)web.xml 文件，代码如文件 3-4 所示。

【文件 3-4】 web.xml

```
1  <servlet>
2    <servlet-name>MyFirstServlet</servlet-name>
3    <servlet-class>
4        com.example.servlet.demo.MyFirstServlet
5   </servlet-class>
6  <load-on-start-up>1</load-on-start-up>
7    <init-param>
8        <param-name>catalog</param-name>
9        <param-value>Spring</param-value>
10   </init-param>
11 </servlet>
12 <servlet-mapping>
13   <servlet-name>MyFirstServlet</servlet-name>
14   <url-pattern>/MyFirstServlet</url-pattern>
15 </servlet-mapping>
```

如文件 3-4 所示，元素<servlet>用于注册一个 Servlet(第 1～11 行)。它的两个子元素<servlet-name>和<servlet-class>分别用来指定 Servlet 的名字(第 2 行)和全限定名(第 3～5 行)。元素<servlet-mapping>用于映射外界对 Servlet 的访问路径(第 12～15 行)，它的子元素<servlet-name>的值(第 13 行)必须与<servlet>元素中<servlet-name>的值完全一致。子元素<url-pattern>则是用于指定访问该 Servlet 的虚拟路径(第 14 行)，该路径以正斜线(/)开始，代表当前 Web 应用程序的根目录。

元素<servlet>的子元素<load-on-start-up>是一个可选项(第 6 行)，它用于指定 Servlet 被加载的时机和顺序。在<load-on-start-up>元素中，必须设置一个整数。如果这个值是一个负数或者没有设定这个元素，Servlet 容器将在客户端首次请求这个 Servlet 的时候加载它；如果这个值是正整数或 0，Servlet 容器将在 Web 应用启动时加载并初始化 Servlet，<load-on-start-up>设置的值越小，对应的 Servlet 被加载的优先级越高。

元素<servlet>的子元素<init-param>是一个可选项(第 7～10 行)，用来配置 Servlet 的初始化参数。参数的名字和值分别由<param-name>和<param-value>子元素指定。

2. 注解

从 Servlet 3.0 规范开始，可以使用注解(Annotation)来告知 Servlet 容器哪些 Servlet 会提供服务。在创建 Servlet 后，可以用@WebServlet 注解来配置 Servlet。在文件 3-1 中，使用@WebServlet("/MyFirstServlet")来配置一个 Servlet(第 11 行)。因为设置了@WebServlet 注解，容器会自动读取注解中的内容，进而完成配置。该注解告知容器，如果请求的 URL 中包含 /MyFirstServlet ，则由当前的 MyFirstServlet 处理此请求。因此，访问这个 Servlet 的时候，只要在地址栏输入"http://localhost:8080/myservlet/MyFirstServlet"即可。@WebServlet 注解的属性如表 3-2 所示。

提示：在配置一个 Servlet 的时候，部署描述符和注解只能选择一种，两种方式不可混用。本书的后续案例均以注解方式进行配置。

表 3-2 @WebServlet 的属性

属性名	类型	说明
asyncSupported	boolean	声明 Servlet 是否支持异步操作模式
description	String	对 Servlet 的描述
displayName	String	Servlet 的显示名,通常配合工具使用
initParams	WebInitParam[]	指定一组 Servlet 的初始化参数,等价于<init-param>
largeIcon	String	指定 Servlet 的大图标
loadOnStartup	int	指定 Servlet 的加载顺序,等价于<load-on-start-up>
name	String	指定 Servlet 的名字,等价于<servlet-name>。如果没有显式指定,则该属性的取值即为类的全限定名
smallIcon	String	指定 Servlet 的小图标
urlPatterns	String[]	指定一组 Servlet 的 URL 匹配模式,等价于<url-pattern>
value	String[]	等价于 urlPatterns 属性。两个属性不能同时使用

视频讲解

3.4 Servlet 常用接口

3.4.1 HttpServletRequest 接口

在 Jakarta Servlet API 中定义了一个 HttpServletRequest 接口。它继承自 ServletRequest 接口,专门用来封装 HTTP 请求。由于 HTTP 请求消息分为请求行、请求头和请求消息体(实体主体)3 部分,因此,在 HttpServletRequest 接口中定义了获取请求行、请求头和请求消息体的相关方法。

1. 获取请求行的相关方法

请求行主要包括请求方法字段、URL 字段、协议名称和版本号字段等。相关方法如表 3-3 所示。

表 3-3 获取请求行的相关方法

方法声明	说明
String getMethod()	获取 HTTP 请求消息中的请求方法(如 GET、POST 等)
String getRequestURI()	获取请求行中资源名称的部分,即从协议名称到 HTTP 请求第一行中的查询字符串之前的部分(不含服务器名称、端口号)
StringBuffer getRequestURL()	重建客户端用于发出请求的 URL。返回的 URL 包含协议名、服务器名称、端口号和服务器路径,但不包括查询字符串参数
String getQueryString()	返回请求行中的参数部分,即请求 URL 中问号(?)以后的内容
String getProtocol()	返回请求行中的协议名和版本,如 HTTP/1.1
String getContextPath()	返回请求 URI 中指示请求上下文的部分。在请求 URI 中,上下文路径总是排在第一位。路径以"/"字符开头,但不以"/"字符结尾。对于默认(根)上下文中的 Servlet,此方法返回空字符串""
String getServletPath()	获取 Servlet 名称或 Servlet 的映射路径
String getRemoteAddr()	获取客户端的 IP 地址
String getRemoteHost()	获取客户端的完整主机名,如 host.example.com。如果无法解析客户端的完整主机名,将返回客户端的 IP 地址

方 法 声 明	说　　明
int getRemotePort()	获取客户端网络连接的端口号
String getLocalAddr()	获取 Web 服务器上用于接收请求的端口的 IP 地址
int getLocalPort()	获取 Web 服务器上用于接收请求的端口的端口号
String getLocalName()	获取 Web 服务器上接收请求的端口的主机名
String getServerName()	返回请求发送到的服务器的主机名
int getServerPort()	返回请求发送到的服务器的端口号
String getScheme()	获取请求的协议名，如 http，https 或 ftp

下面，通过一个案例来演示这些方法的使用。在 src/main/java 文件夹下新建一个名为 com. example. servlet. request 的包。在包中创建一个名为 RequestLineServlet 的类，在该类中编写用于获取请求行中相关信息的方法。

【例 3-3】 获取请求行信息。代码如文件 3-5 所示。

【文件 3-5】 RequestLineServlet. java

```
package com.example.servlet.request;

import java.io.IOException;
import java.io.PrintWriter;

import jakarta.servlet.ServletException;
import jakarta.servlet.annotation.WebServlet;
import jakarta.servlet.http.HttpServlet;
import jakarta.servlet.http.HttpServletRequest;
import jakarta.servlet.http.HttpServletResponse;

@WebServlet("/RequestLineServlet")
public class RequestLineServlet extends HttpServlet {

  protected void doGet(HttpServletRequest request,
  HttpServletResponse response) throws ServletException, IOException {
    response.setContentType("text/html;charset = UTF - 8");
    PrintWriter out = response.getWriter();
    // 获取请求行的相关信息
    out.print("getMethod:" + request.getMethod() + "<br>");
    out.print("getRequestURI:" + request.getRequestURI() + "<br>");
    out.print("getQueryString:" + request.getQueryString() + "<br>");
    out.print("getProtocol:" + request.getProtocol() + "<br>");
    out.print("getContextPath:" + request.getContextPath() + "<br>");
    out.print("getPathInfo:" + request.getPathInfo() + "<br>");
    out.print("getServletPath:" + request.getServletPath() + "<br>");
    out.print("getRemoteAddr:" + request.getRemoteAddr() + "<br>");
    out.print("getRemoteHost:" + request.getRemoteHost() + "<br>");
    out.print("getRemotePort:" + request.getRemotePort() + "<br>");
    out.print("getLocalAddr:" + request.getLocalAddr() + "<br>");
    out.print("getLocalName:" + request.getLocalName() + "<br>");
    out.print("getLocalPort:" + request.getLocalPort() + "<br>");
    out.print("getServerName:" + request.getServerName() + "<br>");
    out.print("getServerPort:" + request.getServerPort() + "<br>");
```

```
        out.print("getScheme:" + request.getScheme() + "<br>");
        out.print("getRequestURL:" + request.getRequestURL() + "<br>");
    }
    protected void doPost(HttpServletRequest request,
        HttpServletResponse response) throws ServletException, IOException {
        doGet(request, response);
    }
}
```

启动 Tomcat 服务器,在浏览器的地址栏输入"http://localhost:8080/myservlet/RequestLineServlet",向 RequestLineServlet 发送请求,运行结果如图 3-10 所示。

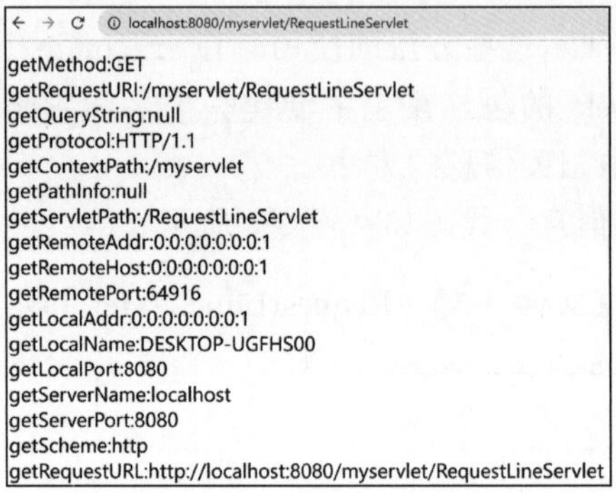

localhost:8080/myservlet/RequestLineServlet

getMethod:GET
getRequestURI:/myservlet/RequestLineServlet
getQueryString:null
getProtocol:HTTP/1.1
getContextPath:/myservlet
getPathInfo:null
getServletPath:/RequestLineServlet
getRemoteAddr:0:0:0:0:0:0:0:1
getRemoteHost:0:0:0:0:0:0:0:1
getRemotePort:64916
getLocalAddr:0:0:0:0:0:0:0:1
getLocalName:DESKTOP-UGFHS00
getLocalPort:8080
getServerName:localhost
getServerPort:8080
getScheme:http
getRequestURL:http://localhost:8080/myservlet/RequestLineServlet

图 3-10 RequestLineServlet 的运行结果

2. 获取请求头的相关方法

请求头可以用来向服务器传递附加的请求信息。如客户端可以接收的数据类型、压缩方式、语言等。为此,HttpServletRequest 接口中定义了一系列用于获取 HTTP 请求头字段的方法,如表 3-4 所示。

表 3-4 获取请求头的相关方法

方法声明	说明
String getHeader(String name)	获取一个指定头字段的值,如果请求消息中没有包含指定的头字段,则返回 null;如果请求消息中包含多个指定名称的头字段,则返回其中第一个头字段的值
Enumeration getHeaders(String name)	获取指定名称的头字段的所有值
Enumeration getHeaderNames()	获取一个包含所有头字段名称的枚举对象
long getDateHeader(String name)	获取指定头字段的值,并将其按 GMT 时间格式转换成一个代表日期/时间的长整数,这个长整数是自 1970 年 1 月 1 日 0 时 0 分 0 秒算起的以毫秒为单位的值
int getIntHeader(String name)	获取指定的头字段的值,并将其值转换为 int 类型。如果指定的名称不存在,则返回−1;如果获取的字段值无法转换为 int 类型,则抛出 NumberFormatException 异常
String getContentType()	获取 Content-Type 头字段的值
int getContentLength()	获取 Content-Length 头字段的值
String getCharacterEncoding()	获取请求消息的实体部分的字符集编码,通常从 Content-Type 头字段中进行提取

下面，通过一个案例来演示这些方法的使用。在 com. example. servlet. request 包中创建一个名为 RequestHeaderServlet 的类，该类中编写了用于获取请求头中相关信息的方法。

【例 3-4】 获取请求头信息。代码如文件 3-6 所示。

【文件 3-6】 RequestHeaderServlet. java

```java
package com.example.servlet.request;

import java.io.IOException;
import java.io.PrintWriter;
import java.util.ArrayList;
import java.util.Collections;
import java.util.Enumeration;

import jakarta.servlet.ServletException;
import jakarta.servlet.annotation.WebServlet;
import jakarta.servlet.http.HttpServlet;
import jakarta.servlet.http.HttpServletRequest;
import jakarta.servlet.http.HttpServletResponse;

@WebServlet("/RequestHeaderServlet")
public class RequestHeaderServlet extends HttpServlet {

  public void doGet(HttpServletRequest request,
    HttpServletResponse response)
      throws ServletException, IOException {
        response.setContentType("text/html;charset=utf-8");
        PrintWriter out = response.getWriter();
        //获取请求消息中的所有头字段
        Enumeration headerNames = request.getHeaderNames();
        //使用 Lambda 表达式遍历所有请求头，
        //并通过 getHeader()方法获取一个指定名称的头字段
        ArrayList<String> list = (ArrayList<String>)
        Collections.list(headerNames);
        list.forEach((name) -> out.write(name + " : "
             + request.getHeader(name) + "<br>"));
    }
    public void doPost(HttpServletRequest request,
      HttpServletResponse response)
      throws ServletException, IOException {
        doGet(request, response);
    }
}
```

启动 Tomcat 服务器，打开浏览器的开发者工具窗口，在浏览器的地址栏输入“http://localhost:8080/myservlet/RequestHeaderServlet”向 RequestHeaderServlet 发送请求，使用浏览器的开发者工具查看请求头信息，并与程序运行结果比对，如图 3-11 所示。

3. 获取请求消息体的相关方法

HttpServletRequest 接口的父接口 ServletRequest 定义了一系列获取请求参数和请求属性的方法，如表 3-5 所示。

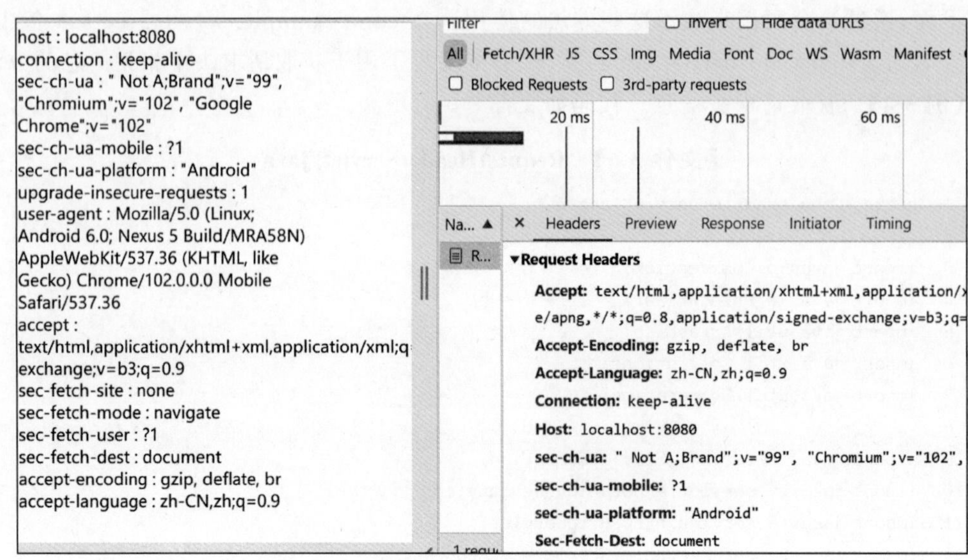

图 3-11　查看请求头信息

表 3-5　获取请求参数和请求属性的相关方法

方法声明	说　　明
String getParameter(String name)	获取指定名称的请求参数的值,如果请求消息中没有指定名称的参数,则返回 null;如果指定名称的参数存在但没有设置值,则返回空串;如果请求消息中包含多个该名称指定的参数,则返回第一个出现的参数值
String[] getParameterValues(String name)	获取同一个参数名对应的所有参数值
Enumeration getParameterNames()	获取请求消息中所有参数的名字
Map getParameterMap()	将请求消息中的所有参数及其值封装为一个 Map 对象并返回该 Map 对象
void setAttribute(String name,Object obj)	将一个对象 obj 和一个名字 name 关联后存放在 ServletRequest 对象中
Object getAttribute(String name)	从 ServletRequest 对象中获取指定名称的属性对象
void removeAttribute(String name)	从 ServletRequest 对象中删除指定名称的属性对象
Enumeration getAttributeNames()	获取 ServletRequest 对象中所有的属性名

下面,通过一个案例来演示这些方法的使用。创建一个 Servlet,用来获取用户填写的表单内容并显示。

【例 3-5】 获取请求参数信息。用户在表单中填写姓名、性别并选择爱好,并将上述信息提交给服务器(Servlet)。Servlet 处理后将上述信息输出。可以按以下步骤完成此任务。

1) 创建 JSP 文件

在 src/main/webapp 文件夹下创建一个 form.jsp 表单文件,要求用户填写姓名、性别并选择爱好。代码如文件 3-7 所示。

【文件 3-7】 form.jsp

```
<%@ page contentType="text/html; charset=UTF-8" %>
<html>
<body>
    <form action="RequestParamServlet" method="post">
        姓名<input type="text" name="name" /><br>
        性别
        <input type="radio" name="gender" value="m" checked/>男
        <input type="radio" name="gender" value="f"/>女<br>
        爱好
        <input type="checkbox" name="hobby" value="0" />篮球
        <input type="checkbox" name="hobby" value="1" />足球
        <input type="checkbox" name="hobby" value="2" />游泳<br>
        <input type="submit" value="提交"/>
    </form>
</body>
</html>
```

2) 创建 Serlvet

在 com.example.servlet.request 包中创建一个名为 RequestParamServlet 的类，获取请求参数，代码如文件 3-8 所示。

【文件 3-8】 RequestParamServlet.java

```
package com.example.servlet.request;

import java.io.IOException;

import jakarta.servlet.ServletException;
import jakarta.servlet.annotation.WebServlet;
import jakarta.servlet.http.HttpServlet;
import jakarta.servlet.http.HttpServletRequest;
import jakarta.servlet.http.HttpServletResponse;

@WebServlet("/RequestParamServlet")
public class RequestParamServlet extends HttpServlet {

  protected void doGet(HttpServletRequest request,
        HttpServletResponse response)
        throws ServletException, IOException {
        String name = request.getParameter("name");
        System.out.println("姓名:" + name);
        String gender = request.getParameter("gender");
        System.out.print("性别:");
        System.out.println(gender.equals("m")?"男":"女");
        // 获取参数名为"hobby"的值
        String[] hobbys = request.getParameterValues("hobby");
        System.out.print("爱好:");
        String[] hb = {"篮球","足球","游泳"};
        for (int i = 0; i < hobbys.length; i++) {
            System.out.print(hb[Integer.parseInt(hobbys[i])] + ",");
```

```
28            }
29        }
30        protected void doPost(HttpServletRequest request,
31          HttpServletResponse response)throws ServletException,
32        IOException {
33            doGet(request, response);
34        }
35    }
```

启动 Tomcat 服务器,在浏览器的地址栏输入"http://localhost:8080/myservlet/form.jsp",填写表单相关信息,如图 3-12 所示。

单击"提交"按钮后,可在控制台看到 Servlet 的输出信息,如图 3-13 所示。

图 3-12　填写表单信息

图 3-13　Servlet 在控制台输出的信息

对于文件 3-8 有以下几点说明:

(1) form.jsp 中使用了< form >标签封装表单数据。当表单提交时,< form >标签中封装的内容会被作为请求参数自动提交给 RequestParamServlet。这些请求参数的名字正是< form >标签中定义的控件的名字。

(2) 第 17 行和第 19 行分别用 request.getParameter()方法获取姓名和性别参数的值。

(3) 参数 hobby 的值可能有多个,因此第 23 行使用 getParameterValues()方法获取同名参数的多个值。通过遍历返回值数组,输出每个 hobby 参数对应的名称。

4. 请求转发器

一个 HTTP 请求可以被多个 Servlet 处理。例如,可以用一个 Servlet 实现请示文件的上传,用另一个 Servlet 实现文件批阅并生成最终的用户响应。要实现一个请求经由多个 Servlet 处理,需要用到请求转发器。Servlet 中的请求转发器由 RequestDispatcher (jakarta.servlet.RequestDispatcher)接口定义。可以通过 HttpServletRequest 接口提供的 getRequestDispatcher()方法获取 RequestDispatcher 对象。getRequestDispatcher()方法的原型如下:

```
RequestDispatcher getRequestDispatcher(String path)
```

该方法返回一个 RequestDispatcher 对象。其中参数 path 用于指定目标资源的路径,借助这个路径,请求转发器可以将当前请求转发给目标资源。如果使用相对路径,则指相对于当前 Servlet 的路径;也可以使用正斜线(/)开头的路径,表示相对于当前 Web 应用根目录的路径。

在获取到请求转发器 RequestDispatcher 对象以后,可以将当前请求通过请求转发器转发给目标资源继续处理。为此,RequestDispatcher 接口提供了一个 forward()方法,该方法可以将当前请求转发给其他 Web 资源。forward()方法的原型如下:

```
void forward(ServletRequest request, ServletResponse response)
        throws ServletException, IOException
```

forward()方法可以将当前请求转发给目标资源继续处理。需要注意的是,该方法必须在响应提交给客户端之前调用,否则会抛出 IllegalStateException 异常。请求转发的工作原理如图 3-14 所示。

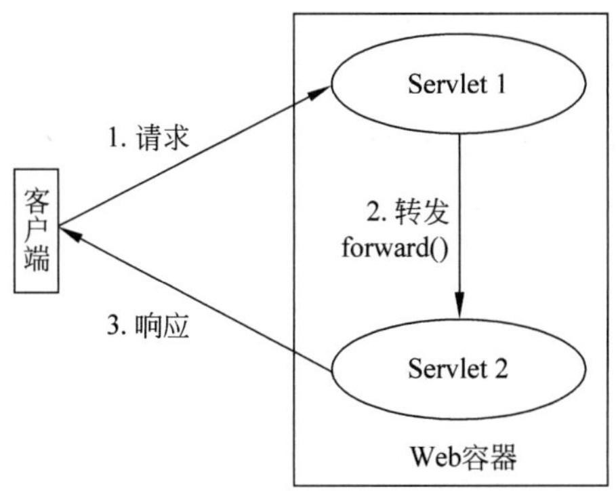

图 3-14　请求转发的工作原理

如图 3-14 所示,当 Servlet 1 处理请求后,并不生成响应,而是将该请求转发给其他的 Web 资源继续处理(图 3-14 中的 Servlet 2)。当 Servlet 2 处理请求后,生成响应并发送给客户端。注意,这里的请求和响应包含但不局限于 HTTP 请求和 HTTP 响应。了解到请求转发的工作原理后,下面通过一个案例演示请求转发器的应用。

【例 3-6】 请求转发器的应用。

分别创建两个名为 RequestForwardServlet 和 RequestDestServlet 的类。RequestForwardServelt 接收到请求后将请求转发给 RequestDestServlet。代码分别如文件 3-9 和文件 3-10 所示。

【文件 3-9】 RequestForwardServlet.java

```
package com.example.servlet.request;

import jakarta.servlet.ServletException;
import jakarta.servlet.annotation.WebServlet;
import jakarta.servlet.http.HttpServlet;
import jakarta.servlet.http.HttpServletRequest;
import jakarta.servlet.http.HttpServletResponse;
import java.io.IOException;

@WebServlet("/RequestForwardServlet")
public class RequestForwardServlet extends HttpServlet {

    protected void doGet(HttpServletRequest request,
        HttpServletResponse response)
        throws ServletException, IOException {
            System.out.println("this is servlet 1");
            request.setAttribute("name","com.example");
            request.getRequestDispatcher("RequestDestServlet")
            .forward(request,response);
    }

```

```
22   protected void doPost(HttpServletRequest request,
23     HttpServletResponse response)  throws ServletException,
24       IOException {
25     doGet(request, response);
26   }
27 }
```

【文件 3-10】 RequestDestServlet.java

```
1  package com.example.servlet.request;
2
3  import jakarta.servlet.ServletException;
4  import jakarta.servlet.annotation.WebServlet;
5  import jakarta.servlet.http.HttpServlet;
6  import jakarta.servlet.http.HttpServletRequest;
7  import jakarta.servlet.http.HttpServletResponse;
8  import java.io.IOException;
9  import java.io.PrintWriter;
10
11 @WebServlet("/RequestDestServlet")
12 public class RequestDestServlet extends HttpServlet {
13
14     protected void doGet(HttpServletRequest request,
15     HttpServletResponse response)
16             throws ServletException, IOException {
17         System.out.println("this is servlet 2");
18         String str = (String)request.getAttribute("name");
19         PrintWriter out = response.getWriter();
20         out.print("name is " + str);
21   }
22
23   protected void doPost(HttpServletRequest request,
24     HttpServletResponse response)  throws ServletException,
25       IOException {
26     doGet(request, response);
27   }
28 }
```

如文件 3-9 所示，请求首先到达 RequestForwardServlet。该 Servlet 处理请求后在控制台输出字符串“this is servlet 1”(第 16 行)。同时，RequestForwardServlet 在该请求域的范围内追加了 name 属性(第 17 行)。执行了上述处理后，RequestForwardServlet 并没有针对该请求生成响应，而是创建请求转发器对象(第 18 行)，并调用请求转发器的 forward()方法将请求转发给 RequestDestServlet(第 19 行)。文件 3-10 描述了 RequestDestServlet 如何继续处理请求。为显示 ReqeustDestServlet 开始处理请求，首先在控制台输出字符串“this is servlet 2”(第 17 行)。在从请求域中取出 name 属性的值之后(第 18 行)，RequestDestServlet 调用 out 对象的 print()方法生成对该请求的响应(第 19～20 行)。至此，请求被处理完毕。向 RequestForwardServlet 发送请求后，通过浏览器看到的响应内容如图 3-15 所示。

```
name is com.example
```

图 3-15　用浏览器查看响应内容

同时，控制台输出信息可以描述请求被两个 Servlet 处理的过程，如图 3-16 所示。

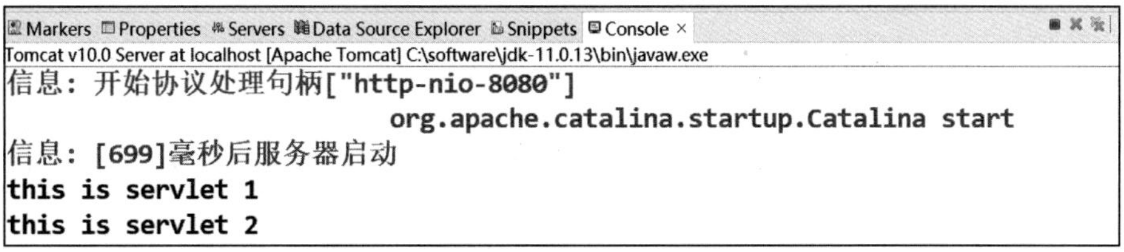

```
信息: 开始协议处理句柄["http-nio-8080"]
                        org.apache.catalina.startup.Catalina start
信息: [699]毫秒后服务器启动
this is servlet 1
this is servlet 2
```

图 3-16　控制台输出的请求处理过程

3.4.2　HttpServletResponse 接口

在 Jakarta Servlet API 中定义了一个 HttpServletResponse 接口，它继承自 ServletResponse 接口，专门用来封装 HTTP 响应消息。由于 HTTP 响应消息分为状态行、响应消息头、消息体(实体主体)3 部分。因此，HttpServletResponse 接口定义了向客户端发送响应状态码、响应消息头、响应消息体的方法。

1. 发送响应状态码的方法

当 Servlet 向客户端发送响应消息时，需要在响应消息中设置状态码。为此，HttpServletResponse 接口定义了两个发送状态码的方法，具体如下所述。

1) void setStatus(int status)方法

void setStatus(int status)方法用于设置 HTTP 响应消息的状态码。由于响应状态行中的状态描述信息与状态码直接相关，而 HTTP 版本由服务器确定。因此，只要通过 setStatus(int status)方法设置状态码，即可发送状态行。正常情况下，服务器会默认产生一个状态码为 200 的状态行。合法的状态码范围为 2 ** ,3 ** ,4 ** 和 5 ** ,其中 * 表示一位非负整数。其他范围的状态码被视为属于特定容器的。

2) void sendError(int sc)throws IOException 方法

void sendError(int sc) throws IOException 方法用于发送表示错误信息的状态码。例如，404 状态码表示找不到客户端请求的资源。其中的 sc 参数表示错误信息的状态码。此外，还有一个重载的方法：

```
void sendError(int sc, String msg) throws IOException
```

这个方法除了发送错误信息的状态码外，还可以增加一条用于提示说明的文本信息，该文本信息将出现在发送给客户端的正文内容中。

2. 发送响应消息头的方法

HTTP 有很多响应头字段，HttpServletResponse 接口定义了一系列设置 HTTP 响应头的方法，如表 3-6 所示。

表 3-6　设置响应头字段的方法

方 法 声 明	说　明
void addHeader(String name, String value)	用于设置 HTTP 响应头字段。参数 name 用于指定响应头字段的名称,参数 value 用于指定响应头字段的值。addHeader()方法用于增加同名的响应头字段,setHeader()方法用于覆盖同名的响应头字段
void setHeader(String name, String value)	
void addIntHeader(String name, int value)	用于设置包含整数值的响应头。这样可以避免在使用 addHeader()和 setHeader()方法时,需要将 int 类型的值转换为 String 类型的麻烦
void setIntHeader(String name, int value)	
void setContentLength(int len)	用于设置响应消息的实体主体的大小,单位:字节。对于 HTTP 来说,这个方法就是设置 Content-Length 响应头字段的值
void setContentType(String type)	设置 Servlet 输出内容的 MIME 类型。对于 HTTP 来说,就是设置 Content-Type 响应头字段的值。例如,如果发送到客户端的响应内容是 jpeg 格式的图像,则响应头字段类型设置为"image/jpeg"。如果响应的内容是文本,则设置响应类型并指定字符编码,如"text/html; charset=UTF-8"
void setLocale(Locale loc)	设置响应消息的本地化信息。对于 HTTP 来说,就是设置 Content-Language 响应头字段和 Content-Type 头字段的字符集编码部分
void setCharacterEncoding(String charset)	设置输出内容使用的字符编码。对于 HTTP 来说,就是设置 Content-Type 响应头字段的字符集编码部分。如果没有设置 Content-Type 响应头字段,setCharacterEncoding()方法这时的字符集编码不会出现在 HTTP 响应消息中。setCharacterEncoding()方法比 setContentType()和 setLocale()方法的优先级高。它的设置结果将覆盖 setContentType()和 setLocale()方法所设置的字符编码

3. 发送响应消息体的方法

由于在 HTTP 响应消息中,大量的数据都是通过响应消息体传递的。因此,ServletResponse 接口遵循以 I/O 流形式传递数据的理念来传送响应消息体。接口中定义了两个与输出流相关的方法。

1) ServletOutputStream getOutputStream() throws IOException

ServletOutputStream getOutputStream() throws IOException 方法可返回一个能够在响应中写入二进制数据的 ServletOutputStream(字节流)对象。由于 Servlet 容器不编码二进制数据,要想输出二进制格式的响应正文,就需要使用 getOutputStream()方法。

2) PrintWriter getWriter() throws IOException

PrintWriter getWriter() throws IOException 方法返回可以向客户端发送字符文本的 PrintWriter(字符流)对象。PrintWriter 使用 getCharacterEncoding()方法返回的字符编码。如果 getCharacterEncoding()方法返回默认值 ISO-8859-1,则 getWriter() 方法会将其更新为 ISO-8859-1。

【例 3-7】 向客户端发送响应消息体。

在 src/main/java 文件夹下创建一个名为 com. example. servlet. response 的包；在包中创建一个名为 ResponseMsgServlet 的类。该类使用上述两个方法发送响应消息体，代码如文件 3-11 所示。

【文件 3-11】 ResponseMsgServlet. java

```
1  package com.example.servlet.response;
2
3  import jakarta.servlet.ServletException;
4  import jakarta.servlet.annotation.WebServlet;
5  import jakarta.servlet.http.HttpServlet;
6  import jakarta.servlet.http.HttpServletRequest;
7  import jakarta.servlet.http.HttpServletResponse;
8  import java.io.IOException;
9  import java.io.OutputStream;
10
11 @WebServlet("/ResponseMsgServlet")
12 public class ResponseMsgServlet extends HttpServlet {
13
14     protected void doGet(HttpServletRequest request,
15         HttpServletResponse response)
16         throws ServletException, IOException {
17         String msg = "this is response";
18         OutputStream output = response.getOutputStream();
19         output.write(msg.getBytes());
20     }
21     protected void doPost(HttpServletRequest request,
22         HttpServletResponse response) throws ServletException, IOException {
23         doGet(request, response);
24     }
25 }
```

启动 Tomcat 服务器，在浏览器的地址栏输入“http://localhost:8080/myservlet/ResponseMsgServlet”，浏览器显示的结果如图 3-17 所示。

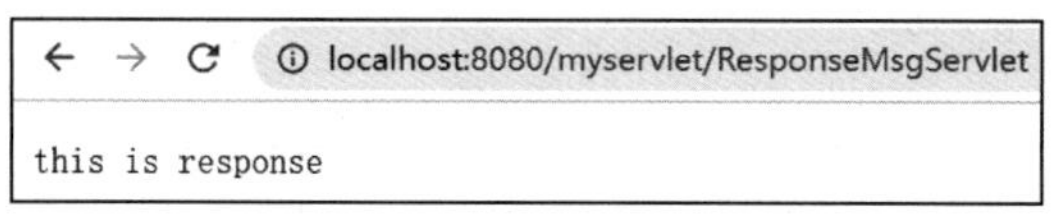

图 3-17 输出响应消息

对于上述案例，可改用字符流形式输出响应消息，将第 18 行和第 19 行分别修改为：

```
PrintWriter output = response.getWriter();
output.write(msg);
```

可以得到同样的运行结果。

提示：虽然使用字符流和字节流都可以输出响应消息。但是，这两种方式不能同时使用。

4. HttpServletResponse 接口的应用

1）解决中文乱码

计算机中的数据都是以二进制形式存储的。当传输文本时，就会发生字符和字节之间的转换。字符和字节之间的转换是通过查编码表完成的，将字符转换成字节的过程叫编码，将字节转换成字符的过程叫解码。如果编码和解码使用的码表不一致，就会产生乱码。解决中文乱码问题的思路就是在 Servlet 生成响应消息前，通知浏览器使用与 Servlet 一致的码表来对收到的响应内容进行解码。

【例 3-8】 显示中文响应消息。

在 com. example. servlet. response 包中创建一个名为 ResponseChineseCharServlet 的类，在浏览器页面显示中文响应消息。代码如文件 3-12 所示。

【文件 3-12】 ResponseChineseCharServlet. java

```
1  package com.example.servlet.response;
2
3  import java.io.IOException;
4  import java.io.PrintWriter;
5
6  import jakarta.servlet.ServletException;
7  import jakarta.servlet.annotation.WebServlet;
8  import jakarta.servlet.http.HttpServlet;
9  import jakarta.servlet.http.HttpServletRequest;
10 import jakarta.servlet.http.HttpServletResponse;
11
12 @WebServlet("/ResponseChineseCharServlet")
13 public class ResponseChineseCharServlet extends HttpServlet {
14
15     protected void doGet(HttpServletRequest request,
16     HttpServletResponse response)
17             throws ServletException, IOException {
18         response.setContentType("text/html; charset = UTF - 8");
19         String msg = "这是响应消息";
20         PrintWriter out = response.getWriter();
21         out.write(msg);
22     }
23     protected void doPost(HttpServletRequest request,
24       HttpServletResponse response) throws ServletException, IOException {
25         doGet(request, response);
26    }
27 }
```

如文件 3-12 所示，在 Servlet 发送响应数据前（第 18 行），用 setContentType()方法设置 Servlet 响应的编码，通知浏览器使用同样的编码。启动 Tomcat 服务器，在浏览器的地址栏输入地址“http://localhost:8080/chapter3/ResponseChineseCharServlet”，浏览器可显示出正确的中文字符，如图 3-18 所示。

2）页面自动跳转

在 Web 开发中，经常会遇到定时跳转页面的需求。这个功能可以利用 HTTP 响应头

localhost:8080/chapter3/ResponseChineseCharServlet

这是响应消息

图 3-18　显示正确中文字符

中的 refresh 字段实现。它可以通知浏览器在指定的时间段内自动刷新并跳转到指定页面。

【例 3-9】 页面的定时刷新与自动跳转。

在 com. example. servlet. response 包中创建一个名为 ResponseAutoJumpServlet 的类,其功能是在收到请求 3s 后跳转到百度主页。代码如文件 3-13 所示。

【文件 3-13】 ResponseAutoJumpServlet. java

```
1  package com.example.servlet.response;
2
3  import java.io.IOException;
4
5  import jakarta.servlet.ServletException;
6  import jakarta.servlet.annotation.WebServlet;
7  import jakarta.servlet.http.HttpServlet;
8  import jakarta.servlet.http.HttpServletRequest;
9  import jakarta.servlet.http.HttpServletResponse;
10
11 @WebServlet("/ResponseAutoJumpServlet")
12 public class ResponseAutoJumpServlet extends HttpServlet {
13
14     protected void doGet(HttpServletRequest request,
15     HttpServletResponse response)
16         throws ServletException, IOException {
17         response.setHeader("Refresh","3;url = http://www.baidu.com");
18     }
19     protected void doPost(HttpServletRequest request,
20         HttpServletResponse response) throws ServletException, IOException {
21         doGet(request, response);
22     }
23 }
```

如文件 3-13 所示,调用 response 对象的 setHeader()方法来设置 refresh 响应头字段的值(第 17 行)。其中的 3 表示 3s 后发出下一个请求; url 用于指定请求的目标资源。启动 Tomcat 服务器,在浏览器的地址栏输入"http://localhost:8080/myservlet/ResponseAutoJumpServlet",给 Servlet 发送请求,等待 3s 后页面自动跳转到"百度"主页,如图 3-19 所示。

3) 重定向

重定向是指 Web 服务器接收到客户端的请求后,由于某些限制,无法访问请求 URL 所指向的 Web 资源,而是指定一个新的资源,指示客户端给新的资源发送请求。这一过程发生在客户端和服务器之间,用户只知道发出了请求并收到响应,重定向的整个过程对用户透明。

为实现重定向,HttpServletResponse 接口定义了一个 sendRedirect()方法。该方法用于通知客户端重新访问指定的 URL。sendRedirect()方法的原型如下。

图 3-19 页面自动跳转到"百度"主页

```
public void sendRedirect(String location) throws IOException
```

其中,参数 location 指定重定向资源的 URL。这个 URL 既可以用相对地址,也可以用绝对地址。图 3-20 说明了 sendRedirect()方法实现重定向的过程。当客户端访问资源 1 时,资源 1 响应此请求,发出重定向响应,指示客户端向资源 2 发送请求。客户端在收到重定向响应后,根据响应给出的 URL 向资源 2 发送请求,资源 2 收到请求后将响应发送给客户端。对用户来讲,整个过程只有步骤 1 和步骤 4 可见,即发出一个请求,收到一个响应。这个过程与一般的请求-响应过程相比好像毫无差异。实际上,这个过程是两次请求-响应过程。

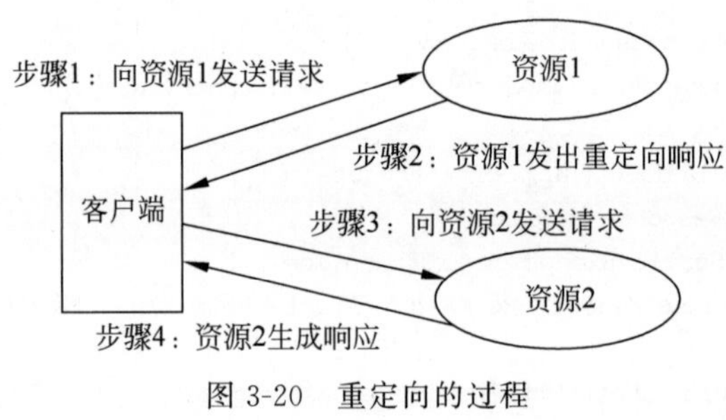

图 3-20 重定向的过程

【例 3-10】 利用重定向实现一个简单的登录验证程序。要求如下：如果用户名和密码正确,则跳转到欢迎页面；如果用户名或密码错误,则跳转回登录页面。实现步骤如下。

(1) 在 src/main/webapp 文件夹下创建两个 jsp 文件,一个用户登录页面 login.jsp,一个欢迎页面 welcome.jsp。login.jsp 代码如文件 3-14。welcome.jsp 用于输出欢迎消息,代码略。

【文件 3-14】 login.jsp

```
<%@ page contentType="text/html; charset=UTF-8" %>
<html>
<body>
    <form action="LoginServlet" method="post">
        用户名:<input type="text" name="username" /><br>
        密      码:
        <input type="password" name="password" /><br>
        <input type="submit" value="登录" />
    </form>
</body>
</html>
```

(2) 在 com. example. servlet. response 包下创建一个名为 LoginServlet 的类,用于处理用户的登录请求,如文件 3-15 所示。

【文件 3-15】 LoginServlet. java

```
1  package com.example.servlet.response;
2
3  import jakarta.servlet.ServletException;
4  import jakarta.servlet.annotation.WebServlet;
5  import jakarta.servlet.http.HttpServlet;
6  import jakarta.servlet.http.HttpServletRequest;
7  import jakarta.servlet.http.HttpServletResponse;
8  import java.io.IOException;
9
10 @WebServlet("/LoginServlet")
11 public class LoginServlet extends HttpServlet {
12
13     protected void doGet(HttpServletRequest request,
14     HttpServletResponse response)
15         throws ServletException, IOException {
16         response.setContentType("text/html;charset = utf - 8");
17         //用 HttpServletRequest 对象的 getParameter()方法获取用户名和密码
18         String username = request.getParameter("username");
19         String password = request.getParameter("password");
20         //假设用户名和密码分别为 admin 和 123
21         if (("admin").equals(username) && ("123").equals(password)) {
22             //如果用户名和密码正确,重定向到 welcome.jsp
23             response.sendRedirect("welcome.jsp");
24         } else {
25             //如果用户名和密码错误,重定向到 login.jsp
26             response.sendRedirect("login.jsp");
27         }
28     }
29     protected void doPost(HttpServletRequest request,
30     HttpServletResponse response)   throws ServletException, IOException {
31         doGet(request, response);
32     }
33 }
```

如文件 3-15 所示,第 23 行和第 26 行调用 sendRedirect()方法将请求分别重定向到 welcome. jsp 和 login. jsp。此处,这两个 JSP 页面的 URL 都使用了相对路径。

(3) 启动 Tomcat 服务器,在浏览器的地址栏输入地址"http://localhost:8080/myservlet/login. jsp"。当输入的用户名(假定为 admin)和密码(假定为 123)都正确时,浏览器显示结果如图 3-21 所示。

图 3-21 登录成功时显示的结果

如果输入的用户名或密码错误,浏览器显示结果如图 3-22 所示。

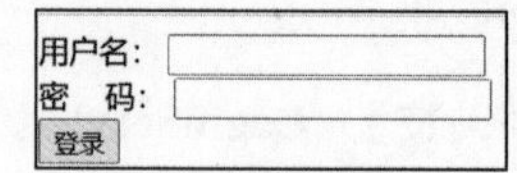

图 3-22　登录失败时显示的结果

3.4.3　ServletConfig 接口和 ServletContext 接口

1. ServletConfig 接口

在 Servlet 运行期间,经常需要一些配置信息。如文件的编码、使用 Servlet 程序的共享数据等。在初始化一个 Servlet 时,Servlet 容器会将 Servlet 的配置信息封装到一个 ServletConfig(jakarta.servlet.ServletConfig)对象中,并通过调用 Servlet 的 init(ServletConfig config)方法将 ServletConfig 对象传递给 Servlet 以完成初始化。ServletConfig 接口定义了一系列用于获取 Servlet 配置信息的方法,如表 3-7 所示。

表 3-7　ServletConfig 接口用于获取 Servlet 配置信息的方法

方 法 声 明	说　　明
String getInitParameter(String name)	根据指定的名字获取初始化参数的值
Enumeration <String> getInitParameterNames()	返回一个 Enumeration 对象,其中包含所有的初始化参数的名字
ServletContext getServletContext()	返回一个代表当前 Web 应用的 ServletContext 对象
String getServletName()	返回 Servlet 的名字

【例 3-11】 创建一个 Servlet,利用 ServletConfig 接口获取 Servlet 的初始化参数。

在 src/main/java 目录下创建一个名为 com.example.servlet.sc 的包,并在该包中创建一个名为 ServletConfigDemo 的类,代码如文件 3-16 所示。

【文件 3-16】　ServletConfigDemo.java

```
package com.example.servlet.sc;

import java.io.IOException;
import java.io.PrintWriter;

import jakarta.servlet.ServletConfig;
import jakarta.servlet.ServletException;
import jakarta.servlet.annotation.WebInitParam;
import jakarta.servlet.annotation.WebServlet;
import jakarta.servlet.http.HttpServlet;
import jakarta.servlet.http.HttpServletRequest;
import jakarta.servlet.http.HttpServletResponse;

@WebServlet(urlPatterns = "/ServletConfigDemo",
initParams = {@WebInitParam(name = "param", value = "Hello")})
public class ServletConfigDemo extends HttpServlet {

    protected void doGet(HttpServletRequest request,
```

```
19        HttpServletResponse response)
20            throws ServletException, IOException {
21            PrintWriter out = response.getWriter();
22            //获取 ServletConfig 对象
23            ServletConfig sc = this.getServletConfig();
24            String param = sc.getInitParameter("param");
25            out.println("param is " + param);
26        }
27        //此处省略了 doPost()方法
28    }
```

如文件 3-16 所示，第 14～15 行在@WebServlet 注解中使用 initParams 属性配置了一个名为 param 的初始化参数，并设置其值为 Hello。当前 Servlet 类的父类 GenericServlet 已定义了 getServletConfig()方法用于获取与当前 Servlet 对应的 ServletConfig 对象(第 23 行)。第 24 行调用 getInitParameter()方法获取初始化参数的值。启动 Tomcat 服务器，在浏览器的地址栏输入“http://localhost:8080/myservlet/ServletConfigDemo”，显示效果如图 3-23 所示。

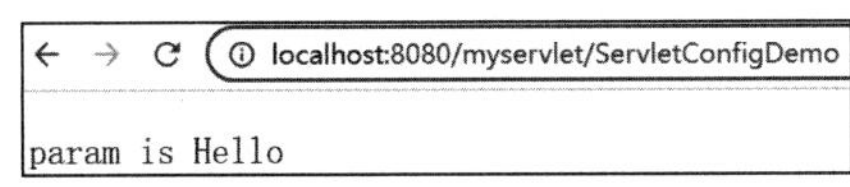

图 3-23　获取初始化参数的显示效果

2. ServletContext 接口

当 Servlet 容器启动时，会为每个 Web 应用创建一个唯一的 ServletContext(jakarta.servlet.ServletContext)对象用以代表当前的 Web 应用。ServletContext 对象不仅封装了当前 Web 应用的所有信息，而且可以实现多个 Servlet 之间的数据共享。ServletContext 对象就是 JSP 的内置对象 application。下面介绍 ServletContext 在 3 个方面的应用。

1) 实现多个 Servlet 之间的数据共享

一个 Web 应用程序对应一个 ServletContext 对象。而一个 Web 应用中可以包含多个 Servlet。所以，ServletContext 域的属性可以被该 Web 应用中所有的 Servlet 共享。ServletContext 接口定义了用于增加、删除和设置 ServletContext 域属性的方法，如表 3-8 所示。

表 3-8　ServletContext 接口的域属性操作方法

方法声明	说明
Object getAttribute(String name)	根据指定的域属性的名字，返回对应的属性值
Enumeration<String> getAttributeNames()	返回一个 Enumeration 对象，其中包含了存放在 ServletContext 中的所有属性名
void setAttribute(String name, Object object)	将对象 object 与名字 name 绑定后添加到 ServletContext 域中
void removeAttribute(String name)	根据参数指定的域属性的名字，从 ServletContext 中删除对应的属性

【例 3-12】 利用 ServletContext 对象实现两个 Servlet 之间的数据共享。

创建两个 Servlet 类,ServletContextParamSetter 和 ServletContextParamGetter。这两个 Servlet 分别调用 ServletContext 接口中的方法设置和获取域属性。代码分别如文件 3-17 和文件 3-18 所示。

【文件 3-17】 ServletContextParamSetter. java

```
1  package com.example.servlet.sc;
2
3  import jakarta.servlet.ServletContext;
4  import jakarta.servlet.ServletException;
5  import jakarta.servlet.annotation.WebServlet;
6  import jakarta.servlet.http.HttpServlet;
7  import jakarta.servlet.http.HttpServletRequest;
8  import jakarta.servlet.http.HttpServletResponse;
9  import java.io.IOException;
10
11 @WebServlet("/ServletContextParamSetter")
12 public class ServletContextParamSetter extends HttpServlet {
13
14     protected void doGet(HttpServletRequest request,
15     HttpServletResponse response)
16             throws ServletException, IOException {
17         ServletContext sc = this.getServletContext();
18         sc.setAttribute("data", "this is shared data");
19     }
20    //此处省略了 doPost()方法
21 }
```

【文件 3-18】 ServletContextParamGetter. java

```
1  package com.example.servlet.sc;
2
3  //import 部分与文件 3 - 17 相同,此处省略
4
5  @WebServlet("/ServletContextParamGetter")
6  public class ServletContextParamGetter extends HttpServlet {
7
8      protected void doGet(HttpServletRequest request,
9      HttpServletResponse response)
10             throws ServletException, IOException {
11         ServletContext sc = this.getServletContext();
12         String param = (String)sc.getAttribute("data");
13         System.out.println(param);
14     }
15     //此处省略了 doPost()方法
16 }
```

文件 3-17 中,第 18 行调用 ServletContext 接口的 setAttribute()方法用于在 ServletContext 域中设置属性 data。文件 3-18 中,第 12 行调用 ServletContext 接口的 getAttribute()方法用于获取 ServletContext 对象的属性值。第 13 行在控制台输出获取到的

共享数据。为了验证 ServletContext 对象能否实现 Servlet 之间的数据共享，启动 Tomcat 服务器，在浏览器的地址栏输入“http://localhost:8080/myservlet/ServletContextParamSetter”，首先将共享数据存入 ServletContext 域中，然后在浏览器的地址栏输入“http://localhost:8080/myservlet/ServletContextParamGetter”，控制台的输出结果如图 3-24 所示。从控制台的输出可以确认，利用 ServletContext 能够实现 Servlet 间的数据共享。

```
Markers  Properties  Servers  Data Source Explorer  Snippets  Console ×
Tomcat v10.0 Server at localhost [Apache Tomcat] C:\software\jdk-11.0.13\bin\javaw.exe
this is shared data
```

图 3-24　控制台的输出结果

2）获取 Web 应用程序的初始化参数

在 web.xml 文件中，除了可以配置 Servlet 的初始化信息，还可以配置整个 Web 应用程序的初始化信息。利用 web.xml 文件配置 Web 应用程序的初始化参数的格式如下：

```
<context-param>
    <param-name>参数名</param-name>
    <param-value>参数值</param-value>
</context-param>
```

其中，<context-param>元素是根元素<web-app>的直接子元素，并且<context-param>元素可以出现多次。<context-param>的子元素<param-name>和<param-value>分别用于指定初始化参数的名字和值。可以通过调用 ServletContext 接口的 getInitParameterNames()和 getInitParameter()方法获取初始化参数的名字和值。

【例 3-13】　利用 ServletContext 接口获取 Web 应用程序的初始化参数 name 和 address 的值。其中，web.xml 文件的内容如文件 3-19 所示。

【文件 3-19】　web.xml

```
<context-param>
    <param-name>name</param-name>
    <param-value>com.example</param-value>
</context-param>
<context-param>
    <param-name>address</param-name>
    <param-value>Beijing China</param-value>
</context-param>
```

在包 com.example.servlet.sc 中创建名为 ServletContextInitParam 的类，用于读取 Web 应用程序的初始化参数，代码如文件 3-20 所示。

【文件 3-20】　ServletContextInitParam.java

```
package com.example.servlet.sc;
//import 部分略

@WebServlet("/ServletContextInitParam")
public class ServletContextInitParam extends HttpServlet {
    protected void doGet(HttpServletRequest request,
```

```
7        HttpServletResponse response)
8                throws ServletException, IOException {
9            PrintWriter out = response.getWriter();
10           ServletContext sc = this.getServletContext();
11           Enumeration paramNames = sc.getInitParameterNames();
12           ArrayList<String> names = (ArrayList<String>)
13               Collections.list(paramNames);
14           names.stream().forEach((name) -> out.println(name + " : "
15               + sc.getInitParameter(name)));
16       }
17       //此处省略了 doPost()方法
18   }
```

文件 3-20 的第 11 行调用 ServletContext 接口的 getInitParameterNames()方法获取 Web 应用程序的所有初始化参数的名字，并在第 14～15 行调用 getInitParameter()方法根据名字获取对应参数的值。启动 Tomcat 服务器，在浏览器的地址栏输入"http://localhost:8080/myservlet/ServletContextInitParam"，可在浏览器界面看到获取的初始化参数的名字和值，其运行结果如图 3-25 所示。

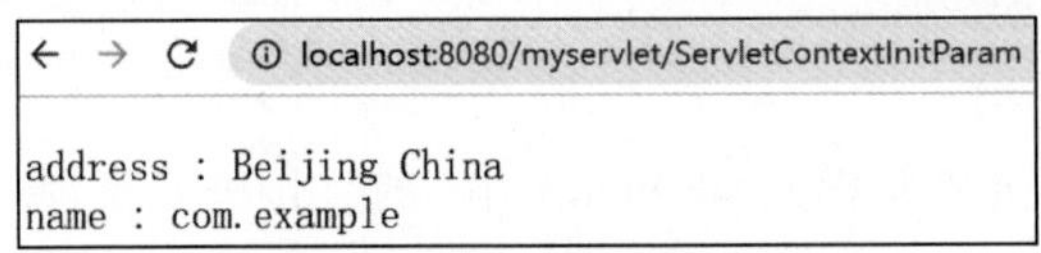

图 3-25　运行结果

3）获取 Web 应用程序的资源文件

在项目开发中，有时需要读取 Web 应用程序的资源文件，如图片、配置文件等。为此，ServletContext 接口定义了一些获取 Web 资源的方法。这些方法依靠 Web 容器来实现。Web 容器根据资源文件的相对路径，返回资源文件的 IO 流、资源文件在文件系统中的绝对路径等。ServletContext 接口用于获取资源路径的方法如表 3-9 所示。

表 3-9　ServletContext 用于获取资源路径的方法

方法声明	说明
Set<String> getResourcePaths(String path)	返回的集合对象中包含资源目录中子目录和文件的路径名称。参数 path 必须以正斜线(/)开始，指定匹配资源的部分路径
String getRealPath(String path)	返回资源文件服务器的文件系统上的真实路径(绝对路径)。参数 path 代表资源文件的虚拟路径，以正斜线(/)开始，(/)表示当前 Web 应用的根目录。如果 Web 容器不能将虚拟路径转换为文件系统的真实路径，则返回 null
URL getResource(String path) throws MalformedURLException	返回映射到某个资源文件的 URL 对象，参数 path 必须以正斜线(/)开始
InputStream getResourceAsStream(String path)	返回映射到某个资源文件的 InputStream 输入流，参数 path 的传递规则与 getResource()方法完全一致

【例 3-14】 利用 ServletContext 接口读取 Web 应用程序的资源文件。具体步骤如下：

(1) 在 src/main/java 文件夹下创建一个名为 sc.properties 的文件，其配置信息如下：

```
name = com.example
address = Beijing China
```

(2) 创建一个名为 ServletContextResourceFile 的类，代码如文件 3-21 所示。

【文件 3-21】 ServletContextResourceFile.java

```
1  package com.example.servlet.sc;
2
3  //import 部分略
4  @WebServlet("/ServletContextResource")
5  public class ServletContextResourceFile extends HttpServlet {
6
7      protected void doGet(HttpServletRequest request,
8      HttpServletResponse response)
9              throws ServletException, IOException {
10         PrintWriter out = response.getWriter();
11         ServletContext sc = this.getServletContext();
12         InputStream is = sc.getResourceAsStream("/WEB-INF
13             /classes/sc.properties");
14         Properties pros = new Properties();
15         pros.load(is);
16         out.println("name = " + pros.getProperty("name"));
17         out.println("address = " + pros.getProperty("address"));
18     }
19     //此处省略了 doPost()方法
20 }
```

项目的资源文件会最终存放在 WEB-INF/classes 目录下。在文件 3-21 的第 12、13 行指定资源文件最终的存放路径，并调用 getResourceAsStream()方法获得资源文件的输入流对象。

(3) 启动 Tomcat 服务器，在浏览器的地址栏输入"http://localhost:8080/myservlet/ServletContextResource"，可以在浏览器页面查看资源文件中配置的参数，运行结果如图 3-26 所示。

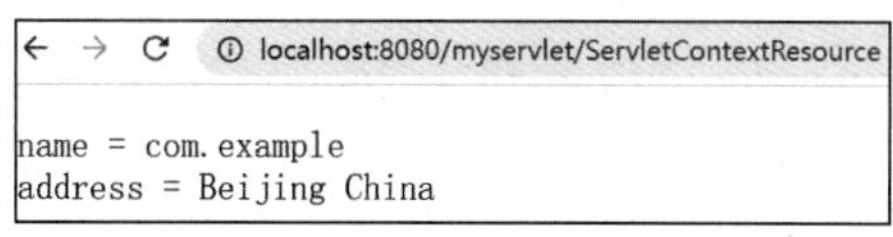

图 3-26 运行结果

3.5 会话跟踪技术

3.5.1 会话概述

日常生活中，从电话接通到电话挂断之间的通话过程就是会话。Web 应用中的会话过程类似于打电话。它是指一个客户端和 Web 服务器之间连续发生的一系列请求和响应过程。例如,一个客户在某电商网站上购物的过程就是会话。一般来讲,客户端和服务器间的会话会产生一些数据,特定用户会话产生的数据应从属于该用户。即 A 用户在会话过程中产生的数据应从属于 A 的会话,B 用户在会话过程中产生的数据应从属于 B 的会话。

会话跟踪是 Web 应用程序开发中常用的技术。它是一种维护用户状态的方法。Web 应用程序是使用 HTTP 传输数据的。HTTP 是无状态协议,客户端每次向服务器发出的请求都会被服务器认为是新的请求。因此,服务器无法通过请求来维护用户状态以及识别特定用户。这就需要采用会话跟踪技术。常用的会话跟踪技术有 Cookie 和 session。

3.5.2 Cookie

Cookie 是由 W3C(World Wide Web Consortium,万维网联盟)提出的一种会话跟踪技术,是一小段文本信息。它可以将会话过程中产生的数据保存到客户端(如浏览器)。当用户通过浏览器第一次给服务器发送请求时,服务器会给客户端发送一些信息,如用户标识等,这些信息会保存在 Cookie 中。当再次向服务器发送请求时,浏览器会将请求和 Cookie 一同提交给服务器。服务器检查 Cookie,以此来辨别用户的状态。

服务器向客户端发送 Cookie 时,会在 HTTP 响应中增加 Set-Cookie 响应头字段。在 Set-Cookie 响应头字段中设置 Cookie 的案例如下:

```
Set - Cookie : user = admin; Path = / ;
```

在上述示例中,user 表示 Cookie 的名称,admin 表示 Cookie 的值,Path 表示 Cookie 的属性。Cookie 必须以键值对的形式存在,Cookie 属性可以有多个,属性之间用分号";"和空格分隔。一般来讲,Cookie 会以文件的形式存放在客户端硬盘上;也有一种形式的 Cookie 是存放在客户端内存的,当用户关闭浏览器时即失效,这种 Cookie 称为会话 Cookie。Cookie 在浏览器和服务器间的传输过程如图 3-27 所示。

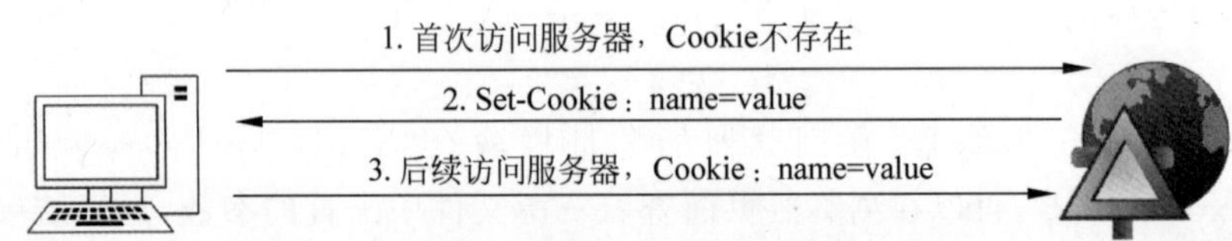

图 3-27 Cookie 在浏览器和服务器间的传输过程

为了封装 Cookie 信息,Servlet API 提供了 jakarta. servlet. http. Cookie 类。该类包含创建 Cookie 和提取 Cookie 信息的一系列方法。Cookie 类的常用方法如表 3-10 所示。

表 3-10 Cookie 类的常用方法

方法声明	说明
public Cookie(String name,String value)	构造方法。参数 name 用于指定 Cookie 的名字,参数 value 用于指定 Cookie 的值
public void setComment(String purpose)	用于设置 Cookie 的注释部分
public String getComment()	用于返回 Cookie 的注释部分

续表

方 法 声 明	说 明
public void setMaxAge(int expiry)	设置 Cookie 在浏览器客户机上的生存时间，单位：s。参数 expiry 取大于 0 的整数，表示 Cookie 的最大生存时间；取 0 表示删除该 Cookie；取负数表示不存储该 Cookie，关闭浏览器时即删除 Cookie(会话 Cookie)
public int getMaxAge()	返回 Cookie 在浏览器客户机上的生存时间，单位：s
public void setPath(String uri)	设置 Cookie 的有效路径
public String getPath()	返回 Cookie 的有效路径
public void setSecure(boolean flag)	设置该 Cookie 是否只能使用安全协议(如 HTTPS 或 SSL)传送
public boolean getSecure()	返回该 Cookie 是否只能使用安全协议传送
public String getName()	返回 Cookie 的名称
public void setValue(String newValue)	为 Cookie 设置新的值
public String getValue()	返回 Cookie 的值
public int getVersion()	返回此 Cookie 遵守的协议版本
public void setVersion(int v)	设置该 Cookie 采用的协议版本

【例 3-15】 利用 Cookie 记录用户的登录 IP。如果用户是第一次登录，显示欢迎消息，并将其 IP 地址写入 Cookie 中。如果用户在 Cookie 有效期内再次登录，显示欢迎消息和上次登录时的 IP 地址。

实现思路：在客户端给 Servlet 发送请求时，Servlet 记录客户端的 IP 地址，并将 IP 地址以 Cookie 的形式发送给客户端。当客户端再次访问 Servlet 时，Servlet 在获取客户端的全部 Cookie 后，查找自己需要的 Cookie 并从该 Cookie 中取出 IP 地址。

在 src/main/java 目录下创建名为 com. example. servlet. cookie 的包，并在该包中创建名为 CookieDemoServlet 的类，代码如文件 3-22 所示。

【文件 3-22】 CookieDemoServlet. java

```
papackage com.example.servlet.cookie;
//import 部分略

@WebServlet("/CookieDemoServlet")
public class CookieDemoServlet extends HttpServlet {

    protected void doGet(HttpServletRequest request,
        HttpServletResponse response)
        throws ServletException, IOException {
        PrintWriter out = response.getWriter();
        Cookie[] cookies = request.getCookies();
        response.setContentType("text/html;charset = UTF - 8");
        boolean flag = false;
        //判断能否获取到 Cookie
        if(cookies!= null) {
            for(Cookie c:cookies) {
                if("last".equals(c.getName())) {
                    out.write("欢迎回来,上次访问的 IP 为: " + c.getValue());
```

```
19                      flag = true;
20                      break;
21                  }
22              }
23          }
24          if(!flag) {
25              out.write("第一次访问,欢迎");
26              String ipAddress = request.getRemoteAddr();
27              Cookie cookie = new Cookie("last",ipAddress);
28              cookie.setMaxAge(3 * 60);
29              //将 Cookie 发送到客户端
30              response.addCookie(cookie);
31          }
32      }
33      //此处省略了 doPost()方法
34  }
```

如文件 3-23 所示,第 11 行通过 request 对象获取客户端所有的 Cookie,注意返回类型是一个 Cookie 数组。如果客户端已来访,Servlet 从客户端提交的 Cookie 中查找名为 last 的 Cookie(第 17 行)。在找到需要的 Cookie 后,Servlet 将 Cookie 中存储的 IP 地址取出并生成响应(第 18 行)。如果客户端第一次访问服务器,服务器无法获取到需要的 Cookie。因此,会输出欢迎消息(第 25 行),获取客户端 IP 地址(第 26 行),生成 Cookie 并发送到客户端(第 27～30 行)。本例中设置的 Cookie 的生存时间是 3min。

启动 Tomcat 服务器,在浏览器的地址栏输入"http://127.0.0.1:8080/myservlet/CookieDemoServlet"。由于是第一次访问,可以在浏览器中看到"第一次访问,欢迎"字样,如图 3-28 所示。刷新浏览器页面后,是第二次访问,可以看到图 3-29 所示的显示结果。由于本例设置的 Cookie 的生存时间是 3min。因此,在发送第二次请求后等待 3min,再次刷新浏览器页面,此时 Cookie 已经被移除,会看到图 3-28 所示的显示效果。

图 3-28　第一次运行的结果

图 3-29　第二次运行的结果

3.5.3　session

Cookie 技术可以将用户的信息保存在各自的客户端,并且可以在请求域内实现数据共享。但是,随着传输信息量的增加,服务器端的负载也会增加。为此,Servlet 提供了另一种会话跟踪技术——session。session 是服务器维护的一个数据结构,可以来跟踪用户的状态。

当浏览器访问 Web 应用时，Web 容器会创建一个 session 对象，其中包括了 session 对象的标识——id 属性。当客户端后续访问服务器时，只要将 id 传递给服务器，服务器就能判断出该请求是哪个客户端发送的，从而选择与之对应的 session 对象为其服务。session 对象的工作原理如图 3-30 所示。

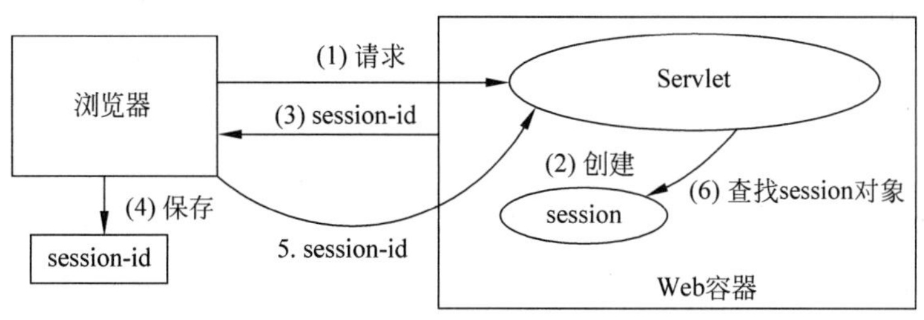

图 3-30　session 对象的工作原理

如图 3-30 所示，浏览器第一次向 Servlet 发送请求时，Web 容器会创建一个与当前请求相关的 session 对象，用以保存客户端信息。同时，服务器会将 session 对象的 id 属性以 Cookie 的形式(Set-Cookie：JSESSIONID= ***)发送给客户端，其中 *** 表示 id 的值。客户端保存此 id。当再次向 Servlet 发送请求时，浏览器会自动在请求消息头中将 Cookie(Cookie:JSESSIONID= ***)信息发送给服务器，服务器根据 id 属性查找对应的 session 对象。如果无法找到 session，则创建一个新的 session 对象。

关于 session 的其他说明如下。

1．session 的创建

session 对象是在客户端第一次访问服务器时创建的。准确来讲，只有当客户端访问 JSP、Servlet 等动态资源时才会创建 session。此外，也可以调用 HttpServletRequest 接口的 getSession()方法创建 session 对象。只访问 HTML、图片等静态资源时不会创建 session。

2．session 的生存时间

为避免 session 过多，大量占用服务器的内存空间，需要设置 session 的生存时间。超过该时间，session 对象会自动从 Web 容器的内存中删除。Tomcat 默认的 session 超时时间是 30min，即从用户最后一次发出请求开始计时，30min 内没有再次发出请求，则判断 session 超时。超时的 session 会成为垃圾对象，等待垃圾回收器将其从内存中彻底清除。设置 session 对象的超时时间共有 3 种方式。

(1) 在部署描述文件 web.xml 中设置，这种方式只对当前 Web 应用程序有效。例如，设置 session 的超时时间为 2min，代码如下：

```
<session-config>
  <session-timeout>2</session-timeout>
</session-config>
```

(2) 修改 Web 容器的默认设置，这种方式对部署在 Web 容器上的所有 Web 应用程序都有效。以 Tomcat 为例，修改 Tomcat 的 conf 目录下的 web.xml 文件中 session-config 标签的值，默认值为 30min。

```
<session-config>
  <session-timeout>30</session-timeout>
```

```
</session-config>
```

(3) 调用 HttpSession 接口的 setMaxInactiveInterval()方法。

3. session 的销毁

只要满足以下两个条件之一,session 对象就会被销毁:

① session 超时。

② 程序中调用了 HttpSession 接口的 invalidate()方法。

此外,如果采用会话 Cookie 来保存 session-id,当用户关闭浏览器时,Cookie 消失,session-id 也随之消失。这样浏览器再次连接服务器时无法找到原来的 session 对象,但并不意味着原来的 session 对象消失。

session 是与每个请求消息密切相关的。为此,HttpServletRequest 接口定义了用于获取 session 对象的 getSession()方法。具体如下:

```
① public HttpSession getSession(boolean create)
② public HttpSession getSession()
```

上面两个重载方法都可用于返回与当前请求相关的 HttpSession 对象。不同的是,第一个 getSession()方法根据传递的参数判断是否创建新的 HttpSession 对象。如果参数为 true,则在相关的 HttpSession 对象不存在时创建并返回新的 HttpSession 对象。如果参数为 false,不创建新的 HttpSession 对象,而是返回 null。第二个 getSession()方法相当于第一个方法的参数为 true 时的情况,在相关的 HttpSession 对象不存在时总是创建新的 HttpSession 对象。需要注意的是,由于 getSession()方法可能会产生发送会话标识号(session-id)的 Cookie 头字段,所以,必须在发送任何响应内容之前调用 getSession()方法。

要使用 HttpSession 对象管理会话,还需要了解 HttpSession 接口的相关方法。HttpSession 接口中的常用方法如表 3-11 所示。

表 3-11 HttpSession 接口的常用方法

方法声明	说明
void setAttribute(String name, Object value)	将一个对象 value 与名称 name 绑定,并存放到 HttpSession 对象中
Object getAttribute(String name)	从当前 HttpSession 对象中返回指定名称的属性值
void removeAttribute(String name)	从当前 HttpSession 对象中删除指定名称的属性
String getId()	返回与当前 HttpSession 对象关联的会话标识号
long getLastAccessedTime()	返回客户端最后一次发送请求的时间,这个时间是发送请求的时间与 1970 年 1 月 1 日 00:00:00 之间的差,单位:ms
void setMaxInactiveInterval(int interval)	设置当前 HttpSession 对象可空闲的最长时间间隔,即修改当前会话的默认超时时间,单位:s
long getCreationTime()	返回 HttpSession 对象的创建时间,这个时间是与 1970 年 1 月 1 日 00:00:00 之间的时间差,单位:ms
boolean isNew()	判断当前 HttpSession 对象是否是新创建的
void invalidate()	强制使 HttpSession 对象无效
ServletContext getServletContext()	返回当前 HttpSession 对象所属的 Web 应用程序对象,即代表当前 Web 应用程序的 ServletContext 对象

【例 3-16】 完善例 3-10 的用户登录程序，用 HttpSession 对象保存用户的登录信息。如果可以成功登录，则将用户名存放到 HttpSession 对象中；如果登录失败，在给出错误提示信息 3s 后，跳转到登录页。

其中，登录页面 login.jsp 内容与例 3-10 的内容相同。文件 welcome.jsp 的< body >部分改为：

```
欢迎<% = session.getAttribute("name") %>,登录成功!
<a href = "LogoutServlet">退出</a>
```

对于 LoginServlet，改名为 SessionDemoServlet，修改后的代码如文件 3-23 所示。

【文件 3-23】 SessionDemoServlet.java

```java
package com.example.servlet.cookie;

//import 部分此处略
@WebServlet("/SessionDemoServlet")
public class SessionDemoServlet extends HttpServlet {

  protected void doPost(HttpServletRequest request,
        HttpServletResponse response)
        throws ServletException, IOException {
    response.setContentType("text/html;charset = utf - 8");
    //用 HttpServletRequest 对象的 getParameter()方法
    //获取用户名和密码
    String username = request.getParameter("username");
    String password = request.getParameter("password");
    //假设用户名和密码分别为: admin 和 123
    if (("admin").equals(username)&&("123").equals(password)) {
        //获取 HttpSession 对象
        HttpSession session = request.getSession();
        //将用户名追加到 session 中
        session.setAttribute("name", username);
        //如果用户名和密码正确,重定向到 welcome.jsp
        response.sendRedirect("welcome.jsp");
    } else {
          PrintWriter out = response.getWriter();
          out.print("用户名或密码错误,返回<a href = \'login.jsp\'>登录</a>");
          //如果用户名和密码错误,重定向到 login.jsp
          response.setHeader("refresh", "3;url = login.jsp");
    }
  }
  //此处省略了 doGet()方法
}
```

同时，编写 LogoutServlet，用于实现用户的注销功能。代码如文件 3-24 所示。

【文件 3-24】 LogoutServlet.java

```java
package com.example.servlet.cookie;

//import 部分略
```

```java
@WebServlet("/LogoutServlet")
public class LogoutServlet extends HttpServlet {

    protected void doGet(HttpServletRequest request,
    HttpServletResponse response)
        throws ServletException, IOException {
        HttpSession session = request.getSession();
        //移除 session 中保存的属性 name
        session.removeAttribute("name");
        //强制作废 session 对象
        session.invalidate();
        //重定向到 login.jsp
        response.sendRedirect("login.jsp");
    }
    //此处省略了 doPost()方法
}
```

启动 Tomcat 服务器,在浏览器的地址栏输入“http://localhost:8080/myservlet/login.jsp”访问 login.jsp,填写用户名(admin)和密码(123)后,可以看到登录后的结果如图 3-31 所示。单击“退出”超链接,页面会返回登录页。

localhost:8080/myservlet/welcome.jsp
欢迎admin,登录成功! 退出

图 3-31 登录成功的页面显示

如果输入的用户名或密码错误,登录失败,浏览器显示结果如图 3-32 所示。在此消息显示 3s 后,页面会自动返回登录页。

localhost:8080/myservlet/SessionDemoServlet
用户名或密码错误,返回登录

图 3-32 登录失败的页面显示

第4章 EL 和 JSTL

在 Web 应用程序中，页面的设计技术有许多种。为了降低 JSP 页面的复杂度，增强代码的可复用性，JCP(Java Community Process，Java 社区进程)制定了一套标准标签库 JSTL (Java server pages Standarded Tag Library，JSP 标准标签库)。同时，JSP2.0 规范还提供了 EL(表达式语言)，大大降低了 JSP 开发难度。本章的主要内容包括 EL 和 JSTL。

视频讲解

4.1 EL

4.1.1 EL 语法形式

所有 EL 表达式的格式都是以"${"开头，以"}"结尾。例如，"${expression}"表示在页面上输出表达式 expression 的值。"${userinfo}"代表获取变量 userinfo 的值并显示在页面上。当 EL 表达式中的变量不给定范围时，则默认在 page 范围查找，然后依次在 request、session、application 范围查找，如果找到，则返回对应的变量值，不再继续查找。若在全部范围内无法找到，则返回 null。也可以用范围作为前缀表示属于哪个范围的变量，例如，"${pageScope.userinfo}"表示访问 page 范围中的 userinfo 变量。

例如，将对象 user 以属性 u 存放在 session 范围内：

```
User user = new User();
session.setAttribute("u",user);
```

为了获取到保存在 session 范围内的名字为 u 的属性值，通常在 JSP 中编写如下代码：

```
<%
    User user = (User)session.getAttribute("u");
    out.print(user.getName());
%>
```

而采用 EL 表达式，JSP 中的代码可简写为：

```
${sessionScope.user.name}  或 ${user.name}
```

4.1.2 EL 标识符

EL 表达式中的变量名，函数名等统称为标识符。EL 表达式中的标识符可以由任意的大小写字母、数字、下画线组成。为了避免出现非法的标识符，在定义标识符时还需要遵循以下规范：

(1) 不能以数字开头。

(2) 不能是 EL 的隐式对象,如 pageContext。

(3) 不能包含单引号(')、双引号(")、减号(—)和斜杠(/)等特殊字符。

(4) 不能和 EL 中的保留字相同,如 and、gt 等。

其中,EL 中的保留字如下:

```
and     true    gt      ge      empty
or      false   lt      le      instanceof
not     mod     null    eq      div
ne
```

4.1.3 EL 常量

EL 中的常量也称为字面量,EL 定义了以下几种常量。

(1) 布尔型常量:取值为 true 和 false。

(2) 整型常量:与 Java 中的整型常量定义相同,其取值范围为 $-2^{63} \sim 2^{63}-1$。

(3) 浮点型常量:与 Java 中的浮点型常量定义相同。

(4) 字符串常量:用单引号或双引号引起来的一串字符。如果字符串本身包含单引号(')或双引号("),则应该用反斜杠(\)进行转义。即"\'"表示字面意义上的单引号('),"\""表示字面意义上的双引号。如果字符串中包含反斜杠"\"字符,则使用反斜杠转义,即"\\"表示字面意义上的反斜杠(\)。

(5) Null 常量:这种类型的常量只取一个值,即 null。

4.1.4 EL 运算符

1. 存取运算符

在 EL 中,对数据值的存取是通过"[]"或"."实现的。其格式如下:

```
${ name. property}  或 ${name[property]}   或 ${name["property"]}
```

说明:

(1) "[]"主要用来访问数组、列表或其他集合对象的属性。

(2) "."主要用来访问对象的属性。

(3) "[]"和"."在访问对象属性时可通用,当属性中包含"-"或"?"等非字母和数字符号时,只能用"[]"运算符。如果要通过索引访问集合对象中的属性,只能用"[]"运算符。如表达式"${users[0]}"用于访问集合或数组中第一个元素。

2. 其他运算符

EL 支持的运算符同 Java 运算符类似,主要有算术运算符、关系运算符、逻辑运算符等,如表 4-1 所示。

利用 EL 表达式,可以实现相关运算,获取并显示结果。图 4-1 给出了常用的运算符的应用。

表 4-1　EL 中的运算符

类　　别	运　算　符	说　　明	类　　别	运　算　符	说　　明
算术运算符	+	加	关系运算符	<或(lt)	小于
	−	减		>或(gt)	大于
	*	乘		<=或(le)	小于或等于
	/或(div)	除		>=或(ge)	大于或等于
	% 或(mod)	取余		==或(el)	等于
逻辑运算符	&& 或(and)	与	特殊运算符	!=或(ne)	不等于
	||或(or)	或		empty	判断是否为空
	!或(not)	非		a?b:c	条件运算符

说明	EL表达式	运算结果
加	${1+2}	3
除	${1 / 2}	0.5
求余	${11 mod 3}	2
与	${true and false}	false
不等于	${'a' != 'a'}	false
判空	${empty "a"}	false
判空	${empty null}	true
条件运算	${(1==2)?'a':'b'}	b

图 4-1　EL 表达式常用运算符的应用

【例 4-1】 运用 EL 表达式计算并显示结果，运行结果如图 4-1 所示。文件 el.jsp 代码如文件 4-1 所示。

【文件 4-1】 el.jsp

```
<%@ page contentType="text/html; charset=UTF-8" %>
<html>
<body>
    <center>
    <table border="1">
        <tr>
            <th><b>说明</b></th>
            <th><b>EL 表达式</b></th>
            <th><b>运算结果</b></th>
        </tr>
        <tr><td>加</td><td>\${1+2}</td><td>${1+2}</td></tr>
        <tr><td>除</td><td>\${1/2}</td><td>${1/2}</td></tr>
        <tr>
            <td>求余</td><td>\${11 mod 3}</td>
            <td>${11 mod 3 }</td>
        </tr>
        <tr>
            <td>与</td><td>\${true and false}</td>
            <td>${true and false }</td></tr>
        <tr>
            <td>不等于</td><td>\${'a' != 'a'}</td>
            <td>${'a' != 'a'}</td>
        </tr>
        <tr>
            <td>判空</td><td>\${empty "a"}</td>
```

```
26                  <td>${empty "a"}</td>
27              </tr>
28              <tr>
29                  <td>判空</td><td>\${empty null}</td>
30                  <td>${empty null}</td>
31              </tr>
32              <tr>
33                  <td>条件运算</td>
34                  <td>\${(1==2)?'a':'b'}</td>
35                  <td>${(1==2)?'a':'b'}</td>
36              </tr>
37          </table>
38          </center>
39      </body>
40      </html>
```

提示：如果需要在某行程序禁止使用 EL 表达式，可以使用转义字符。即在“$”之前加入“\”。如文件 4-1 中第 11 行和第 12 行等就禁用了 EL 表达式。

4.1.5 EL 内置对象

与 JSP 技术类似，EL 也提供了内置对象。EL 提供了 11 个可直接使用的内置对象，如表 4-2 所示。

表 4-2 EL 的内置对象

类别	内置对象名称	说明
JSP	pageContext	获取当前 JSP 页面的信息，对应于 JSP 的 pageContext 对象
Web 域	pageScope	用于保存 page 域中属性的 Map 对象，可以获取页面(page)范围的属性值
	requestScope	用于保存 request 域中属性的 Map 对象，可以获取请求(request)范围的属性值
	sessionScope	用于保存 session 域中属性的 Map 对象，可以获取会话(session)范围的属性值
	applicationScope	用于保存 application 域中属性的 Map 对象，可以获取应用(application)范围的属性值
请求参数	param	一个保存了所有请求参数的 Map 对象，可获取指定请求参数的值
	paramValues	一个保存了所有请求参数的 Map 对象，对于某个请求参数，返回一个 String 类型数组
请求头	header	一个保存了所有 HTTP 请求头字段的 Map 对象，可以获取单个请求头信息的值
	headerValues	一个保存了所有 HTTP 请求头的 Map 对象，返回一个 String 类型数组
Cookie	cookie	获取请求中的 Cookie 集
初始化参数	initParam	一个用来保存 Web 应用所有初始化参数的 Map 对象，可用来获取初始化参数信息

1. JSP

内置对象 pageContext 可以用来获取 JSP 的内置对象。格式为“${pageContext.JSP内置对象名.属性名}”。

【例 4-2】 设计一个页面 pageContext.jsp，获取 request，response 和 application 对象的属性值并显示。页面 pageContext.jsp 代码如文件 4-2 所示。

【文件 4-2】 pageContext.jsp

```
<%@ page language = "java" contentType = "text/html; charset = UTF - 8" %>
<html>
<body>
    请求的 URI 为: ${pageContext.request.requestURI }<br>
    ContentType 响应头为: ${pageContext.response.contentType }<br>
    服务器信息为: ${pageContext.servletContext.serverInfo }<br>
</body>
</html>
```

程序运行结果如图 4-2 所示。

请求的URI为: /bbb/pageContext.jsp
ContentType响应头为: text/html;charset=UTF-8
服务器信息为: Apache Tomcat/10.0.14

图 4-2 pageContext.jsp 运行结果

2. Web 域

在 JSP 中，PageContext，HttpServletRequest，HttpSession 和 ServletContext 对象都可以用来存储数据，称为 Web 域。例如，在 HttpServletRequest 中存储的数据只能在当前请求范围内获取。在 EL 表达式中，可以使用 pageScope，requestScope，sessionScope 和 applicationScope 获取对应的域中的属性值。

【例 4-3】 设计一个页面 scope.jsp，分别从 Web 域内获取属性值并显示，代码如文件 4-3 所示。

【文件 4-3】 scope.jsp

```
<%@ page contentType = "text/html; charset = UTF - 8" %>
<html>
<body>
    <% pageContext.setAttribute("book", "page"); %>
    <% request.setAttribute("book", "request"); %>
    <% session.setAttribute("book", "session"); %>
    <% application.setAttribute("book", "application"); %>

    表达式\${pageScope.book }的值为: ${pageScope.book }<br>
    表达式\${requestScope.book }的值为: ${requestScope.book }<br>
    表达式\${sessionScope.book }的值为: ${sessionScope.book }<br>
    表达式\${applicationScope.book }的值为:
        ${applicationScope.book }<br>
    表达式\${book }的值为: ${book }<br>
</body>
</html>
```

如文件 4-3 所示，首先分别在 pageContext、request、session 和 application 域内存放如名为 book 的属性（第 4～7 行）。随后，再分别从这 4 个域中取出 book 属性的值（第 9～13 行）。使用 EL 的内置对象 pageScope，requestScope，sessionScope 和 applicationScope 可以从对应的 Web 域中获取属性值。需要注意的是，当不指定查找域时，会在 pageContext，request，session 和 application 这 4 个作用域内按顺序依次查找，如果找到指定的属性，则不再继续查找。程序 scope.jsp 的运行结果如图 4-3 所示。

```
表达式${pageScope.book }的值为：page
表达式${requestScope.book }的值为：request
表达式${sessionScope.book }的值为：session
表达式${applicationScope.book }的值为：application
表达式${book }的值为：page
```

图 4-3　scope.jsp 的运行结果

3. 请求参数

在 JSP 中，经常需要获取客户端传递的请求参数。为此，EL 提供了 param 和 paramValues 两个内置对象，这两个内置对象专门用来获取客户端传递的请求参数。表单提交的信息会自动以请求参数的形式保存在 request 作用域内，在 EL 中可以使用“param.参数名”的形式获取请求参数的值。如果请求参数有多个值，可以使用“paramValues.参数名”获取请求参数的所有值，这种写法会返回一个 String 类型的数组。如果要获取某个请求参数的第一个值，可以使用“paramValues.参数名[0]”的形式。

【例 4-4】 设计一个页面 param.jsp，提供给用户一个表单填写相关信息，并展示用户填写的内容。页面 param.jsp 代码如文件 4-4 所示。

【文件 4-4】 param.jsp

```
<%@ page contentType="text/html; charset=UTF-8" %>
<html>
<body>
    <form action="${pageContext.request.contextPath}/param.jsp"
 method="post">
            姓名<input type="text" name="name" /><br>
            性别
            <input type="radio" name="gender" value="m" checked/>男
            <input type="radio" name="gender" value="f"/>女<br>
            爱好
            <input type="checkbox" name="hobby" value="篮球" />篮球
            <input type="checkbox" name="hobby" value="足球" />足球
            <input type="checkbox" name="hobby" value="游泳" />游泳<br>
            <input type="submit" value="提交"/>
    </form>
    <hr>
    姓名: ${param.name }<br>
    性别: ${param.gender }<br>
    爱好: ${paramValues.hobby[0]}
          ${paramValues.hobby[1]}
          ${paramValues.hobby[2]}<br>
</body>
</html>
```

启动 Tomcat 服务器后，在浏览器的地址栏输入“http://localhost:8080/chapter4/param.jsp”，访问 param.jsp 页面，浏览器窗口中会显示一个表单，填写好相关内容后，单击“提交”按钮，横线下方会显示用户填写的信息，如图 4-4 所示。

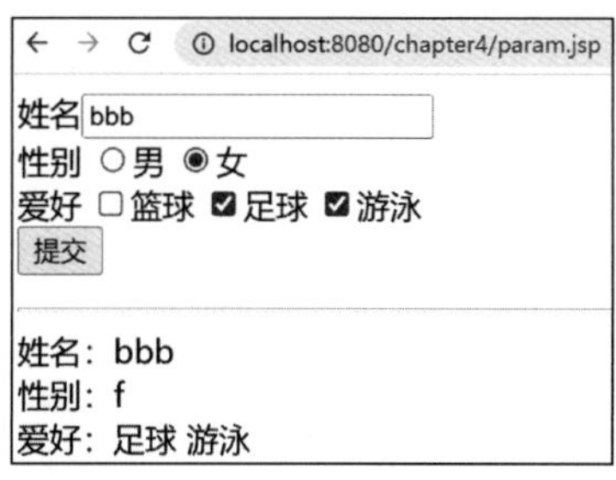

图 4-4　param.jsp 的运行结果

4. Cookie

内置对象 cookie 可以获取客户端的 Cookie 信息。如果要获取 Cookie 对象的信息，可以用“${cookie.Cookie 名}”实现；如果获取 Cookie 对象的名字，可以用“${cookie.Cookie 名.name}”；如要获取 Cookie 对象的值，可以用“${cookie.Cookie 名.value}”。

【例 4-5】 cookie.jsp 在客户端生成一个自定义 Cookie，获取 Cookie 对象的名字和值并显示。页面 cookie.jsp 代码如文件 4-5 所示。

【文件 4-5】 cookie.jsp

```
1  <%@ page contentType = "text/html; charset = UTF - 8" %>
2  <html>
3  <body>
4      Cookie 对象信息：<br>
5      <% response.addCookie(new Cookie("c","cookie - example")); %>
6       ${cookie.c }<br>
7       ${cookie.c.name }<br>
8       ${cookie.c.value }<br>
9  </body>
10 </html>
```

如文件 4-5 所示，首先在创建名字为 c 的 Cookie(第 5 行)，利用 EL 的内置对象 cookie 获取 Cookie 对象(第 6 行)，随后获取 Cookie 对象的名字和值(第 7～8 行)。用浏览器打开 cookie.jsp 后，因为浏览器第一次访问这个页面，此时服务器端还无法接收到名为 c 的 Cookie 信息，因此，浏览器窗口不会显示相关的 Cookie 信息。刷新浏览器后，再次访问 cookie.jsp 页面，浏览器窗口中显示的结果如图 4-5 所示。

图 4-5　Cookie 相关操作的运行结果

5. 初始化参数

内置对象 initParam 用于访问 Servlet 上下文的初始化参数，该参数在 web.xml 文件中设置。格式如下：

```
<context-param>
    <param-name>paramName</param-name>
    <param-value>paramValue</param-value>
</context-param>
```

【例 4-6】 假设在 web.xml 文件中有如下的初始化参数配置。

```
<context-param>
    <param-name>book</param-name>
    <param-value>C 程序设计</param-value>
</context-param>
```

设计一个页面 initParam.jsp,获取初始化参数。页面 initParam.jsp 代码如文件 4-6 所示。

【文件 4-6】 initParam.jsp

```
<%@ page contentType="text/html; charset=UTF-8" %>
<html>
<body>
    <b>web应用的初始化参数: </b>
    <p>${initParam.book}
</body>
</html>
```

程序 initParam.jsp 的运行结果如图 4-6 所示。

web应用的初始化参数:

C程序设计

图 4-6 initParam.jsp 的运行结果

4.2 JSTL

4.2.1 JSTL 简介

从 JSP 1.1 规范开始,JSP 就支持使用自定义标签。使用自定义标签可以大大降低 JSP 页面的复杂度,同时增强代码的重用性。为了避免自定义标签的混乱,JCP 制定了一套 JSP 标准标签库 JSTL。JSTL 由 5 个不同功能的标签库共同组成,如表 4-3 所示。

表 4-3 JSTL 标签库

标 签 库	标签库的 URI	前 缀	说 明
Core	http://java.sun.com/jsp/jstl/core	c	操作范围变量、流程控制、URL 管理、错误处理
XML	http://java.sun.com/jsp/jstl/xml	x	操作 XML 文件
I18N	http://java.sun.com/jsp/jstl/fmt	fmt	数字及日期数据格式化,页面国际化
SQL	http://java.sun.com/jsp/jstl/sql	sql	操作关系数据库
Functions	http://java.sun.com/jsp/jstl/functions	fn	字符串处理函数

表 4-3 中的 URI 是标签库的标识，使用标签库的时候，需要在 JSP 页面上指定标签库的 URI。前缀是标签库中的标签用到的共同的前缀。

4.2.2 JSTL 标签的使用步骤

1. 添加支持 jar 包

JSTL 标签库需要两个 jar 包支持，一个是 jstl. jar，一个是 standard. jar。可以将两个 JAR 文件复制到动态 Web 项目的 lib 文件夹下，并添加到类路径上。

2. 在 JSTL 页面上添加 taglib 指令

指令格式为"<%@ taglib prefix="" uri=""%>"，其中，prefix 和 uri 的取值参照表 4-3。例如，在页面上要使用核心库的<c:out>标签，则 taglib 指令可写为：

```
<%@ taglib prefix="c"
    uri="http://java.sun.com/jsp/jstl/core" %>
```

3. 在页面上使用标签

例如，

```
<c:out value="${1+2}" />
```

其功能是：输出 EL 表达式${1+2}的值。

4.2.3 常用的 JSTL 标签

JSTL 标签数量众多，本节不一一介绍，只介绍核心库中的几个常用标签。

1. <c:out>标签

可用于在 JSP 页面上显示数据。

格式 1：无标签体

```
<c:out value="value" [escapeXml="{true|false}"] [default="defaultValue"] />
```

格式 2：有标签体

```
<c:out value="value" [escapeXml="{true|false}"]>
default value  </c:out>
```

其中各属性含义如下。

(1) value 属性：指定要输出的文本内容，可以是 EL 表达式或常量。

(2) defalut 属性：可选项，指定当 value 为空时显示的文本内容。默认值既可以由 default 属性指定，也可以由标签体中的文本充当。如不指定，默认为空字符串。

(3) escapeXml 属性：用于指定是否将<、>、&、'、"等特殊字符进行 HTML 编码转换后再输出，该属性默认值为 true。

【例 4-7】 应用<c:out>标签输入相关文本信息。页面 c_out.jsp 代码如文件 4-7 所示。

【文件 4-7】 c_out.jsp

```
<%@ page contentType="text/html; charset=UTF-8" %>
<%@ taglib uri="http://java.sun.com/jsp/jstl/core" prefix="c" %>
<html>
```

```
4  <body>
5      <c:out value = "&lt 要显示的数据对象(使用转义字符)&gt"
6          escapeXml = "true"/><br>
7      <c:out value = "&lt 要显示的数据对象(未使用转义字符)&gt"
8          escapeXml = "false"/><br>
9      <c:out value = " ${null}" escapeXml = "false">
10         使用的表达式结果为 null,则输出该默认值</c:out><br>
11 </body>
12 </html>
```

如文件 4-7 所示,当 escapeXml 属性设置为 true 时,<c:out>标签对 value 属性的内容进行了 HTML 转换(第 5～6 行),即将 value 属性中的“&”字符转换成 HTML 格式“&”输出。而当该属性为 false 时,<c:out>标签不会对字符“&” 转换,而是直接向浏览器输出(第 7～8 行)。EL 表达式 ${null}的值为 null,因此<c:out>标签输出标签体中指定的文本值。代码运行结果如图 4-7 所示。

← → C ⓘ localhost:8080/chapter4/c_out.jsp

<要显示的数据对象（使用转义字符）>
<要显示的数据对象（未使用转义字符）>
使用的表达式结果为null，则输出该默认值

图 4-7　c_out.jsp 运行结果

2. <c:if>标签

<c:if>标签可以在 JSP 页面中实现条件判断。它有两种语法格式:

格式 1:没有标签体的情况

```
<c:if test = "testCondition"   var = "varName"
[scope = "{page|request|session|application}"]/>
```

格式 2:有标签体的情况

```
<c:if test = "testCondition"   [var = "varName"]
[scope = "{page|request|session|application}"]>
body content
</c:if>
```

如果 test 中指定的条件成立,则标签体执行,否则标签体不执行。其中各属性如下。

(1) test 属性:用于设置逻辑表达式,进而决定标签体的内容是否被处理。

(2) var 属性:用于保存条件结果的变量名。

(3) scope 属性:指定 var 变量的作用范围,默认值是 page。

【例 4-8】 <c:if>标签的应用。页面 c_if.jsp 代码如文件 4-8 所示。

【文件 4-8】 c_if.jsp

```
<%@ page contentType = "text/html; charset = UTF - 8" %>
<%@ taglib prefix = "c" uri = "http://java.sun.com/jsp/jstl/core" %>
<html>
<body>
    <c:set var = "pageCount" scope = "session" value = " ${130 * 2}"/>
    <c:if test = " ${pageCount > 100}">
```

```
7          <p>这本书共有: <c:out value = "${pageCount}"/> 页</p>
8          </c:if>
9    </body>
10   </html>
```

如文件 4-8 所示，第 6～8 行使用了<c:if>标签，当执行到<c:if>标签时，会通过 test 属性判断表达式 ${pageCount > 100}的值是否为 true，如果为 true 就输出标签体的内容，否则输出空串。而第 5 行利用<c:set>标签已将 pageCount 的值设置为 260，程序运行结果如图 4-8 所示。

localhost:8080/chapter4/c_if.jsp

这本书共有：260 页

图 4-8　c_if.jsp 的运行结果

3. <c:choose>标签

<c:choose>标签用于多分支选择的情况，它不包含任何属性，需要与<c:when>和<c:otherwise>标签配合使用。

格式：

```
<c:choose>
        标签体 (<c:when> 和 <c:otherwise> 子标签)
</c:choose>
```

<c:choose>标签的标签体部分只能包含如下内容：

(1) 一个或多个<c:when>标签，这些<c:when>标签必须出现在<c:otherwise>标签的前面。

(2) 零个或一个<c:otherwise>标签，这个标签必须作为<c:choose>结构中的最后一个标签。

<c:when>标签只有一个 test 属性，该属性的值的类型为布尔型。属性 test 支持动态值，其值可以是一个条件表达式。<c:when>标签的语法格式如下：

```
<c:when test = "判断条件">
     标签体
</c:when>
```

<c:otherwise>标签没有属性，它必须作为<c:choose>标签的最后分支出现。<c:otherwise>标签的语法格式如下：

```
<c:otherwise>
     标签体
</c:otherwise>
```

在<c:choose>标签中，首先判断第一个<c:when>标签的判断条件是否为真。如果为真，则执行这个<c:when>标签中的标签体的内容。否则，判断下一个<c:when>标签的判断条件。当所有<c:when>标签的判断条件都为假时，如果有<c:otherwise>标签，则执行<c:otherwise>标签的标签体的内容。

【例 4-9】 设计 c_choose.jsp 页面，根据不同的年龄，显示不同的称呼。要求采用多分支标签实现,代码如文件 4-9 所示。

【文件 4-9】 c_choose.jsp

```
<%@ page contentType="text/html; charset=UTF-8" %>
<%@ taglib prefix="c" uri="http://java.sun.com/jsp/jstl/core" %>
<html>
<body>
    <c:set var="age" scope="session" value="${24}"/>
    <p>你的年龄为: <c:out value="${age}" /></p>
    <c:choose>
        <c:when test="${age <= 10 }">小朋友</c:when>
        <c:when test="${age < 70 }">年轻人</c:when>
        <c:otherwise>老前辈</c:otherwise>
    </c:choose>
</body>
</html>
```

程序 c_choose.jps 的运行结果如图 4-9 所示。

图 4-9 c_choose.jsp 运行结果

4. <c:forEach>标签

为了便于对集合对象进行迭代操作,JSTL 核心库提供了<c:forEach>标签。该标签专门用于迭代集合对象中的元素,如 Set、List、LinkedList、Vector、Map、数组等。

<c:forEach>标签有两种语法格式,具体如下。

格式 1:在多对象集合中迭代

```
<c:forEach [var="varName"] items="collection"  [varStatus="varStatusName"]
    [begin="begin"] [end="end"] [step="step"]>
              标签体
</c:forEach>
```

格式 2:迭代固定次数

```
<c:forEach [var="varName"]   [varStatus="varStatusName"]
  begin="begin" end="end" [step="step"]>
    标签体
</c:forEach>
```

其中,以下要点需要注意。

(1) 标签体的内容要符合 JSP 的语法规范。

(2) var 属性代表当前迭代过程中的循环变量。

(3) items 属性指定用于迭代的集合对象。如果 item 是 null,则循环不会执行。

(4) varStatus 属性用于显示循环变量的状态。

(5) begin/end 属性指定执行迭代的项目的开始/结束索引,begin 的索引值从 0 开始,迭代终止于 end 属性指定的索引(包含此索引)。如果没有指定 items 属性,就从 begin 指定的值开始迭代,直到 end 属性指定的值结束。

(6) 如果指定 begin 属性,则其值必须≥0;如果指定的 end 属性的值小于 begin 属性的值,循环不会执行;step 属性用于指定迭代执行的步长。如果指定 step 属性的值,则其值必须≥1。

(7) 如果 begin 的值大于或等于被遍历的集合的元素数量,则循环不执行。

【例 4-10】 <c:forEach>标签应用案例 1。代码如文件 4-10 所示。

【文件 4-10】 c_forEach1.jsp

```
1   <%@ page contentType = "text/html; charset = UTF - 8" %>
2   <%@ page import = "java.util.List,java.util.ArrayList" %>
3   <%@ taglib uri = "http://java.sun.com/jsp/jstl/core" prefix = "c" %>
4   <html>
5   <body>
6       <%
7           List numList  =  new ArrayList<String>();
8           for(int i = 0;i < 8;i++){
9               numList.add(String.valueOf(i));
10          }
11          session.setAttribute("list", numList);
12      %>
13      <c:forEach var = "i" items = "${list}" begin = "0" end = "5" step = "2">
14          <p>Item <c:out value = "${i}"/></p>
15      </c:forEach>
16  </body>
17  </html>
```

如文件 4-10 所示,首先将 List 集合初始化(第 7～10 行),为了能够利用 EL 表达式获取初始化后的 numList 集合,将 numList 存入 session 域(第 11 行)。第 13～15 行在使用<c:forEach>标签遍历 List 集合时,指定了迭代的起始索引为 0,所以首先输出字符串"0"。由于指定了迭代的步长为 2(step=2),并且指定了迭代的结束索引为 5(end=5)。因此还会输出列表中的字符串"2"和"4",其他元素则不会输出,程序 c_forEach1.jsp 的运行结果如图 4-10 所示。

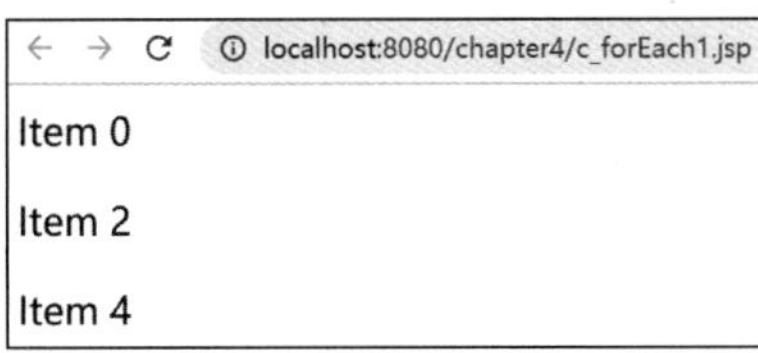

图 4-10 c_forEach1.jsp 的运行结果

【例 4-11】 <c:forEach>标签应用案例 2。代码如文件 4-11 所示。

【文件 4-11】 c_forEach2.jsp

```
<%@ page contentType = "text/html; charset = UTF - 8" %>
<%@ taglib prefix = "c" uri = "http://java.sun.com/jsp/jstl/core" %>
<html>
```

```
4  <body>
5  <%
6      String[] fruits = {"orange","banana","apple","grape"};
7      session.setAttribute("list",fruits);
8  %>
9  <table border = "1">
10     <tr align = "center">
11         <th>索引</th><th>计数</th><th>元素</th>
12     </tr>
13     <c:forEach var = "fruit" items = "${list}" varStatus = "order">
14         <tr align = "center">
15             <td>${order.index }</td>
16             <td>${order.count }</td>
17             <td>${fruit }</td>
18         </tr>
19     </c:forEach>
20 </table>
21 </body>
22 </html>
```

如文件 4-11 所示,第 13～19 行使用<c:forEach>标签遍历集合中的元素。可以通过 varStatus 属性获取集合中元素的序号和索引。其中 varStatus 的属性 index 表示当前元素在集合中的索引,从 0 开始计数。而 varStatus 的属性 count 表示当前元素在集合中的序号,从 1 开始计数。程序 c_forEach2.jsp 的运行结果如图 4-11 所示。

索引	计数	元素
0	1	orange
1	2	banana
2	3	apple
3	4	grape

图 4-11　c_forEach2.jsp 的运行结果

第 5 章 过滤器和监听器

过滤器和监听器是两种特殊的 Servlet。过滤器可以对用户的请求和响应进行过滤，常被用于权限检查和参数编码的统一设置。监听器可以用来对 Web 应用程序进行监听和控制，增强 Web 应用程序的事件处理能力。

5.1 过 滤 器

过滤器(Filter)是在服务器上运行的，位于被请求资源与客户端之间的起过滤功能的程序。它能够对请求和响应进行检查和修改，通常在接收到请求后执行一些通用操作，如过滤敏感词、统一字符编码和实施安全控制等。其工作原理如图 5-1 所示。

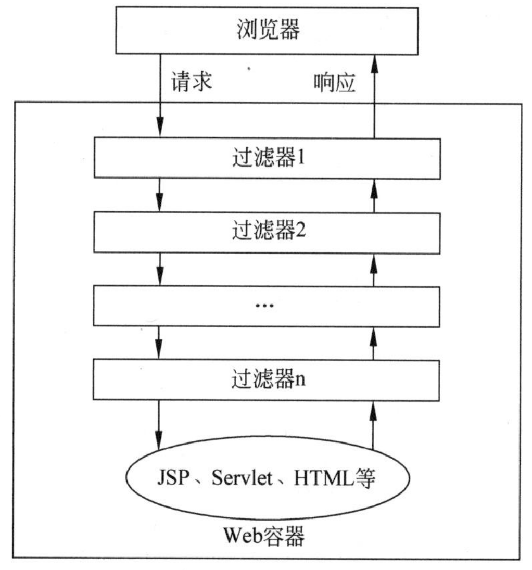

图 5-1 过滤器的工作原理

如图 5-1 所示，客户端向服务器资源发送请求。请求在到达对应资源之前，先由过滤器过滤。过滤器会检查用户请求是否符合过滤规则，如果符合过滤规则，则请求依次通过过滤器链中的过滤器，最终到达请求的资源。同理，资源做出的响应也会依次通过过滤器链最终到达客户端。过滤器根据过滤规则，可以做出如下动作：

(1) 将请求发送给对应的资源(如 JSP、Servlet)。

(2) 用修改后的请求调用相应的资源。

(3) 将请求发送给被请求的资源，修改响应，再将响应发送到客户端。

(4) 禁止调用被请求的资源,将请求重定向到其他资源。

5.1.1 过滤器编程接口

jakarta.servlet 包提供了与过滤器相关的一组接口和类,分别是 Filter 接口、FilterChain 接口、FilterConfig 接口、FilterRegistration 接口、GenericFilter 类和 HttpFilter 类,如表 5-1 所示。

表 5-1 过滤器相关的接口和类

接口、类	说 明
public interface Filter	编写过滤器要实现的接口
public abstract class GenericFilter	Filter 接口的实现类。该类定义了一个通用的、独立于协议的过滤器。要编写在 Web 上使用的 HTTP 过滤器,需继承 HttpFilter 类
public abstract class HttpFilter extends GenericFilter	Filter 接口的实现类,是 GenericFilter 的子类,用于创建适用于 Web 的 HTTP 过滤器
public interface FilterConfig	供 Web 容器在初始化时给过滤器传递信息用
public interface FilterChain	过滤器链(FilterChain)是 Servlet 容器提供给开发人员的一个对象。过滤器使用 FilterChain 对象调用链中的下一个过滤器,如果当前过滤器是链中的最后一个过滤器,则使用 FilterChain 对象调用链末端的资源
public interface FilterRegistration extends Registration	支持过滤器进行深入配置的接口

1. Filter 接口

Filter 接口是编写过滤器需要实现的接口,该接口定义了 init()方法,doFilter()方法和 destroy()方法,具体如表 5-2 所示。

表 5-2 Filter 接口中的方法

方 法 声 明	说 明
void init(FilterConfig filterConfig)	过滤器的初始化方法,Servlet 容器创建过滤器实例后将调用该方法
void doFilter(ServletRequest request, ServletResponse response, FilterChain chain)	用于实现过滤操作。当客户请求满足过滤规则时,Servlet 容器将调用过滤器的 doFilter()方法完成过滤。其中参数 request 和 response 分别代表 Web 服务器或过滤器链中的上一个过滤器传递来的请求和响应,参数 chain 代表当前的过滤器链对象
void destroy()	用于释放被过滤器占用的资源,如关闭 IO 流,关闭数据库等。该方法在 Servlet 容器释放过滤器对象前调用

2. FilterConfig 接口

FilterConfig 接口用于封装过滤器的配置信息。在过滤器初始化时,Servlet 容器将 FilterConfig 对象作为参数传递给过滤器对象的 init()方法完成初始化。FilterConfig 接口中的方法如表 5-3 所示。

表 5-3　FilterConfig 接口中的方法

方 法 声 明	说　　明
String getFilterName()	返回过滤器的名称
ServletContext getServletContext()	返回过滤器对象运行环境中的 ServletContext 对象
String getInitParameter(String name)	返回名为 name 的初始化参数的值
Enumeration<String> getInitParameterNames()	返回过滤器的所有初始化参数名称的枚举

3. FilterChain 接口

FilterChain 接口定义了一个 doFilter()方法，其原型如下：

```
void doFilter(ServletRequest request, ServletResponse response) throws IOException,
ServletException
```

这个方法用于调用过滤器链中的下一个过滤器，如果当前过滤器是链上最后一个过滤器，则将请求提交给处理程序或者将响应发送给客户端。

4. HttpFilter 类

一个抽象类，它的子类可以用来创建适用于 Web 站点的 HTTP 过滤器。用于创建过滤器的子类需要覆盖 doFilter()方法。其原型如下：

```
doFilter(jakarta.servlet.http.HttpServletRequest,
jakarta.servlet.http.HttpServletResponse, jakarta.servlet.FilterChain)
```

5.1.2　过滤器生命周期

过滤器生命周期指一个过滤器对象从创建到执行过滤再到销毁的过程。过滤器生命周期可分为创建、过滤、销毁 3 个阶段。表 5-2 的 Filter 接口中的方法就是过滤器生命周期的 3 个方法。

1. 创建阶段

Web 容器启动的时候就会创建过滤器对象，并调用 init()方法，完成对象的初始化。需要注意的是，在一次完整的请求/响应过程中，过滤器对象只会被创建一次，即 init()方法只会被调用一次。

2. 过滤阶段

当客户端向目标资源发出请求时，Web 容器会筛选出符合映射条件的过滤器，并按照类名的先后顺序依次执行过滤器对象的 doFilter()方法。在执行过滤的 doFilter()方法中可以调用 Servlet API 实现对请求、响应的预处理。一般来讲，对请求执行过滤后，还要将其送给过滤器链上的下一个资源。因此，过滤器对象的 doFilter()方法的最后一条语句一般是调用 FilterChain 接口的 doFilter()方法。

3. 销毁阶段

服务器关闭时，Web 容器调用 destroy()方法销毁过滤器对象。

5.1.3　设计过滤器

对于自定义过滤器，有两种实现方案。第一，创建一个类实现 Filter(jakarta.servlet.

Filter)接口。第二,创建一个类继承 HttpFilter(jakarta. servlet. http. HttpFilter)类。对于第一种方案,可以按需重写过滤器生命周期中的 3 个方法,并且请求和响应的类型不局限于 HTTP 请求和 HTTP 响应。对于第二种方案,只需覆盖父类的 doFilter()方法,过滤的请求和响应类型仅限于 HTTP 请求和 HTTP 响应。

【例 5-1】 设计一个简单的过滤器,在控制台输出过滤器的创建信息和请求过滤信息。创建一个名为 chapter5 的动态 Web 项目。在 com. example. filter 包中创建一个过滤器和一个 Servlet,代码如文件 5-1 和文件 5-2 所示。

【文件 5-1】 MyFilter. java

```
package com.example.filter;

//import 部分略

@WebFilter("/*")
public class MyFilter extends HttpFilter {

    public void destroy() {
        System.out.println("filter destroyed");
    }

    public void doFilter(ServletRequest request,
        ServletResponse response, FilterChain chain)
        throws IOException, ServletException {
        System.out.println("this is filter");
        //pass the request along the filter chain
        chain.doFilter(request, response);
    }

    public void init(FilterConfig fConfig)
        throws ServletException {
        System.out.println("filter initialization");
    }
}
```

【文件 5-2】 MyServlet. java

```
package com.example.filter;

//import 部分此处略

@WebServlet("/MyServlet")
public class MyServlet extends HttpServlet {

    protected void doGet(HttpServletRequest request,
        HttpServletResponse response)
        throws ServletException, IOException {
        PrintWriter out = response.getWriter();
        System.out.println("this is servlet");
        out.print("servlet response");
    }
```

```
15        //此处省略了 doPost()方法
16  }
```

在文件 5-1 中配置了过滤器生命周期的 3 个方法。为便于观察过滤器的创建和销毁过程，分别在 init()方法和 destroy()方法中增加控制台输出，如第 22 行和第 9 行所示。在执行过滤的 doFilter()方法中，首先向控制台输出字符串"this is filter"(第 15 行)，再将请求传递给过滤器链的下一个资源(第 17 行)。本例中的下一个资源为 MyServlet。MyServlet 在处理请求时首先在控制台输出字符串，再用 out 对象生成响应。在浏览器的地址栏输入"http://localhost:8080/chapter5/MyServlet"后，向 MyServlet 发出请求，可以在浏览器页面看到由 Servlet 生成的响应 servlet response，如图 5-2 所示。

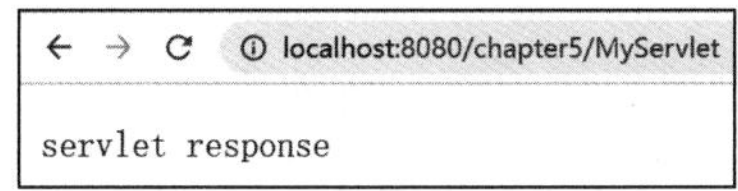

图 5-2　Servlet 生成的响应

结合过滤器的工作原理可知，在请求到达目标资源 MyServlet 前，由 MyFilter 过滤器执行过滤。执行过滤后，MyFilter 再将请求送给 MyServlet，由 MyServlet 生成客户端响应。可以通过控制台输出了解过滤器从创建到执行过滤的过程。将项目部署到 Tomcat 服务器上。在 Tomcat 启动后，可以看到控制台输出"filter initialization"，如图 5-3 所示，这说明过滤器随着 Tomcat 启动即完成了创建和初始化。随后，通过浏览器给 MyServlet 发送请求，可以看到控制台的输出为"this is filter"和"this is servlet"两条消息。说明请求首先被过滤器过滤，再由过滤器转给 Servlet 处理。

```
警告: 使用[SHA1PRNG]创建会话ID生成的SecureRandom实例花费了[454]毫秒。
filter initialization
3月 03, 2022 9:35:43 上午 org.apache.coyote.AbstractProtocol start
信息: 开始协议处理句柄["http-nio-8080"]
3月 03, 2022 9:35:43 上午 org.apache.catalina.startup.Catalina start
信息: [1554]毫秒后服务器启动
this is filter
this is servlet
```

图 5-3　控制台输出

创建过滤器后，还需要进行配置。与 Servlet 的配置类似，过滤器也有两种配置方式：部署描述符和注解。

1. 部署描述符

可以在 web. xml 文件中配置过滤器的基本信息。用于配置过滤器的两个标记分别为< filter/>和< filter-mapping/>。对于例 5-1 中的过滤器 MyFilter 可以进行如下配置。

```
<filter>
    <filter-name>MyFilter</filter-name>
    <filter-class>com.example.filter.MyFilter</filter-class>
</filter>
<filter-mapping>
    <filter-name>MyFilter</filter-name>
    <url-pattern>/*</url-pattern>
</filter-mapping>
```

其中,以下内容需要注意:

(1) <filter>标记用于注册一个过滤器。

(2) <filter-name>标记用于设置 Filter 类的名称。

(3) <filter-class>标记用于设置 Filter 类的全限定名。

(4) <filter-mapping>标记用于设置一个过滤器所过滤的资源。

(5) <url-pattern>标记用于匹配用户请求的 URL,"/*"表示当前项目下的所有资源。即给当前项目根目录下的任何资源发出的请求都会被过滤器过滤。本例中的"/*"也可以替换为 Servlet 的 url-pattern,即"/MyServlet"。

2. 注解

与配置 Servlet 类似,在创建过滤器后,可以使用标注在过滤器类上的@WebFilter 注解来告知 Servlet 容器有哪些过滤器需要被实例化。例 5-1 中,"@WebFilter("/*")"用于匹配用户请求的 URL,"/*"的意思是对项目根目录下任何资源发出的请求都会被过滤器过滤,也可以用表 5-4 中的 urlPatterns 属性指定,如"@WebFilter(urlPatterns={"/*"})"。@WebFilter 注解的常用属性如表 5-4 所示。

表 5-4 @WebFilter 的属性

属 性 名	类 型	说 明
filterName	String	用于指定过滤器的名称,默认值是过滤器类的名字
urlPatterns	String[]	指定一组过滤器的 URL 匹配模式
value	String[]	等价于 urlPatterns 属性,与 urlPatterns 属性不能同时使用
servletNames	String[]	指定过滤器应用于哪些 Servlet。其值是@WebServlet 注解的 name 属性的取值
dispatcherTypes	DispatcherType	指定过滤器的转发模式。具体取值包括 ERROR、FORWARD、INCLUDE、REQUEST
initParams	WebInitParam[]	指定过滤器的一组初始化参数

表 5-4 中,@WebFilter 注解有一个 dispatcherTypes 属性,它可以指定过滤器的转发模式。dispatcherTypes 属性有 4 个常用值。

1) DispatcherType. REQUEST

这个值是 dispatcherTyps 属性的默认值。当过滤器设置 dispatcherTypes 属性值为 DispatcherType. REQUEST 时,过滤器拦截直接 URL 访问资源的请求与响应,包括:在地址栏中直接访问、表单提交、超链接、重定向,对于以其他方式发送的请求与响应不予拦截。

2) DispatcherType. FORWARD

当过滤器设置 dispatcherTypes 属性值为 DispatcherType. FORWARD 时,过滤器拦截以请求转发方式发送的请求,其他的请求不予拦截。

3) DispatcherType. INCLUDE

当过滤器设置 dispatcherTypes 属性值为 DispatcherType. INCLUDE 时,如果用户通过 RequestDispatcher 对象的 include()方法发送请求则被过滤器拦截,对于其他的请求与响应过滤器不予拦截。

4) DispatcherType. ERROR

当过滤器设置 dispatcherTypes 属性值为 DispatcherType. ERROR 时,如果通过声明

式异常处理机制发送请求，则被过滤器拦截，其他的请求与响应过滤器不予拦截。

下面，通过几个例子来进一步说明这几个属性值的作用。

【例 5-2】 创建一个名为 DispatcherTypeFilter 的过滤器，针对特定类型的请求进行过滤（拦截）。过滤器代码如文件 5-3 所示。

【文件 5-3】 DispatcherTypeFilter. java

```
1  package com.example.filter;
2  //import 部分略
3  @WebFilter(urlPatterns = "/filter.jsp",
4  dispatcherTypes = {DispatcherType.ERROR})
5  public class DispatcherTypeFilter extends HttpFilter {
6
7      public void doFilter(ServletRequest request,
8          ServletResponse response, FilterChain chain)
9          throws IOException, ServletException {
10         System.out.print("this is dispatcher filter");
11         // pass the request along the filter chain
12         chain.doFilter(request, response);
13     }
14 }
```

如文件 5-3 所示，第 3～4 行将@WebFilter 注解的 dispatcherTypes 属性设置为 DispatcherType. ERROR。这意味着如果服务器端程序在处理请求过程中抛出异常，则过滤器会被调用。否则，过滤器不会被调用。为验证这个设置能否起作用，需要再创建一个 Servlet 和一个 JSP。

创建一个名为 DispatcherTypeServlet 的 Servlet，并设定该 Servlet 在处理请求过程中会抛出运行时异常。DispatcherTypeServlet 的实现代码如文件 5-4 所示。

【文件 5-4】 DispatcherTypeServlet. java

```
package com.example.filter;
//import 部分略
@WebServlet("/DispatcherTypeServlet")
public class DispatcherTypeServlet extends HttpServlet {
    protected void doGet(HttpServletRequest request,
        HttpServletResponse response)
        throws ServletException, IOException {
        if(true)
            throw new RuntimeException("hello,exception");
    }
    //此处省略了 doPost()方法
}
```

创建一个名为 filter 的 JSP，用于输出响应内容。filter. jsp 的代码如文件 5-5 所示。

【文件 5-5】 filter. jsp

```
<%@ page contentType = "text/html; charset = UTF - 8" %>
<!DOCTYPE html>
<html>
```

```
<body>
    This is jsp file.
</body>
</html>
```

此外,需要在 WEB-INF 文件夹下配置部署描述文件 web. xml,内容如文件 5-6 所示。

【文件 5-6】 web. xml

```
1 <display-name>Chapter5</display-name>
2 <error-page>
3     <error-code>500</error-code>
4     <location>/filter.jsp</location>
5 </error-page>
6 <welcome-file-list>
7     <welcome-file>index.html</welcome-file>
8 </welcome-file-list>
```

在浏览器的地址栏输入“http://localhost:8080/chapter5/DispatcherTypeServlet”给本例中的 Servlet 发请求,Servlet 收到请求后会抛出一个运行时异常(文件 5-4 的第 8～9 行),而根据部署描述文件 web. xml 的设置,当服务器端抛出运行时异常,即出现 500 错误(Internal Server Error)时,Servlet 容器会将请求转发给 filter. jsp(文件 5-6 的第 2～5 行)。而过滤器 DispatcherTypeFilter 的转发模式为 DispatcherType. ERROR(文件 5-3 的第 3～4 行),这个请求就会被过滤器过滤,进而产生相应的输出。浏览器端的输出如图 5-4 所示,同时在控制台可见过滤器的输出,如图 5-5 所示。

```
← → C  ⓘ localhost:8080/Chapter5/DispatcherTypeServlet
This is jsp file.
```

图 5-4　浏览器端的输出

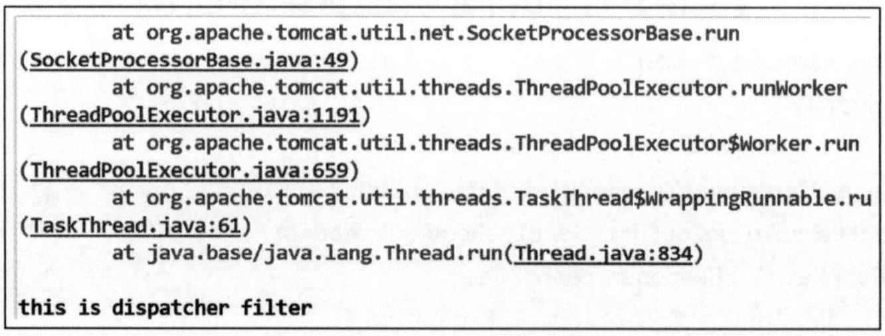

```
        at org.apache.tomcat.util.net.SocketProcessorBase.run
(SocketProcessorBase.java:49)
        at org.apache.tomcat.util.threads.ThreadPoolExecutor.runWorker
(ThreadPoolExecutor.java:1191)
        at org.apache.tomcat.util.threads.ThreadPoolExecutor$Worker.run
(ThreadPoolExecutor.java:659)
        at org.apache.tomcat.util.threads.TaskThread$WrappingRunnable.ru
(TaskThread.java:61)
        at java.base/java.lang.Thread.run(Thread.java:834)

this is dispatcher filter
```

图 5-5　控制台的输出

如果通过浏览器的地址栏直接给 filter. jsp 发送请求,由于 filter. jsp 代码在运行中不会抛出异常,即这个请求不符合过滤器的过滤规则,因此过滤器不会被调用。这样,只能在浏览器页面上看到如图 5-4 的 JSP 的输出。读者不妨分析下,如果将文件 5-4 第 8 行的条件改为永假条件,会有什么样的输出? 此外,如果将文件 5-4 的 Servlet 中的代码改为将请求转发给 JSP,即:

```
protected void doGet(HttpServletRequest request,
    HttpServletResponse response)
    throws ServletException, IOException {
```

```
    request.getRequestDispatcher("filter.jsp")
    .forward(request, response);
}
```

如将过滤器的转发模式设置为 DispatcherType.FORWARD。再次给 Servlet 发请求，得到的结果同图 5-4 和图 5-5。读者可自行分析其原理。

5.1.4 过滤器应用案例

【例 5-3】 创建一个名为 IPFilter 的过滤器，实现禁止地址为 127.0.0.1 的主机访问 filter.jsp 的功能。

分析：根据过滤器的特性，某主机给本系统资源发送的请求首先到达过滤器。此时，可以通过过滤器获取远程主机的 IP 地址，与系统中设定的 IP 地址黑名单比对。如果该主机的 IP 地址在黑名单中，则拦截该主机的请求；否则将请求传递给过滤器链的下一个资源。IPFilter 的代码如文件 5-7 所示。

【文件 5-7】 IPFilter.java

```
package com.example.filter;
//import 部分此处略

@WebFilter(urlPatterns = "/filter.jsp", initParams = {@WebInitParam(
name = "forbid", value = "127.0.0.1")})
public class IPFilter extends HttpFilter {
    private String address;

    public void doFilter(ServletRequest request,
        ServletResponse response, FilterChain chain)
        throws IOException, ServletException {
        PrintWriter out = response.getWriter();
        if(address.equals(request.getRemoteAddr()))
            out.print("Sorry, you are forbidden to visit");
      else
            chain.doFilter(request, response);
    }
    public void init(FilterConfig config) {
        address = config.getInitParameter("forbid");
    }
}
```

如文件 5-7 所示，过滤器 IPFilter 利用@WebFilter 标签的 initParams 属性设置了过滤器的初始化参数 forbid，并将其初始值设定为 127.0.0.1。随后，利用过滤器的 init()方法读取初始化参数。启动 Tomcat 服务器，在浏览器的地址栏中输入地址 http://127.0.0.1:8080/chapter5/filter.jsp，可见利用本机地址访问 filter.jsp 时，请求被过滤器拦截，浏览器显示结果如图 5-6 所示。

127.0.0.1:8080/Chapter5/filter.jsp

Sorry, you are forbidden to visit

图 5-6 禁止特定 IP 访问系统的浏览器显示结果

【例 5-4】 防止中文乱码。

在填写表单数据时,难免会需要输入中文,如姓名、公司名称等。可以利用过滤器的特性,在表单提交的请求到达 RequestParamServlet 前,对请求中的字符设置编码规则。并在 RequestParamServlet 响应到达客户端前设置响应消息中的字符编码规则。

创建一个名为 CharFilter 的过滤器,用于解决例 3-5 中填写表单数据时遇到的中文乱码问题,其中请求和响应消息的字符编码均设置为 UTF-8。CharFilter 的代码如文件 5-8 所示。

【文件 5-8】 CharFilter.java

```
import java.io.IOException;

//import 部分此处略

@WebFilter("/RequestParamServlet")
public class CharFilter extends HttpFilter {

  public void doFilter(jakarta.servlet.ServletRequest request,
jakarta.servlet.ServletResponse response, FilterChain chain)
throws IOException, ServletException {
      request.setCharacterEncoding("UTF-8");
      response.setCharacterEncoding("UTF-8");
      chain.doFilter(request, response);
  }
}
```

5.2 监 听 器

5.2.1 监听器概述

在 Web 应用程序设计中,经常需要对某些事件进行监听,以便及时做出处理。对于桌面应用程序而言,鼠标单击或双击、键盘上的键被按下等都是事件。类似地,对于 Web 应用程序来说,session 对象的创建、请求域中某个属性的移除等都是事件。为此,Servlet 规范提供了监听器(Listener),专门用于监听 Servlet 事件。监听器技术涉及几个重要的概念,分别如下。

(1) 事件:对于 Web 应用程序而言,ServletContext 对象、HttpSession 对象和 ServletRequest 对象的状态改变可称为 Servlet 事件。如 HttpSession 对象的创建,ServletRequest 对象中属性的增加或移除都是事件。

(2) 监听器:负责监听事件是否发生。它是一个实现了一个或多个 Servlet 事件监听接口的类。它在 Web 应用程序部署时被注册到 Web 容器中并被实例化。

(3) 事件处理器:监听器的方法。当事件发生的时候,监听器会监听到事件的发生,并触发相应的处理器用以处理事件。

5.2.2 监听器编程接口

Web 应用程序中的监听器就是一段实现了特定接口的 Java 程序,专门用于监听 Web 应用程序中 ServletContext、HttpSession 和 ServletRequest 等域对象的状态变化,包括这些对象的创建、销毁及域对象属性的修改。

根据监听对象的不同，监听器可以划分为以下 3 种。

(1) ServletContext 监听器：用于监听 ServletContext 对象。

(2) HttpSession 监听器：用于监听 HttpSession 对象。

(3) ServletRequest 监听器：用于监听 ServletRequest 对象。

这 3 种监听器共包含 9 个监听器接口和 7 个监听事件类，如表 5-5 所示。

表 5-5　监听器接口与事件类

监 听 对 象	监听器接口	监听事件类	说　　明
ServletContext	ServletContextListener	ServletContextEvent	用于监听 ServletContext 对象的创建和销毁
	ServletContextAttribute-Listener	ServletContextAttribute-Event	用于监听 ServletContext 对象中属性的变更
HttpSession	HttpSessionListener	HttpSessionEvent	用于监听 HttpSession 对象的创建和销毁
	HttpSessionActivation-Listener		用于监听 HttpSession 对象被钝化和激活的事件
	HttpSessionAttribute-Listener	HttpSessionBinding-Event	用于监听 HttpSession 对象中属性的变更
	HttpSessionBinding-Listener		用于监听 HttpSession 对象中 JavaBean 对象的绑定和解绑事件
	HttpSessionId Listener	HttpSessionEvent	用于监听 HttpSession 对象的 id 的变更
ServletRequest	ServletRequestListener	ServletRequestEvent	用于监听 ServletRequest 对象的创建和销毁
	ServletRequestAttribute-Listener	SevletRequestAttribute-Event	用于监听 ServletRequest 对象中属性的变更

1. 监听 ServletContext 对象

用于监听 ServletContext 对象的接口有两个。其中，ServletContextListener 接口用于监听 ServletContext 对象的创建和销毁，ServletContextAttributeListener 用于监听 ServletContext 对象中属性的变化(添加、移除)。常用的监听方法如表 5-6 所示。

表 5-6　SevletContext 监听器的接口和常用方法

接 口 名 称	接 口 方 法	事　　件
ServletContextListener	void contextInitialized(ServletContext-Event sce)	创建 ServletContext 对象
	void contextDestroyed(ServletContext-Event sce)	销毁 ServletContext 对象
ServletContextAttributeListener	void attributeAdded(ServletContext-AttributeEvent event)	添加属性
	void attributeRemoved(ServletContext-AttributeEvent event)	删除属性
	void attributeReplaced(ServletContext-AttributeEvent event)	修改属性

2. 监听HttpSession对象

用于监听HttpSession对象的接口有5个。这些接口对应的常用方法如表5-7所示。

表5-7 HttpSession监听器的接口和常用方法

接口名称	接口方法	事件
HttpSessionListener	void sessionCreated(HttpSessionEvent se)	创建HttpSession对象
	void sessionDestroyed(HttpSessionEvent se)	销毁HttpSession对象
HttpSessionActivation-Listener	void sessionWillPassivate(HttpSessionEvent se)	HttpSession对象被激活
	void sessionDidActivate(HttpSessionEvent se)	HttpSession对象被钝化
HttpSessionAttribute-Listener	void attributeAdded(HttpSessionBindingEvent event)	增加属性
	void attributeRemoved(HttpSessionBindingEvent event)	移除属性
	void attributeReplaced(HttpSessionBindingEvent event)	修改属性
HttpSessionBinding-Listener	void valueBound(HttpSessionBindingEvent event)	HttpSession对象绑定
	void valueUnbound(HttpSessionBindingEvent event)	HttpSession对象解绑
HttpSessionIdListener	void sessionIdChanged(HttpSessionEvent event, String oldSessionId)	session-id变化

说明:激活(Activate)和钝化(Passivate)是Web容器为了更好地利用系统资源或者进行服务器负载均衡而对特定对象采取的措施。会话对象的钝化指的是暂时将会话对象通过序列化的方法存储到硬盘上,而激活与钝化相反,指的是把硬盘上存储的会话对象重新加载到Web容器中。

3. 监听ServletRequest对象

用于监听ServletRequest对象的接口有两个,这些接口对应的常用方法如表5-8所示。

表5-8 ServletRequest监听器的接口和常用方法

接口名称	接口方法	事件
ServletRequest-Listener	void requestInitialized(ServletRequestEvent sre)	创建ServletRequest对象
	void requestDestroyed(ServletRequestEvent sre)	销毁ServletRequest对象
ServletRequest-AttributeListener	void attributeAdded(ServletRequestAttributeEvent srae)	添加属性
	void attributeRemoved(ServletRequestAttributeEvent srae)	移除属性
	void attributeReplaced(ServletRequestAttributeEvent srae)	修改属性

5.2.3 监听器应用案例

设计一个监听器一般需要如下步骤。

(1) 实现合适的接口:监听器需要根据监听对象的不同,实现表5-5中的某个监听接口。

(2) 设计事件处理器:根据所选择的监听器接口,实现该接口中的相关方法。

(3) 配置监听器:既可以在部署描述文件web.xml文件中配置,又可以利用注解@WebListener完成监听器配置。

(4) 提供任何需要的初始化参数。

【例 5-5】 设计监听器,监听 ServletContext、HttpSession 和 ServletRequest 域对象的生命周期事件。

为实现这个目标,就要设计监听器类来实现针对这些域对象的监听器接口。可以设计一个类,来实现 3 个接口,从而使这个类具有针对 3 个域对象的事件监听的功能。监听器 MyListener 代码如文件 5-9 所示。

【文件 5-9】 MyListener.java

```
1  package com.example.listener;
2  //import 部分此处略
3
4  @WebListener
5  public class MyListener implements ServletContextListener,
6    HttpSessionListener, ServletRequestListener {
7      public void contextInitialized(ServletContextEvent sce) {
8          System.out.println("ServletContext 对象被创建");
9      }
10     public void contextDestroyed(ServletContextEvent sce) {
11         System.out.println("ServletContext 对象被销毁");
12     }
13     public void sessionCreated(HttpSessionEvent se) {
14         System.out.println("HttpSession 对象被创建");
15     }
16     public void sessionDestroyed(HttpSessionEvent se) {
17         System.out.println("HttpSession 对象被销毁");
18     }
19     public void requestInitialized(ServletRequestEvent sre) {
20         System.out.println("ServletRequest 对象被创建");
21     }
22     public void requestDestroyed(ServletRequestEvent sre) {
23         System.out.println("ServletRequest 对象被销毁");
24     }
25 }
```

文件 5-9 中,@WebListener 的作用是配置监听器(第 4 行)。ServletContext 对象与当前的 Web 应用程序对应。因为已在 Tomcat 服务器上部署了 chapter5 项目,当服务器启动时,Tomcat 服务器会自动加载 chapter5 项目,并创建与其对应的 ServletContext 对象。由于 chapter5 项目中配置了 MyListener 监听器,并且该监听器实现了 ServletContextListener 接口,当 Tomcat 创建 ServletContext 对象时就会调用 MyListener 类的 contextInitialized()方法作为事件处理器,输出"ServletContext 对象被创建"这行信息(第 7~9 行)。要观察 ServletContext 对象的销毁信息,可以将 Tomcat 服务器关闭。Tomcat 服务器关闭前,会销毁 ServletContext 对象,同时 contextDestroyed()方法被调用(第 10~12 行),在控制台可见 ServletContext 对象被销毁的信息,如图 5-7 所示。

为了查看 HttpSessionListener 和 ServletRequestListener 的运行效果,可以在 chapter5 项目中编写一个名为 listener.jsp 的文件,内容如文件 5-10 所示。

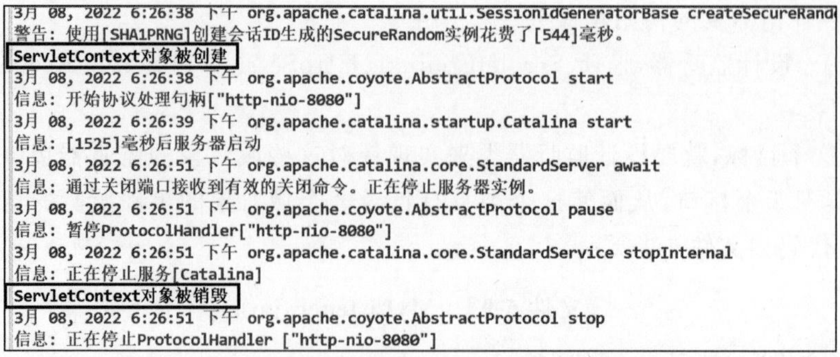

```
3月 08, 2022 6:26:38 下午 org.apache.catalina.util.SessionIdGeneratorBase createSecureRand
警告: 使用[SHA1PRNG]创建会话ID生成的SecureRandom实例花费了[544]毫秒。
ServletContext对象被创建
3月 08, 2022 6:26:38 下午 org.apache.coyote.AbstractProtocol start
信息: 开始协议处理句柄["http-nio-8080"]
3月 08, 2022 6:26:39 下午 org.apache.catalina.startup.Catalina start
信息: [1525]毫秒后服务器启动
3月 08, 2022 6:26:51 下午 org.apache.catalina.core.StandardServer await
信息: 通过关闭端口接收到有效的关闭命令。正在停止服务器实例。
3月 08, 2022 6:26:51 下午 org.apache.coyote.AbstractProtocol pause
信息: 暂停ProtocolHandler["http-nio-8080"]
3月 08, 2022 6:26:51 下午 org.apache.catalina.core.StandardService stopInternal
信息: 正在停止服务[Catalina]
ServletContext对象被销毁
3月 08, 2022 6:26:51 下午 org.apache.coyote.AbstractProtocol stop
信息: 正在停止ProtocolHandler ["http-nio-8080"]
```

图 5-7　ServletContext 对象的创建和销毁

【文件 5-10】 listener.jsp

```
<html>
<body>
    This is listener
</body>
</html>
```

为了尽快看到 HttpSession 对象的创建和销毁过程，可以在项目的 web.xml 文件中设置 session 的超时时间为 1min，内容如下：

```
<session-config>
    <session-timeout>1</session-timeout>
</session-config>
```

启动 Tomcat 服务器，在浏览器的地址栏输入"http://localhost:8080/chapter5/listener.jsp"，观察控制台输出。当浏览器第一次访问项目中的动态资源(JSP、Servlet)时，会创建 HttpSession 对象，Tomcat 服务器会调用监听器的 sessionCreated()方法作为创建 HttpSession 对象事件的事件处理器(第 13～15 行)。并且，由于浏览器发送请求，会自动创建 HttpServletRequest 对象，Tomcat 服务器会调用 requestInitialized()方法作为创建请求对象事件的处理器(第 19～21 行)。当 listener.jsp 对该请求做出响应后，请求随即被销毁，控制台就会输出"ServletRequest 对象被销毁"的消息(第 22～24 行)，如图 5-8 所示。

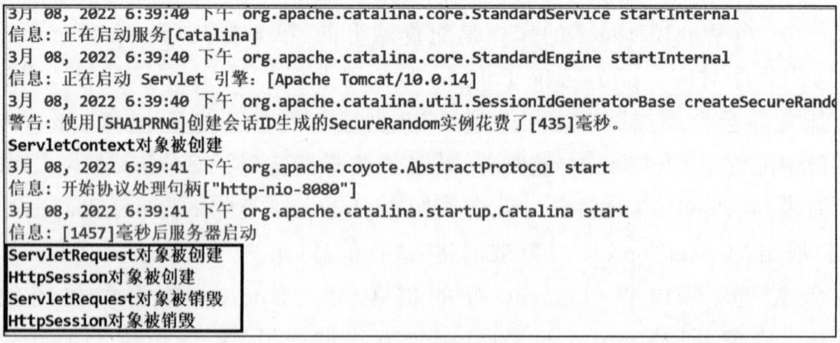

```
3月 08, 2022 6:39:40 下午 org.apache.catalina.core.StandardService startInternal
信息: 正在启动服务[Catalina]
3月 08, 2022 6:39:40 下午 org.apache.catalina.core.StandardEngine startInternal
信息: 正在启动 Servlet 引擎：[Apache Tomcat/10.0.14]
3月 08, 2022 6:39:40 下午 org.apache.catalina.util.SessionIdGeneratorBase createSecureRando
警告: 使用[SHA1PRNG]创建会话ID生成的SecureRandom实例花费了[435]毫秒。
ServletContext对象被创建
3月 08, 2022 6:39:41 下午 org.apache.coyote.AbstractProtocol start
信息: 开始协议处理句柄["http-nio-8080"]
3月 08, 2022 6:39:41 下午 org.apache.catalina.startup.Catalina start
信息: [1457]毫秒后服务器启动
ServletRequest对象被创建
HttpSession对象被创建
ServletRequest对象被销毁
HttpSession对象被销毁
```

图 5-8　控制台输出

如果关闭访问 listener.jsp 文件的浏览器页面或保持浏览器不刷新。与之对应的 HttpSession 对象会在 1min 后被销毁。控制台显示结果如图 5-8 所示。

第6章 JDBC

数据库是 Web 应用程序的重要组成部分。在 Java 语言中,对数据库访问的支持是通过 JDBC(Java Database Connectivity,Java 数据库连接)实现的。它为开发人员提供了一个标准的数据库操作 API。本章介绍 JDBC 基本操作及其常用 API。

6.1 JDBC 技术简介

JDBC 是一种用于执行 SQL(Structured Query Language,结构化查询语言)语句的 Java API,由一组类与接口组成。通过调用这些类和接口所提供的方法,可以使用标准的 SQL 语句来存取数据库中的数据。不同种类的数据库(例如 MySQL、Oracle 等)内部处理数据的方式是不同的,如果直接使用数据库厂商提供的访问接口操作数据库,应用程序的可移植性就会变得很差。而 JDBC API 提供了操作数据库的统一规范,应用 JDBC 操作数据库会使代码的通用性更强。JDBC 的体系结构如图 6-1 所示。

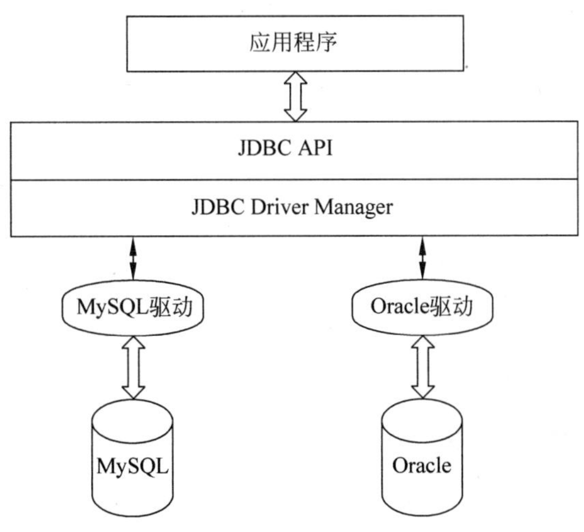

图 6-1　JDBC 的体系结构

JDBC 在应用程序和数据库之间起到了桥梁作用。当应用程序使用 JDBC 访问特定数据库时,需要通过不同的驱动与不同的数据库进行连接。建立连接后即可对数据库操作。其中,数据库驱动实现了应用程序和某个数据库产品之间的接口,用于向数据库提交 SQL 请求。而驱动程序管理器(Driver Manager)为应用程序装载数据库驱动,并建立与数据库的连接。JDBC API 提供了一系列接口,主要用来连接数据库和直接调用 SQL 命令,执行各种 SQL 语句。JDBC 的重要接口和类如表 6-1 所示。

表 6-1 JDBC 的重要接口和类

类或接口	说明
java. sql. DriverManager	类,加载数据库驱动程序和建立新的数据库连接
java. sql. Connection	接口,实现对数据库的连接
java. sql. Statement	接口,用于执行静态 SQL 语句并返回生成的结果对象
java. sql. PreparedStatement	接口,用于执行预编译的 SQL 语句,继承自 Statement,预编译 SQL 效率高且支持参数查询
java. sql. CallableStatement	接口,用于执行 SQL 存储过程,继承自 PreparedStatement
java. sql. ResultSet	接口,表示数据库结果集的数据表,通常由数据库查询语句生成

6.2 JDBC 常用 API

在开发 JDBC 应用前,要学习 JDBC 常用的 API。JDBC API 都包含在 java. sql 包中,该包中定义了一系列操作数据库的接口和类。

6.2.1 Driver 接口

每种数据库产品都需要提供数据库驱动程序,Driver(java. sql. Driver)接口是所有数据库驱动程序必须实现的接口,该接口专门提供给数据库厂商使用。编写 JDBC 应用程序时,需要将使用的数据库驱动文件存放到项目的类路径(classpath)上。

向应用程序注册数据库驱动可采用两种方式,一种是调用 DriverManager 类的 registerDriver()方法,另一种是利用 Class 类的静态方法 forName()。对于 MySQL 8 数据库,其驱动程序加载格式为:

```
Class.forName("com.mysql.cj.jdbc.Driver");
```

或

```
DriverManager.registerDriver(new com.mysql.cj.jdbc.Driver());
```

对于其他类型的数据库,则加载该数据库对应的驱动程序。

6.2.2 DriverManager 类

DriverManager 类负责管理 JDBC 驱动程序,是应用程序和数据库驱动程序之间的桥梁。它的作用有两个:第一,加载数据库驱动程序;第二,在数据库和应用程序之间建立连接。在 DriverManager 类中定义了两个重要方法,如表 6-2 所示。

表 6-2 DriverManager 类的常用方法

方法原型	说明
public static void registerDriver (Driver driver) throws SQLException	用于向 DriverManager 类中注册 JDBC 驱动程序

续表

方 法 原 型	说　　明
public static Connection getConnection (String url, String user, String password) throws SQLException	建立与数据库的连接，并返回 Connection 对象；第一个参数为连接数据库的 URL；第二和第三个参数分别为登录数据库的用户名和密码

要利用 JDBC 进行数据库操作，首先要获取数据库连接。要建立与数据库的连接，需要创建数据库的 URL(数据库连接字)。一个数据库连接字一般包括 4 个要素：数据库服务器的 IP 地址、访问数据库服务的端口号及数据库名称、登录数据库的用户名和密码，有时还需要指定访问数据库时采用的编码方式。

对于 MySQL 的数据库连接字，可采用如下方式创建：

```
String url1 = "jdbc:mysql://hostname:3306/dbname?serverTimezone = GMT % 2B8";
String url2 = "?characterEncoding = UTF - 8";
String url = url1 + url2;
```

在上述代码中，jdbc:mysql 是固定写法，mysql 指的是 MySQL 数据库，hostname 指的是数据库服务器的 IP 地址。如果数据库服务器在本机，hostname 可以为 localhost 或 127.0.0.1，dbname 指的是数据库的名字。在连接字中指定了数据库的数据编码格式为 UTF-8。如果不指定字符编码，则采用 MySQL 数据库安装时指定的编码。MySQL 5.6 及以后的版本的时区设定比中国时间早 8 个小时，需要在 URL 地址后面指定时区。时区由 serverTimezone 参数指定。

指定了数据库连接字后，可以将字符串 url 作为 DriverManager 类的静态方法 getConnection()的参数，建立数据库连接。例如，登录本机 MySQL 的用户名为 root，密码为 1234，数据库名为 student，则

```
String url = "jdbc:mysql://localhost:3306/student?serverTimezone = GMT % 2B8";
Connection conn = DriverManager.getConnection(url, "root", "1234");
```

6.2.3 Connection 接口

Connection 接口表示应用程序与数据库的连接。只有获得连接后，才可以在连接上下文中执行 SQL 语句并获取返回结果。Connection 接口提供的常用方法如表 6-3 所示。

表 6-3　Connection 接口的常用方法

方 法 原 型	说　　明
DatabaseMetaData getMetaData()throws SQLException	获取由数据库提供的元数据，如数据表、存储过程和连接功能等
Statement createStatement()throws SQLException	创建并返回一个 Statement 实例，通常在执行无参数的 SQL 语句时使用
PreparedStatement prepareStatement (String sql) throws SQLException	创建并返回一个 PreparedStatement 实例，通常在执行有参数的 SQL 语句时使用，并对 SQL 语句进行了预编译

续表

方法原型	说　明
CallableStatement prepareCall(String sql) throws SQLException	用来调用数据库的存储过程
void close() throws SQLException	关闭数据库连接,释放 Connection 实例占用的数据库和 JDBC 资源

在 Java Web 应用程序中,需要由数据库连接对象创建数据库操作对象,然后执行 SQL 语句。数据库操作对象是指能够执行 SQL 语句的对象,用 Connection 接口来创建的数据库操作对象有以下 3 种:

(1) 调用 createStatement()方法创建的 Statement 对象,可以执行无参数的 SQL 语句。

(2) 调用 prepareStatement()方法创建的 PreparedStatement 对象,可以执行带参数的 SQL 语句。

(3) 调用 prepareCall()方法创建的 CallableStatement 对象,用于调用存储过程。

6.2.4 Statement 接口

Statement 接口用来执行静态的 SQL 语句,并返回结果。Statement 对象通过 Connection 实例的 createStatement()方法获得。利用 Statement 接口把静态的 SQL 语句发送到数据库编译执行,然后返回数据库的处理结果。Statement 接口的常用方法如表 6-4 所示。

表 6-4 Statement 接口的常用方法

方法原型	说　明
boolean execute(String sql) throws SQLException	用于执行 SQL 语句。返回结果 true 表示执行的 SQL 语句有查询结果;返回结果 false 表示执行的 SQL 语句无查询结果
int executeUpdate(String sql) throws SQLException	用于执行静态的 INSERT、DELETE、UPDATE 语句或 SQL DDL 语句,并返回影响的记录条数(DDL 语句返回 0)
ResultSet executeQuery(String sql) throws SQLException	用于执行静态的 SELECT 语句,并返回一个永不为 null 的 ResultSet 对象
void close()throws SQLException	立即释放 Statement 对象占用的数据库和 JDBC 资源,即关闭 Statement

利用 Connection 接口的 createStatement()方法可以创建一个 Statement 对象,用来执行 SQL 语句。所有的 Statement 对象都有以下 3 种执行 SQL 语句的方法。

(1) execute():可以执行任何 SQL 语句。

(2) executeQuery():通常执行查询语句,执行后返回代表结果集的 ResultSet 对象。

(3) executeUpdate():主要用于执行数据更改语句(INSERT、DELETE、UPDATE)和 DDL 语句。

例如:当前的数据库连接对象为 conn,则

```
Statement stmt = conn.createStatement();
ResultSet rs = stmt.executeQuery("select field1,field2,field3 from tbl");
```

6.2.5 PreparedStatement 接口

PreparedStatement 接口继承自 Statement 接口，用来执行动态的 SQL 语句，即包含参数的 SQL 语句。通过 PreparedStatement 实例执行的动态 SQL 语句将被预编译并保存在 PreparedStatement 对象中，从而可以反复且高效地被执行。PreparedStatement 接口的常用方法如表 6-5 所示。

表 6-5 PreparedStatement 接口的常用方法

方法原型	说明
ResultSet executeQuery() throws SQLException	执行包含参数的动态 SELECT 语句，并返回一个永远不为 null 的 ResultSet 实例
int executeUpdate() throws SQLException	执行包含参数的 INSERT、DELETE、UPDATE 语句，并返回更新的记录数
void setXxx(int index, Xxx param)	其中的 Xxx 代表特定的数据类型，如 int、String、boolean 等，将指定的参数设置为 Xxx 类型的值。index 表示参数的位置，第一个出现的 index 为 1，依次递增 1
void close() throws SQLException	立即释放 PreparedStatement 对象占用的数据库和 JDBC 资源，即关闭 PreparedStatement

除了 Statement 对象，可用于执行 SQL 语句的数据库操作对象还有 PreparedStatement。Statement 对象在每次执行 SQL 语句时，都会对其进行编译。当相同的 SQL 语句执行多次时，Statement 对象会使数据库频繁编译相同的 SQL 语句，从而降低了数据库的访问效率。

作为 Statement 接口的子接口，PreparedStatement 可以对 SQL 语句进行预编译。预编译的信息会存储在 PreparedStatement 对象中。当相同的 SQL 语句再次执行时，程序会使用 PreparedStatement 对象中的数据，而不需要对 SQL 语句再次编译，这样就大大提高了数据库的访问效率。

PreparedStatement 对象的另一个特点是支持带参数的 SQL 语句。创建 PreparedStatement 对象时无需指定 SQL 语句的参数值，而是可以利用 PreparedStatement 接口的 setXxx()方法动态地给这些参数赋值，这样大大提高了 SQL 语句的复用性。例如，要查询 id 为 12 的学生的信息：

```
String sql = "select no, name, gender from stu where id = ?";
PreparedStatement pstmt = conn.prepareStatement(sql);
pstmt.setInt(1,12);
ResultSet rs = pstmt.executeQuery();
```

在 SQL 语句中，没有指定参数 id 的值，而是在执行该 SQL 语句前，才向 PreparedStatement 对象传递参数值。

6.2.6 ResultSet 接口

ResultSet 是一个由查询结果构成的数据表，用于保存 JDBC 执行查询时返回的结果。ResultSet 实例是通过执行数据查询语句生成的。对查询结果的处理，首先要确定记录的位置,然后操作当前记录的字段项。在 ResultSet 中隐藏着一个数据行指针(游标),默认指向第 1 条记录的前面,通过调用 next()方法可以将指针指向第 1 条记录,再次调用 next()方法可以将指针指向第 2 条记录。当没有下一行时 next()方法返回 false。在应用程序中,经常需要调用 next()方法作为循环语句的条件用于遍历 ResultSet 中的数据。表 6-6 列举了 ResultSet 接口用于定位记录的常用方法。

表 6-6 ResultSet 接口用于定位记录的常用方法

方法原型	说明
boolean first() throws SQLException	将指针移动到结果集的第 1 行,如果结果集为空,返回 false,否则返回 true;如果结果集类型为 TYPE_FORWARD_ONLY,则抛出异常
boolean last() throws SQLException	将指针移动到最后一行,如果结果集为空,返回 false,否则返回 true;如果结果集类型为 TYPE_FORWARD_ONLY,则抛出异常
boolean previous() throws SQLException	将指针移动到当前记录的前一行,如果当前指针指向第一条记录,则调用此方法会返回 false;如果结果集类型为 TYPE_FORWARD_ONLY,则抛出异常
boolean next() throws SQLException	将指针移动到当前记录的下一行,如果存在下一条记录,返回 true;如果当前指针指向最后一条记录,返回 false;如果结果集类型为 TYPE_FORWARD_ONLY,则抛出异常
boolean absolute(int row) throws SQLException	将指针移动到 ResultSet 对象的指定行;如果数据库访问错误或访问一个已关闭的结果集或结果集类型为 TYPE_FORWARD_ONLY,则抛出异常

当 ResultSet 中的指针移动到指定的记录后,可以用表 6-7 中的方法读取各字段的数据。这些 getXxx()方法的参数有两种格式,一种是用字段的索引(索引从 1 开始)作为参数,一种是用字段的名字作为参数。

表 6-7 ResultSet 接口的其他常用方法

方法原型	说明
String getString(String columnLabel) throws SQLException	以 Java 中的字符串形式检索 ResultSet 对象当前行中指定列的值。其中参数 columnLabel 代表 ResultSet 结果集中字段的名字;如果字段名称错误、数据库访问错误或者访问一个已关闭的结果集,则抛出异常
String getString(int columnIndex) throws SQLException	功能同上。参数 columnIndex 指字段的索引。第 1 个字段索引值为 1,第 2 个字段索引值为 2,…
int getInt(String columnLabel) throws SQLException	以 Java 中的 int 形式检索 ResultSet 对象当前行中指定列的值。其中参数 columnLabel 代表 ResultSet 结果集中字段的名字;如果字段名称错误、数据库访问错误或者访问一个已关闭的结果集,则抛出异常
int getInt(int columnIndex) throws SQLException	功能同上。参数 columnIndex 代表字段的索引。第 1 个字段索引值为 1,第 2 个字段索引值为 2,…

续表

方 法 原 型	说　　明
Date getDate(String columnLabel) throws SQLException	以 Java 的 java. sql. Date 格式检索 ResultSet 对象当前行中指定列的值。其中参数 columnLabel 代表 ResultSet 结果集中字段的名字；如果字段名称错误、数据库访问错误或者访问一个已关闭的结果集，则抛出异常
Date getDate(int columnIndex) throws SQLException	功能同上。参数 columnIndex 指字段的索引。第 1 个字段索引值为 1，第 2 个字段索引值为 2，…
void close()throws SQLException	立即释放 ResultSet 对象占用的数据库和 JDBC 资源，即关闭 ResultSet

例如，假设数据表为 stu，其中的字段是 no(学号，整型)、name(姓名，字符串)、gender(性别，字符串)、cj(成绩，整型)，且当前查询结果集为 rs，则可以用如下代码获取当前记录的各字段的值：

```
String sql = "select no,name,gender,cj from stu where id = 9";
PreparedStatement pstmt = conn.prepareStatement(sql);
ResultSet rs = pstmt.executeQuery();
if(rs.next()){
    int xh = rs.getInt(1);
    String name = rs.getString("name");
    String gender = rs.getString(3);
    int cj = rs.getInt("cj");
}
```

6.3　JDBC 综合案例

在项目开发中，应用程序需要的数据基本都是存放在数据库中的。对数据的管理过程离不开数据库。本节将运用 JDBC API 编写一个实现基本数据库操作(添加、修改、删除、查询)的应用程序，实现对图书信息的管理。

完成此项目的具体步骤如下。

1. 准备工作

在 MySQL 中创建一个名为 jdbc 的数据库，在该数据库中创建一个名为 book 的表。创建 jdbc 数据库和 book 表的语句如下：

```
create database jdbc;
use jdbc;

CREATE TABLE `book` (
  `id` int(11) NOT NULL AUTO_INCREMENT,
  `bookname` varchar(100) DEFAULT NULL,
  `author` char(1) DEFAULT NULL,
  `publisher` varchar(100) DEFAULT NULL,
  `year`  varchar(4) DEFAULT NULL,
```

```
  `price`  FLOAT DEFAULT NULL,
  `remark`  varchar(100) DEFAULT NULL,
  PRIMARY KEY (`id`)
) ENGINE = InnoDB AUTO_INCREMENT = 1 DEFAULT CHARSET = utf8mb3
```


创建一个名为jdbc的Maven项目,将项目需要的MySQL驱动包mysql-connector-java-8.0.28.jar和单元测试工具JUnit包junit.4.10.jar的依赖信息添加到pom.xml文件,代码如下:

```
<dependency>
    <groupId>junit</groupId>
    <artifactId>junit</artifactId>
    <version>4.10</version>
    <scope>test</scope>
</dependency>
<dependency>
    <groupId>mysql</groupId>
    <artifactId>mysql-connector-java</artifactId>
    <version>8.0.28</version>
</dependency>
```

2. 创建JavaBean

在src/main/java文件夹下创建名为com.example.jdbc.entity的包。并在该包上创建名为Book的书籍信息实体类。Book类的代码如文件6-1所示。

【文件6-1】 Book.java

```
package com.example.jdbc.entity;

public class Book {
    private Integer id;
    private String bookname;
    private String publisher;
    private float price;
    private String remark;
    //此处省略了Getters/Setters方法
    //为便于查看输出,重写了toString()方法,此处略
}
```

3. 创建工具类

由于每次操作数据库前都要加载数据库驱动,建立数据库连接;数据库操作结束后都要释放数据库和JDBC资源。为了避免代码重复,可将上述功能的代码抽取出来建立一个工具类,供其他组件调用。因此,创建一个名为com.example.jdbc.utils的包,在包中创建一个名为DBUtils的类,用于实现上述功能,其代码如文件6-2所示。

【文件6-2】 DBUtils.java

```
package com.example.jdbc.utils;

import java.sql.Connection;
import java.sql.DriverManager;
```

```
5  import java.sql.PreparedStatement;
6  import java.sql.ResultSet;
7  import java.sql.SQLException;
8
9  public class DBUtils {
10     private DBUtils() {
11     }
12
13     public static Connection getConnection() {
14         Connection conn = null;
15         try {
16               //加载数据库驱动
17               Class.forName("com.mysql.cj.jdbc.Driver");
18               //创建连接字
19               String url = "jdbc:mysql://localhost:3306/jdbc";
20               String username = "root";
21               String password = "1234";
22               //建立数据库连接
23               conn = DriverManager.getConnection(url,username,password);
24           } catch(ClassNotFoundException cnf) {
25               cnf.printStackTrace();
26           } catch(SQLException se) {
27               se.printStackTrace();
28           }
29           return conn;
30     }
31
32     public static void destroy(Connection conn,
33         PreparedStatement pstmt, ResultSet rs) {
34         try {
35             if(rs != null)
36               rs.close();
37             if(pstmt != null)
38               pstmt.close();
39             if(conn != null)
40               conn.close();
41         } catch(SQLException se){
42             se.printStackTrace();
43         }
44     }
45 }
```

如文件 6-2 所示，在第 10～11 行将 DBUtils 类的构造方法设置为 private(私有)，这样就指定了 DBUtil 的工作形式为单例模式。第 13～30 行定义了一个静态方法 getConnection()用于加载数据库驱动，建立数据库连接。第 32～44 行定义了一个静态方法 destroy()，用于释放相关的 JDBC 资源。为了实现对数据库的操作，首先要建立数据库连接，即创建 Connection 对象(conn)。然后通过 Connection 对象创建数据库操作对象，如 PreparedStatement 对象(pstmt)。对于查询操作，又通过 pstmt 创建 ResultSet 对象(rs)。当完成对数据库的操作后，应及时关闭这些对象以释放 JDBC 资源。关闭这些对象的顺序与创建的顺序正好相反,如文件 6-2 中第 35～40 行所示。

4. 创建 DAO 接口和实现类

在 src/main/java 文件夹下创建一个名为 com.example.jdbc.dao 的包。在包中创建一个名为 BookDao 的接口和该接口的实现类 BookDaoImpl。接口可以用来规定要执行哪些数据库操作,而实现类 BookDaoImpl 用于实现接口规定的数据库的操作。其中,BookDao 接口和实现类代码如文件 6-3 和文件 6-4 所示。

【文件 6-3】 BookDao.java

```
package com.example.jdbc.dao;

import java.util.List;
import com.example.jdbc.entity.Book;

public interface BookDao {
    public List<Book> listAll();
    public boolean addBook(Book book);
    public boolean deleteBook(Integer id);
    public boolean updateBook(Book book);
    public Book findBookById(Integer id);
}
```

【文件 6-4】 BookDaoImpl.java

```
package com.example.jdbc.dao;
import com.example.jdbc.entity.Book;
import com.example.jdbc.utils.DBUtils;
//其余 import 部分略

public class BookDaoImpl implements BookDao {

    //查询表中所有书籍的信息
    public List<Book> listAll() {
        Connection conn = null;
        PreparedStatement pstmt = null;
        ResultSet rs = null;
        List<Book> books = new ArrayList<Book>();
        try {
            //获取数据库连接
            conn = DBUtils.getConnection();
            String sql = "select id, bookname, publisher,
                price, remark from book";
            //创建预编译的 PreparedStatement 对象
            pstmt = conn.prepareStatement(sql);
            //执行查询,返回 ResultSet 对象
            rs = pstmt.executeQuery();
            //遍历 ResultSet 对象
            while(rs.next()) {
                Book book = new Book();
                book.setId(rs.getInt("id"));
                book.setBookname(rs.getString(2));
                book.setPublisher(rs.getString(3));
```

```
                book.setPrice(rs.getFloat("price"));
                book.setRemark(rs.getString("remark"));
                books.add(book);
            }
        } catch(SQLException se) {
            se.printStackTrace();
        } finally {
            //释放资源
            DBUtils.destroy(conn, pstmt, rs);
        }
        return books;
    }

    //添加书籍信息
    public boolean addBook(Book book) {
        Connection conn = null;
        PreparedStatement pstmt = null;
        int rows = 0;
        try {
            conn = DBUtils.getConnection();
            String sql = "insert into book(bookname, publisher,
                 price, remark) values(?,?,?,?)";
            pstmt = conn.prepareStatement(sql);
            //对 SQL 中的参数赋值
            pstmt.setString(1, book.getBookname());
            pstmt.setString(2,book.getPublisher());
            pstmt.setFloat(3, book.getPrice());
            pstmt.setString(4, book.getRemark());
            //返回受到影响的行数
             rows = pstmt.executeUpdate();
        } catch(SQLException se) {
            se.printStackTrace();
        } finally {
            DBUtils.destroy(conn, pstmt, null);
        }
        return rows > 0;
    }

    //删除书籍信息
    public boolean deleteBook(Integer id) {
        Connection conn = null;
        PreparedStatement pstmt = null;
        int rows = 0;
        try {
            conn = DBUtils.getConnection();
            String sql = "delete from book where id = ?";
            pstmt = conn.prepareStatement(sql);
            pstmt.setInt(1, id);
            rows = pstmt.executeUpdate();
        } catch(SQLException se) {
            se.printStackTrace();
```

```
        } finally {
            DBUtils.destroy(conn, pstmt, null);
        }
        return rows > 0;
    }

    //修改书籍信息
    public boolean updateBook(Book book) {
        Connection conn = null;
        PreparedStatement pstmt = null;
        int rows = 0;
        try {
            conn = DBUtils.getConnection();
        String sql = "update book  set bookname = ?,
         publisher = ?," + " price = ?, remark = ? where id = ?";
        pstmt = conn.prepareStatement(sql);
        pstmt.setString(1, book.getBookname());
        pstmt.setString(2,book.getPublisher());
        pstmt.setFloat(3, book.getPrice());
        pstmt.setString(4, book.getRemark());
            pstmt.setInt(5, book.getId());
            rows = pstmt.executeUpdate();
    } catch(SQLException se) {
        se.printStackTrace();
    } finally {
        DBUtils.destroy(conn, pstmt, null);
    }
    return rows > 0 ;
}

//根据 id 查找书籍信息
public Book findBookById(Integer id) {
    Connection conn = null;
    PreparedStatement pstmt = null;
    ResultSet rs = null;
    Book book = new Book();
    try {
        conn = DBUtils.getConnection();
        String sql = "select id, bookname, publisher, price,
            remark" + " from book where id = ?";
        pstmt = conn.prepareStatement(sql);
        pstmt.setInt(1, id);
        rs = pstmt.executeQuery();
        if(rs.next()) {
            book.setId(rs.getInt("id"));
            book.setBookname(rs.getString(2));
            book.setPublisher(rs.getString(3));
            book.setPrice(rs.getFloat("price"));
            book.setRemark(rs.getString("remark"));
        }
    } catch(SQLException se) {
```

```
131                se.printStackTrace();
132            } finally {
133                DBUtils.destroy(conn, pstmt, rs);
134            }
135            return book;
136        }
137    }
```

在应用 JDBC 技术进行数据库应用开发时,需要注意以下两点。

(1) 要保证数据独立性。数据独立性是指应用程序和数据之间相互独立,互不影响。它是数据库系统的最重要目标之一。如文件 6-4 中的第 24～32 行,通过 select 语句获取的 ResultSet 对象中存放了查询结果,但此时数据库处于打开状态,应用程序不应在此时对查询得到的结果做下一步处理,而是应该将查询得到的数据备份,关闭 ResultSet 等与数据库有关的资源并断开与数据库的连接后,对备份数据做进一步处理。

(2) 从提升应用程序性能的角度考虑,不鼓励查询语句用"select * from…"这种写法,而是将"*"替换为目标字段列表,如文件 6-4 中的第 17～18 行和第 118～119 行。

5. 创建测试类

为测试 BookDaoImpl 类中的方法能否正常运行,可以利用 Java 的单元测试工具 JUnit 执行测试。本案例采用的 JUnit 版本是 4.10,在 Maven 的 pom.xml 文件中已加入了相关依赖。在 src/test/java 文件夹下创建一个名为 com.example.jdbc.test 的包并创建名为 BookDaoTest 的类。

1) 测试添加功能

单元测试代码如文件 6-5 所示。

【文件 6-5】 BookDaoTest.java

```
package com.example.jdbc.test;

//执行静态导入
import static org.junit.Assert.assertTrue;

import java.util.List;
import org.junit.AfterClass;
import org.junit.BeforeClass;
import org.junit.Test;
import com.example.jdbc.dao.BookDaoImpl;
import com.example.jdbc.entity.Book;
public class BookDaoTest {
    private static BookDaoImpl bookDao;

    @BeforeClass
    public static void init() {
        bookDao = new BookDaoImpl();
    }

    @AfterClass
    public static void destroy() {
```

```
22          bookDao = null;
23      }
24
25      @Test
26      public void testAddBook() {
27          Book book = new Book();
28          book.setBookname("test");
29          book.setPublisher("ttttt");
30          book.setPrice(55.6f);
31          book.setRemark("remark");
32          boolean res = bookDao.addBook(book);
33          assertTrue(res);
34      }
35  }
```

其中，第 4 行执行单静态导入，即实现在不声明类名（Assert）的情况下直接调用 Assert 类的静态方法 assertEquals()。@Test、@BeforeClass 和@AfterClass 都是 JUnit 中的注解。@Test 表示声明一个测试方法，该方法可以作为一个测试用例来运行。由@BeforeClass 和@AfterClass 标注的方法在所有标注为@Test 方法运行之前和运行之后只运行一次。第 33 行使用了断言方法，断言添加操作是成功的，但代码运行是否成功由 JUnit 判断。右击文件 BookDaoTest，依次选择 Run As→JUnit Test 命令，执行测试。

可在控制台看到 JUnit 的测试结果，如图 6-2 所示。同时，可通过 MySQL 客户端查看执行结果，如图 6-3 所示。

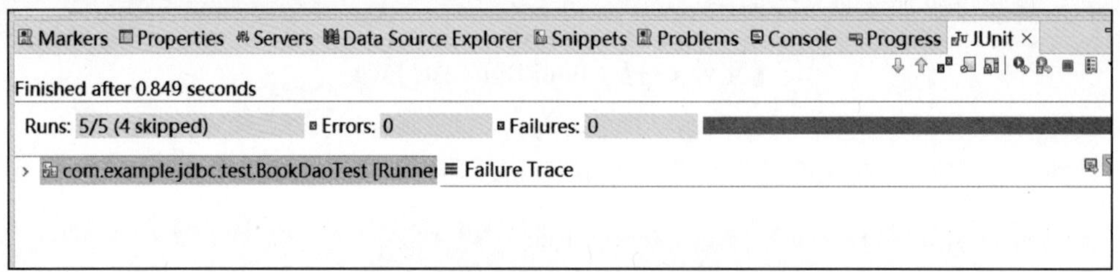

图 6-2　控制台显示的单元测试结果

```
mysql> select * from book;
+----+----------+-----------+-------+----------+
| id | bookname | publisher | price | remark   |
+----+----------+-----------+-------+----------+
|  2 | python   | tsinghua  |    50 | beginner |
|  4 | java     | tsinghua  |  43.1 | remark   |
+----+----------+-----------+-------+----------+
2 rows in set (0.00 s)

mysql> select * from book;
+----+----------+-----------+-------+----------+
| id | bookname | publisher | price | remark   |
+----+----------+-----------+-------+----------+
|  2 | python   | tsinghua  |    50 | beginner |
|  4 | java     | tsinghua  |  43.1 | remark   |
|  6 | test     | ttttt     |  55.6 | remark   |
+----+----------+-----------+-------+----------+
3 rows in set (0.00 s)
```

图 6-3　MySQL 客户端查看执行结果

2）测试列表功能

可在测试类 BookDaoTest 中增加一个测试方法用于测试列表功能是否正常，代码如下：

```
@Test
public void testListBook() {
    List<Book> list = bookDao.listAll();
    for(Book book:list)
        System.out.println(book);
}
```

由于 Book 类已重写了 toString()方法，因此，可以直接在控制台将 Book 对象的属性输出，运行此测试方法后，可在控制台看到当前表中的全部记录，如图 6-4 所示。对于修改、删除和检索功能，可以用类似的思路设计测试代码。

```
Book [id=2, bookname=python, publisher=tsinghua, price=50.0, remark=beginner]
Book [id=4, bookname=java, publisher=tsinghua, price=43.1, remark=remark]
Book [id=6, bookname=test, publisher=ttttt, price=55.6, remark=remark]
```

图 6-4　在控制台查看测试结果

6.4　数据库连接池

采用 JDBC 驱动程序连接数据库，应用程序在每次访问数据库之前都要先建立与数据库的连接。在 Java 程序与数据库之间建立连接时，数据库端要验证用户名和密码，并且要为这个连接分配资源，而 Java 程序则要把代表连接的 java.sql.Connection 对象加载到内存。因此，建立数据库连接的系统开销很大。尤其是有大量的并发请求时，不仅数据库的访问效率会降低，数据库的访问时间也会延长。为了解决这一问题，数据库连接池技术应运而生。

数据库连接池技术就是预先建立好一定数量的数据库连接，并将这些连接保存在连接池(Connection Pool)中，如图 6-5 所示。由连接池负责分配、管理和释放数据库连接。当应用程序需要访问数据库时，只需从连接池中取出处于空闲状态的数据库连接；当应用程序结束数据库访问时，释放连接并将连接归还给连接池。这样就免去了在每次访问数据库之前建立数据库连接的开销，提高了数据库的访问效率。

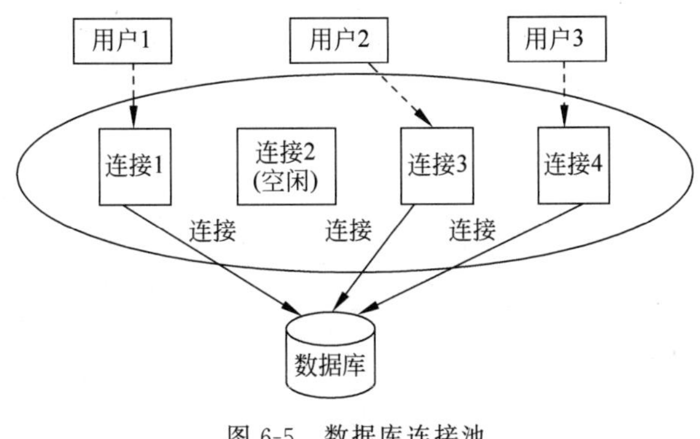

图 6-5　数据库连接池

在应用数据库连接池技术连接数据库时,需要3步处理。首先配置数据源,然后在应用程序中通过连接池建立与数据库的连接,数据库访问结束后将连接归还给连接池。

常见的数据库连接池技术有C3P0、DBCP、Druid、Tomcat JDBC Pool等。本节将以Tomcat JDBC Pool和Druid为例,讲解数据库连接池的应用。

6.4.1 配置数据源

为了获取数据库连接对象,JDBC提供了javax.sql.DataSource接口。DataSource接口负责与数据库建立连接,本节将要介绍的Tomcat JDBC Pool和Druid数据库连接池技术都使用DataSource来代表数据源对象。DataSource接口定义了返回值为java.sql.Connection对象的方法,具体如下所述。

- `Connection getConnection() throws SQLException`
- `Connection getConnection(String username, String password) throws SQLException`

这两个方法都可以获取Connection对象。不同的是,第一个方法通过无参数的方式建立与数据库的连接,第二个方法是通过传入登录信息的方式建立与数据库的连接。

6.4.2 Tomcat JDBC Pool

Tomcat JDBC Pool是Apache组织提供的开源连接池,也是Tomcat服务器使用的连接池组件。Tomcat JDBC Pool支持高并发和多核CPU系统,支持动态的接口实现,可根据运行时环境支持java.sql包和javax.sql包中的接口。

建立数据库连接池前需要设置连接池的相关属性,Tomcat JDBC Pool连接池的常用属性如表6-8所示。

表6-8 Tomcat JDBC Pool连接池的常用属性

属性名称	说明
name	设置数据源的JNDI(Java Naming and Directory Interface,Java命令和目录接口)名字
auth	设置数据源的管理者,有两个可选值:Container和Application。Container表示由容器来创建和管理数据源,Application表示由应用程序来创建和管理数据源
type	设置数据源类型,本书使用javax.sql.DataSource代表数据源
factory	创建连接池的工厂类
driverClassName	设置连接数据库的JDBC驱动程序
username	登录数据库的用户名
password	登录数据库的密码
url	设置数据库连接字符串
maxActive	连接池中处于活动状态最大活动连接数,默认100,0表示不受限制
maxIdle	连接池中应保持的最大连接数。空闲连接会被定期检查(如果启用该功能),空闲时间超过minEvictableIdleTimeMillis的连接将被释放
minIdle	应始终保留在连接池中的最小连接数。默认值源自initialSize:10
initialSize	连接池启动时创建的初始连接数
maxWait	当没有连接可用时,连接池等待连接返回的最长时间,单位:ms

续表

属 性 名 称	说　　明
minEvictableIdleTimeMillis	连接在被移除之前可在池中闲置的最短时间，单位：ms，默认值：60000
validateQuery	是一条 SQL 语句，用于在连接返回给调用者前校验连接是否有效，对于 MySQL，可用 SELECT 1
validationQueryTimeout	连接验证的超时时间，单位：s
jdbcInterceptors	拦截器，是一个包含 3 个属性的缓存：事务隔离级别、自动提交和只读状态，帮助系统避免不需要的数据库往返。QueryTimeoutInterceptor（查询超时拦截器，属性 queryTimeout，单位：s，默认值：1），SlowQueryReport（慢查询记录，属性 threshold 超时记录阈值，单位：ms，默认值：1000），多个拦截器之间用；分隔，示例：QueryTimeoutInterceptor（queryTimeout＝5）；SlowQueryReport（threshold＝3000）

配置 Tomcat JDBC Pool 数据源有两种方案：其一，编写 Java 源码；其二，以 JNDI 资源形式配置。两种方案都是对数据库连接池的相关属性进行设置。采用 JNDI 资源方式配置连接池信息，需要在 src/main/webapp 目录下创建 META-INF 文件夹，并在该文件夹下创建 context. xml 文件。内容如文件 6-6 所示。

【文件 6-6】　context. xml

```
<Resource name = "jdbc/TestDB"
    auth = "Container"
    type = "javax.sql.DataSource"
    factory = "org.apache.tomcat.jdbc.pool.
    DataSourceFactory"
    validationQuery = "SELECT 1"
    maxActive = "100"
    minIdle = "10"
    maxWait = "10000"
    initialSize = "10"
    minEvictableIdleTimeMillis = "30000"
    jdbcInterceptors = "org.apache.tomcat.jdbc.pool.
    interceptor.ConnectionState;
    org.apache.tomcat.jdbc.pool.interceptor.
    StatementFinalizer"
    username = "root"
    password = "password"
    driverClassName = "com.mysql.jdbc.Driver"
    url = "jdbc:mysql://localhost:3306/数据库名"/>
```

此时的数据库连接池已经设置了相关属性，并被 Tomcat 认为是 JNDI 资源。因此，需要利用 JNDI 来获取对数据源对象（DataSource）的引用。

JNDI 是一个应用程序设计的 API，为开发人员提供了查询和访问各种命名和目录服务的通用的接口，类似于 JDBC，也是构建在抽象层上的。JNDI 提供了一种统一的方式，可以通过指定资源名称，找到该资源的实例。这种配置的好处在于数据源完全在应用程序之外进行管理，这样应用程序只需要在访问数据库的时候查找数据源就可以了。利用 JNDI 查找数据源并获取数据库连接的代码如文件 6-7 所示。

【文件 6-7】 JDBCPoolByJNDI. java

```
package com.example.jdbc.utils;

import java.sql.Connection;
import java.sql.SQLException;

import javax.naming.Context;
import javax.naming.InitialContext;
import javax.naming.NamingException;
import javax.sql.DataSource;

public class JDBCPoolByJNDI {

    public static Connection getConnection() {
        Connection conn = null;
        try {
            //获得对数据源的引用
            Context ctx = new InitialContext();
            DataSource ds = (DataSource)ctx
                .lookup("java:comp/env/jdbc/TestDB");
            //获取数据库连接对象
            conn = ds.getConnection();
        } catch(NamingException ne) {
            ne.printStackTrace();
        } catch(SQLException se) {
            se.printStackTrace();
        }
        return conn;
    }
}
```

此外,如果采用 Java 源码方式配置连接池信息,只需要编写代码设置数据库连接池的相关属性,如文件 6-8 所示。

【文件 6-8】 JDBCPoolDemo. java

```
package com.example.jdbc.utils;

import java.sql.Connection;
import java.sql.SQLException;

import org.apache.tomcat.jdbc.pool.DataSource;
import org.apache.tomcat.jdbc.pool.PoolProperties;

public class JDBCPoolDemo {
    private static Connection conn = null;
    private static DataSource datasource;
    static {
        PoolProperties p = new PoolProperties();
        p.setUrl("jdbc:mysql://localhost:3306/jdbc");
        p.setDriverClassName("com.mysql.cj.jdbc.Driver");
```

```
16            p.setUsername("root");
17            p.setPassword("1234");
18            p.setJmxEnabled(true);
19            p.setTestWhileIdle(false);
20            p.setTestOnBorrow(true);
21            p.setValidationQuery("SELECT 1");
22            p.setTestOnReturn(false);
23            p.setValidationInterval(30000);
24            p.setTimeBetweenEvictionRunsMillis(30000);
25            p.setMaxActive(100);
26            p.setInitialSize(10);
27            p.setMaxWait(10000);
28            p.setRemoveAbandonedTimeout(60);
29            p.setMinEvictableIdleTimeMillis(30000);
30            p.setMinIdle(10);
31            p.setLogAbandoned(true);
32            p.setRemoveAbandoned(true);
33            p.setJdbcInterceptors(
34              "org.apache.tomcat.jdbc.pool.interceptor.ConnectionState;"
35                + "org.apache.tomcat.jdbc.pool.interceptor.
36                StatementFinalizer");
37            datasource = new DataSource();
38            datasource.setPoolProperties(p);
39    }
40    public static Connection getConnection() {
41        try {
42            conn = datasource.getConnection();
43        } catch(SQLException se) {
44            se.printStackTrace();
45        }
46        return conn;
47      }
48  }
```

JDBCPoolDemo 类首先设置数据库连接池参数,如文件 6-8 的第 14～36 行。并调用 DataSource 类的 setPoolProperties()方法使参数生效(第 38 行),创建数据库连接池。数据库连接池的创建过程无需重复,因此利用静态代码段完成该任务。在获取了数据源对象后(DataSource 对象),可以利用 DataSource 接口的 getConnection()方法获取数据库连接。

采用 Java 源码方式设置数据库连接池属性时,需要用到 Tomcat 的日志服务包,因此需要在 pom.xml 文件中加入对该包的引用:

```
<dependency>
    <groupId>org.apache.tomcat</groupId>
    <artifactId>tomcat-juli</artifactId>
    <version>使用的 Tomcat 版本</version>
</dependency>
```

随后,需要验证获取的数据库连接是否可用。因此,可在 src/test/java 目录下创建测试类 JDBCPoolTest,在控制台输出连接的相关属性,如文件 6-9 所示。

【文件 6-9】 JDBCPoolTest. java

```java
package com.example.pool.test;
//其余 import 部分略
import com.example.jdbc.utils.JDBCPoolByJNDI;
import com.example.jdbc.utils.JDBCPoolDemo;
public class JDBCPoolTest {

    @Test
    public void testGetConnection() {
        try {
            Connection conn = JDBCPoolDemo.getConnection();
            //获取数据库连接的元数据
            DatabaseMetaData metaData = conn.getMetaData();
            //输出数据库连接信息
            System.out.println(metaData.getURL() + ","
             + metaData.getUserName() + "," + metaData.getDriverName());
            //关闭连接,将连接返回数据库连接池
            conn.close();
        } catch (SQLException e) {
            e.printStackTrace();
        }
    }
}
```

在开启 MySQL 服务的情况下运行此测试代码,可在控制台看到获取的数据库连接的相关信息,说明获取的数据库连接有效,如图 6-6 所示。

```
<terminated> JDBCPoolTest [JUnit] C:\software\jdk-11.0.13\bin\javaw.exe (2022年3月25日 下午4:23:55 – 下午4:23:57)
jdbc:mysql://localhost:3306/jdbc,root@localhost,MySQL Connector/J
```

图 6-6　控制台输出的连接信息

6.4.3　Druid

Druid 是一个开源的数据源,主要用于 Java 数据库连接池。Druid 执行 SQL 语句的时长在微秒级别。Druid 不仅是一个数据库连接池,它还包含一个 ProxyDriver(代理驱动)、一系列内置的 JDBC 组件库、一个 SQL Parser(SQL 解析器)。Druid 支持所有与 JDBC 兼容的数据库,包括 Oracle、MySQL、Derby、Postgresql、SQL Server、H2 等。Druid 还提供了多维度的统计和分析功能,如可监控数据库访问性能;能够详细统计 SQL 的执行性能等。使用 Druid 数据连接池,可遵循以下步骤。

1. 添加 Druid 连接池 jar 包依赖

可以在 pom. xml 文件中加入 Druid 的引用,代码如下:

```xml
<dependency>
        <groupId>com.alibaba</groupId>
        <artifactId>druid</artifactId>
        <version>1.2.8</version>
</dependency>
```

2. 定义配置文件

可以用 properties 文件配置数据库连接池的属性。在 src/main/resources 目录下创建名为 druid.properties 的文件,内容如文件 6-10 所示。

【文件 6-10】 druid.properties

```
#驱动程序类的全限定名
driverClassName = com.mysql.cj.jdbc.Driver
#数据库的 URL
url = jdbc:mysql://localhost:3306/jdbc
username = root
password = 1234
#初始连接数
initialSize = 10
#最大活动连接数
maxActive = 10
#最长等待时间
maxWait = 6000
```

3. 获取数据库连接

以输入流的形式读取 Druid 的配置文件,再调用 DruidDataSourceFactory 类的静态方法 createDataSource()创建数据库连接池,如文件 6-11 所示。

【文件 6-11】 DruidDemo.java

```
package com.example.jdbc.utils;

import java.io.InputStream;
import java.sql.Connection;
import java.sql.SQLException;
import java.util.Properties;

import javax.sql.DataSource;

import com.alibaba.druid.pool.DruidDataSourceFactory;
import com.alibaba.druid.util.JdbcUtils;

public class DruidDemo {
    private static DataSource dataSource;
    private static Connection conn;
    static {
        try {
                // 创建用于加载配置文件的对象
                Properties properties = new Properties();
                // 获取类的类加载器
                ClassLoader classLoader =
                    JdbcUtils.class.getClassLoader();
                // 获取 druid.properties 配置文件输入流
                InputStream inputStream = classLoader
                    .getResourceAsStream("druid.properties");
                // 加载配置文件
                properties.load(inputStream);
                // 创建连接池对象
                dataSource = DruidDataSourceFactory
```

```
                .createDataSource(properties);
        } catch (Exception e) {
            e.printStackTrace();
        }
    }

    //获取数据库连接
    public static Connection getConnection() {
        try {
            conn = dataSource.getConnection();
        } catch(SQLException se) {
            se.printStackTrace();
        }
        return conn;
    }
}
```

4. 编写测试代码

可在 src/test/java 文件夹下创建一个测试类,用于测试文件 6-11 中获取的数据库连接是否可用,测试代码如文件 6-12 所示。

【文件 6-12】 DruidTest.java

```
package com.example.pool.test;

//其余 import 部分略

import com.example.jdbc.utils.DruidDemo;

public class DruidTest {

    @Test()
    public void testGetConnection() {
        try {
            Connection conn = DruidDemo.getConnection();
            DatabaseMetaData metaData = conn.getMetaData();
            System.out.println(metaData.getURL() + ","
             + metadata.getUserName() + "," + metaData.getDriverName());
            //关闭连接,将连接返回数据库连接池
            conn.close();
        } catch (SQLException e) {
            // TODO Auto-generated catch block
            e.printStackTrace();
        }
    }
}
```

运行此测试代码,可在控制台查看输出的数据库连接的元数据。如图 6-7 所示,可见本次测试已成功建立数据库连接池,获取的数据库连接有效。

```
3月 26, 2022 2:39:15 下午 com.alibaba.druid.pool.DruidDataSource info
信息: {dataSource-1} inited
jdbc:mysql://localhost:3306/jdbc,root@localhost,MySQL Connector/J
```

图 6-7　数据库连接的元数据

第7章 Web 开发模型

在 Java Web 开发实践中，为了使 JSP 页面中的业务逻辑变得更加清晰，可以将程序中的实体对象和业务逻辑单独封装到 Java 类中，从而提高程序的可读性和可维护性。这需要用到 JavaBean 技术、JSP 开发模型和 MVC 设计模式等相关知识。

视频讲解

7.1 JavaBean 技术

在 JSP 应用于开发的早期阶段，系统的所有业务处理、数据显示功能都由 JSP 来完成。这种看似简单的开发方式有很大的弊端：因为 JSP 文件中原本包含了 HTML 代码、CSS 代码，同时又嵌入了大量的 Java 代码。这就造成了代码结构混乱，显示功能和业务处理功能没有分离，维护升级困难等问题。这就好比管理一个大型企业，如果将负责不同任务的员工都安排在一起工作，势必会造成公司秩序混乱、不易管理等诸多隐患。所以说，单纯的 JSP 页面编程模式是无法应用到大型、中型，甚至小型的 Web 应用程序开发中的。

在 JSP 中，如果使 HTML 代码与 Java 代码相分离，将 Java 代码单独封装成一个处理某种业务逻辑的类，然后在 JSP 中调用此类，可以降低 HTML 和 Java 代码之间的耦合度，简化 JSP 页面开发，从而提高 Java 代码的重用性和灵活性。这种与 HTML 代码分离且使用 Java 代码封装的类，就是 JavaBean 组件。

JavaBean 是一种遵循一定规则的 Java 类。开发应用程序时，将业务逻辑封装到某个类中，通过 JSP 页面的标签来调用这个类，从而执行业务逻辑。此时的 JSP 除了负责部分流程的控制外，主要用来进行页面的显示，而 JavaBean 则负责业务逻辑的处理。可以看出，JSP+JavaBean 设计模式具有一个比较清晰的程序结构，在 JSP 技术的起步阶段，该模式曾被广泛应用。

关于 JavaBean 的定义，有广义与狭义之分。广义的 JavaBean 指一般意义的 Java 类，它们可以承担数据封装、业务处理等功能。通常情况下的 JavaBean 指的是狭义的 JavaBean。狭义的 JavaBean 指的是符合以下要求的 Java 类。

(1) 该类被声明为 public。

(2) 该类需要实现 Serializable 接口。

(3) 该类具备一个无参数构造方法。

(4) 该类的属性必须私有，并且通过声明为 public 的 Getters()、Setters()方法暴露给其他类。

在项目开发中，负责数据封装的 JavaBean 一般被定义为狭义的 JavaBean。

7.2 JSP开发模型

JSP+JavaBean设计模式虽然已经对Web应用程序的业务逻辑和显示页面进行了分离,但这种模式下的JSP不仅要控制程序中的大部分流程,还要负责页面的显示,所以仍然不是一种理想的设计模式。

在JSP+JavaBean设计模式的基础上加入Servlet来实现程序中的控制层,这就是JSP Model 2模式。在这种模式中,由Servlet来处理业务逻辑并负责程序的流程控制,JavaBean组件实现业务逻辑,充当模型的角色,JSP用于页面的显示。可以看出,这种模式使得程序的层次关系更清晰,各组件的分工也更加明确。图7-1表示该模式对客户端的请求进行处理的流程。

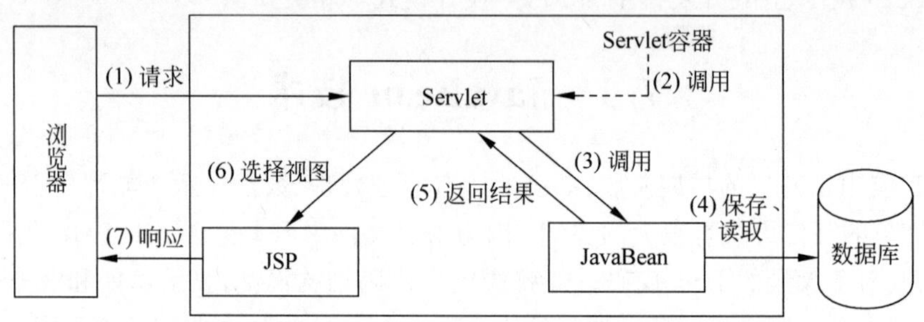

图7-1 JSP Model 2的请求处理流程

由图7-1所示,JSP Model 2模式的工作流程如下所述。

(1) 用户通过浏览器请求服务器。

(2) 服务器接收用户请求后调用Servlet。

(3) Servlet根据用户请求调用JavaBean处理业务。

(4) 利用JavaBean连接及操作数据库,或实现其他业务逻辑。

(5) JavaBean将结果返回Servlet,在Servlet中将结果保存到请求对象中。

(6) 由Servlet将请求转发到JSP页面。

(7) 由JSP生成响应,返回给浏览器显示。

在JSP Model 2模型中,所有的请求都提交给Servlet(控制器),由控制器进行统一分配,并且采用推的方式将不同的用户界面显示给用户。这样做的好处是:第一,可以统一控制用户的行为。例如,在控制器中添加统一的日志记录等功能是非常方便的;第二,职责分离,有利于各部分的维护。用户不直接访问分散的界面,可以通过配置文件或流程定义的方式,在不同的应用场景下将不同的页面推送给用户。

7.3 MVC设计模式

JSP Model 2模式已是MVC模式的雏形。MVC模式是一种软件设计模式,提供了按功能对软件进行模块划分的方法。MVC设计模式将程序分为3个核心模块:模型、视图和控制器。

1. 模型

模型（Model）负责管理应用程序的业务数据、定义访问控制及修改这些数据的业务规则。当模型状态发生改变时，它会通知视图发生改变，并为视图提供查询模型状态的方法。

2. 视图

视图（View）负责与用户交互，它从模型中获取数据并向用户展示，同时也可以将用户请求传递给控制器处理。当模型状态发生改变时，视图会对用户界面进行同步更新，从而保持与模型数据的一致性。

3. 控制器

控制器（Controller）负责应用程序中处理用户交互的数据，它从视图中读取数据，并向模型发送数据。它只是接收请求并决定调用哪个模型组件去处理请求，然后再确定用哪个视图来显示返回的数据。

图 7-2 展示了 MVC 设计模式中的 3 个核心模块之间的关系。

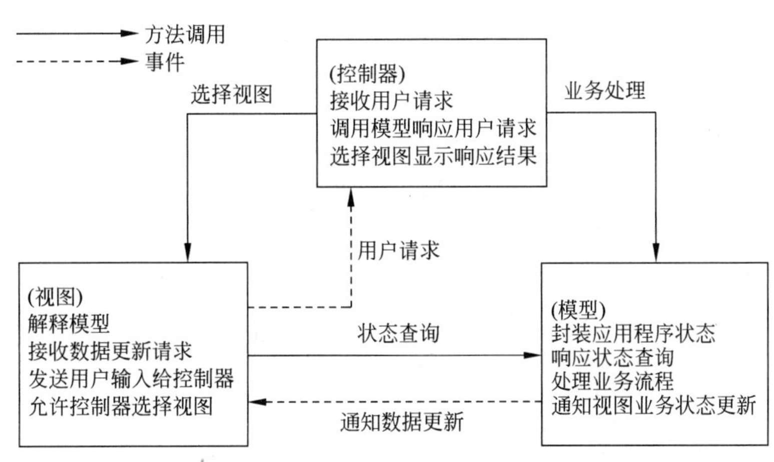

图 7-2　MVC 3 个模块的功能和关系

MVC 设计模式为 Web 应用程序开发提供了很好的设计思路。在 Web 项目开发实践中，会以多层架构来实现 MVC 设计模式。这里的层是指按功能划分的软件组件逻辑组。这样划分以后，每一层都有自己的职责；每一层只需要关注自身功能的实现；每层通过接口对外暴露功能。Web 应用开发中的多层架构如图 7-3 所示。

其中，表示层负责实现用户界面，以界面的形式将系统功能暴露给用户，可以被认为是系统对用户的接口。其职责相当于餐厅的服务员，负责和顾客交流，帮助顾客完成点菜等任务。业务逻辑层承担了接收用户请求和处理用户请求、返回响应结果的责任。其职责相当于餐厅的厨师，按照顾客点的菜去烹饪。数据访问层承担了给应用程序提供数据和保存数据的任务。其职责相当于餐厅的采购员，只需要根据需求采购食材，交给厨师烹饪即可。

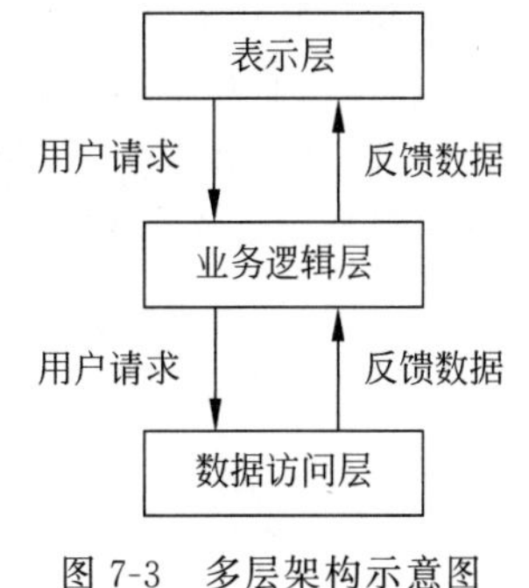

图 7-3　多层架构示意图

7.4 MVC应用案例

本节结合图7-3的多层设计架构,以用户登录验证应用程序为例,说明如何将MVC模式应用于Web应用程序的开发,具体步骤如下所述。

1. 创建数据表

在jdbc数据库中创建一个名为account的数据表,用于存放用户名和密码。建表语句如下:

```
CREATE TABLE `account` (
  `id` int(11) NOT NULL AUTO_INCREMENT,
  `name` varchar(100) NOT NULL,
  `pass` varchar(100) NOT NULL,
  PRIMARY KEY (`id`)
) ENGINE = InnoDB AUTO_INCREMENT = 1 DEFAULT CHARSET = utf8mb3;
```

2. 创建实体类

创建一个实体类Account,用于封装用户名和密码信息。其作用就是MVC中的M(模型)。代码如文件7-1所示。

【文件7-1】 Account.java

```
package com.example.mvcapp.entity;

public class Account {
    private Integer id;
    private String username;
    private String password;
    //此处省去了Getters/Setters方法
    //此处省去了toString()方法
}
```

3. 创建DAO接口和实现类

专注于数据访问功能的组件称为DAO(Data Access Object,数据访问对象)。为了避免应用程序与特定的数据访问策略耦合在一起,一个良好的设计方案是数据访问组件以接口的形式暴露功能。图7-4展示了数据访问层的合理设计方案,业务逻辑对象本身不会处理数据访问,而是将数据访问任务委托给数据访问对象。业务逻辑对象通过接口来访问DAO组件。这样做会有两个好处。第一,业务逻辑对象易于测试,因为它不再与特定的数据访问组件绑定在一起。第二,持久化方式的选择独立于DAO接口,只有数据访问相关的方法通过接口暴露。这样的设计更加灵活,并且切换数据访问层的实现技术不会对应用程序的其他部分产生影响。如果将数据访问层的实现细节渗透到应用程序的其他部分,那么整个应用程序将与数据访问层耦合在一起,从而使得设计僵化。

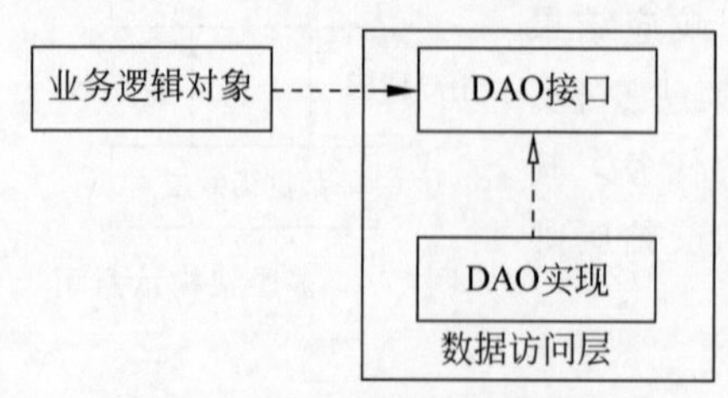

图7-4 数据访问层的设计方案

针对数据访问层,本例使用Druid数据库连接池,配置文件内容见6.4.3节文件6-10。接下来,创建 AccountDao 接口及其实现类，规定用户登录时要执行的数据库操作。由于 DAO 负责数据的存取，它也可被视为 MVC 中的 M(模型)。AccountDao 接口的代码此处省略，下面给出接口的实现类代码，如文件 7-2 所示。

【文件 7-2】 AccountDaoImpl. java

```
package com.example.mvcapp.dao;

//其余 import 部分略
import com.example.mvcapp.entity.Account;
import com.example.mvcapp.utils.DruidUtil;

public class AccountDaoImpl implements AccountDao {

    public boolean mayLogin(Account account) {
        Connection conn = null;
        PreparedStatement pstmt = null;
        ResultSet rs = null;
        boolean res = false;
        try {
            conn = DruidUtil.getConnection();
            String sql = "select id, name, pass from account"
                + "where name = ? and pass = ?";
            pstmt = conn.prepareStatement(sql);
            pstmt.setString(1, account.getUsername());
            pstmt.setString(2, account.getPassword());
            rs = pstmt.executeQuery();
            if(rs.next()) {
                res = true;
            }
        } catch(SQLException se) {
            se.printStackTrace();
        } finally {
            DruidUtil.destroy(conn, pstmt, rs);
        }
        return res;
    }
}
```

4. 创建 Service 接口和实现类

业务逻辑层的 Service 组件用于处理用户请求，并返回处理结果，可以被视为 MVC 中的 C(控制器)。业务逻辑层与数据访问层的设计思路类似，需要设计的是 Service 接口及其实现类。这里的 Service 接口代码简单，因此只给出 Service 实现类的代码，如文件 7-3 所示。

【文件 7-3】 AccountServiceImpl. java

```
package com.example.mvcapp.service;

import com.example.mvcapp.dao.AccountDao;
import com.example.mvcapp.dao.AccountDaoImpl;
```

```
5  import com.example.mvcapp.entity.Account;
6
7  public class AccountServiceImpl implements AccountService {
8      private AccountDao accountDao = new AccountDaoImpl();
9      public boolean mayLogin(Account account) {
10         return accountDao.mayLogin(account);
11     }
12 }
```

如文件 7-3 所示,因为 Service 组件需要数据访问(DAO)组件提供的服务,所以第 8 行将数据访问对象 AccountDao 作为私有属性并实例化。用接口声明是一个良好的设计方案,这里需要注意的是,Service 组件只需要一个能够提供 AccountDao 功能的组件,而非具体指明是哪个组件。如果用下面的代码来声明:

```
private AccountDaoImpl accountDao = new AccountDaoImpl();
```

则这种声明语句指明了具体的组件,显式声明了当前 Service 组件要用到 AccountDaoImpl 组件完成任务,这样会造成两个组件的耦合性增强。

第 8 行的写法降低了组件间的耦合性,并且由于数据持久化的实现由 AccountDaoImpl 组件负责,独立于 AccountDao 组件,由此带来的另一个好处便是在满足 AccountDao 接口要求的情况下,可以灵活替换数据访问组件。

5. 创建 Servlet

Servlet 用于接收用户的请求,并将请求参数封装后交给 Service 组件进一步处理,它也是 MVC 中的 C(控制器)。创建 Servlet 的代码如文件 7-4 所示。

【文件 7-4】 LoginServlet.java

```
package com.example.mvcapp.servlet;

import java.io.IOException;

import com.example.mvcapp.entity.Account;
import com.example.mvcapp.service.AccountService;
import com.example.mvcapp.service.AccountServiceImpl;

//其余 import 部分略

@WebServlet("/LoginServlet")
public class LoginServlet extends HttpServlet {

    private AccountService accountService =
        new AccountServiceImpl();
    private Account account = new Account();

    //此处省略了 doGet()方法

    protected void doPost(HttpServletRequest request,
        HttpServletResponse response)
        throws ServletException, IOException {
```

```
23          String name = request.getParameter("username");
24          String pass = request.getParameter("password");
25          account.setUsername(name);
26          account.setPassword(pass);
27
28          if(accountService.mayLogin(account)){
29              HttpSession session = request.getSession();
30              session.setAttribute("name",name);
31              response.sendRedirect("index.jsp");
32          } else {
33              String msg = "用户名或密码错";
34              request.setAttribute("msg", msg);
35              request.getRequestDispatcher("login.jsp")
36                  .forward(request,response);
37          }
38      }
39  }
```

如文件 7-4 所示,第 23～26 行获取请求参数,并把它们封装到 Account 对象中。第 28～37 行完成用户是否可以正常登录的判断,从而跳转到对应的页面。

6. 创建 JSP

创建表示层组件 JSP,它是 MVC 模式中的 V(视图)。在 src/main/webapp 文件夹下创建名为 login.jsp 的 JSP 文件,设计用户登录界面,代码可参考文件 3-14,此处略。

最后,可以利用浏览器查看程序运行的效果。本例主要向读者展示如何应用 MVC 设计模式开发多层架构的 Web 应用程序,对于数据库保存用户密码的加密问题,用户登录权限的判断问题等都没有涉及,读者可结合过滤器等知识自行完成。

第 8 章 MyBatis

8.1 MyBatis 简介

MyBatis 是 Google Code(谷歌开源项目托管平台)上的一个开源项目,是一个支持普通 SQL 查询、存储过程和高级映射的持久层框架。它几乎消除了 JDBC 的冗余代码,无须手动设置参数和对结果集进行遍历。MyBatis 使用简单的 XML 或注解进行配置,实现原始映射,将接口和 POJO(Plain Ordinary Java Objects,普通 Java 对象)映射成数据库记录。

目前,Java 的持久层框架有很多,常见的有 Hibernate 和 MyBatis。MyBatis 是一个半自动映射框架,因为 MyBatis 需要手动配置 POJO、SQL 和映射关系;而 Hibernate 是一个全表映射框架,只需提供 POJO 和映射关系。相较于 Hibernate 而言,MyBatis 更加小巧、简单。两个持久层框架各有优缺点,开发者应根据项目的实际情况选择。

作为一个持久层框架,MyBatis 要解决的核心问题就是 ORM(Object/Relation Mapping,对象-关系映射)。ORM 是一种程序设计技术,用于解决面向对象程序设计语言里不同数据的类型与关系数据库中数据的类型不匹配的问题。ORM 通过描述 Java 对象与数据库表之间的映射关系,将 Java 对象持久化到关系数据库的表中。ORM 的工作原理如图 8-1 所示。

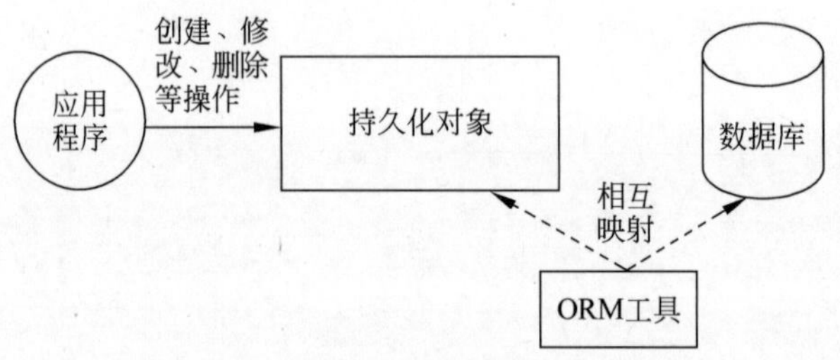

图 8-1 ORM 的工作原理示意图

在学习 MyBatis 之前,有必要了解 MyBatis 的工作流程,以便于理解程序。MyBatis 的工作流程如图 8-2 所示。

(1) 读取 MyBatis 的配置文件。MyBatis 的配置文件名为 mybatis-config. xml。它配置了 MyBatis 的运行环境等信息。

(2) 加载映射文件。映射文件(Mapper. xml)即 SQL 映射文件。该文件配置了操作数据库的 SQL 语句。映射文件需要在 MyBatis 的配置文件中被加载才可以执行。MyBatis 的配置文件可以加载多个映射文件,每个映射文件对应数据库中的一张表。

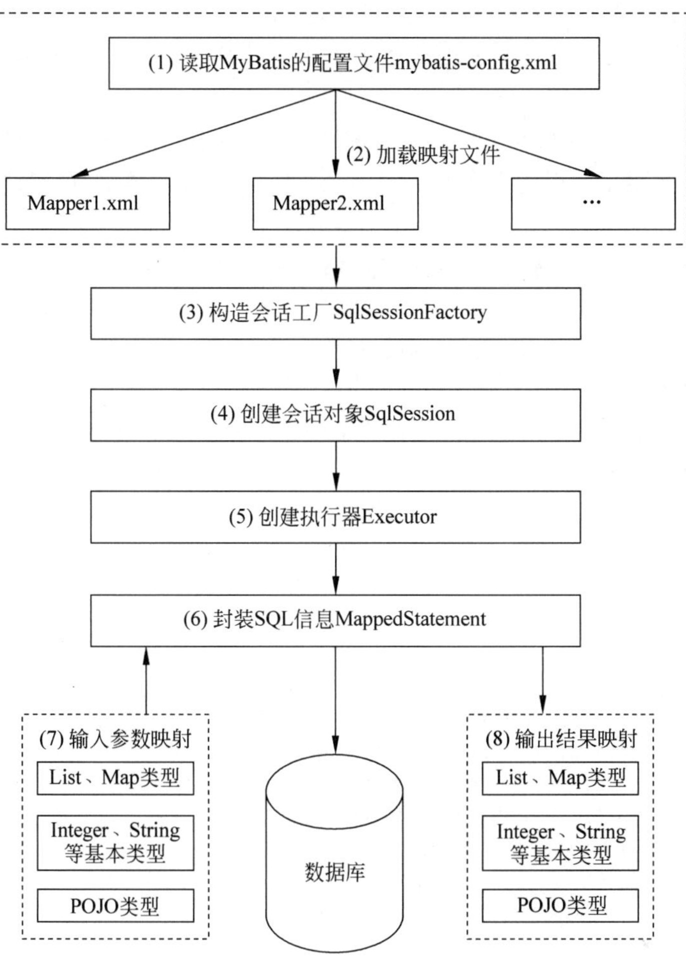

图 8-2　MyBatis 的工作流程

(3) 构造会话工厂。通过 MyBatis 的环境等配置信息构造会话工厂 SqlSessionFactory。其中,SqlSessionFactory 实例由 SqlSessionFactoryBuilder 类创建。SqlSessionFactoryBuilder 类提供了重载方法 build(),该方法借助 XML、注解或 Java 代码构建 SqlSessionFactory 实例。

(4) 创建会话对象。由会话工厂 SqlSessionFactory 创建 SqlSession(org. apache. ibatis. session. SqlSession)对象。SqlSession 是使用 Java 开发 MyBatis 应用程序的最重要的接口。该接口中定义了执行 SQL 语句的所有方法,包括执行 SQL 命令,获取参数,管理事务。可以使用 SqlSessionFactory 接口的 openSession()方法创建 SqlSession 对象。

(5) 创建执行器。会话对象本身不能直接操作数据库,MyBatis 底层定义了一个 Executor 接口来操作数据库。它将根据 SqlSession 传递的参数动态地生成需要被执行的 SQL 语句,同时负责维护查询缓存。

(6) 封装 SQL 信息。在执行器(Executor)接口的执行方法中有一个 MappedStatement 类型的参数,该参数是对映射信息的封装,用于存储要映射的 SQL 语句的 id、参数等信息。执行器会在执行 SQL 语句前,通过 MappedStatement 对象将输入的参数映射到 SQL 语句中。

(7) 输入参数映射。输入参数的类型可以是 List、Map 等集合类型,也可以是基本数据类型和 POJO。输入参数的设置过程类似于 JDBC 对 PreparedStatement 对象设置参数的过程。

(8) 输出结果映射。执行 SQL 语句后,通过 MappedStatement 对象将输出结果映射到 Java 对象中。输出结果映射过程类似于 JDBC 对 ResultSet 对象的解析过程。

视频讲解

8.2 MyBatis 基础案例

本节介绍如何开发一个 MyBatis 基础应用。可遵照以下步骤进行。

1. 准备数据表

在 MySQL 中创建数据库 mybatis,并在 mybatis 数据库中创建表 tb_team。语句如下:

```
#创建名为 mybatis 的数据库
create database mybatis;
#打开 mybatis 数据库
use mybatis;

#创建名为 tb_team 的表
CREATE TABLE `tb_team` (
  `id` int NOT NULL AUTO_INCREMENT,
  `name` varchar(50) DEFAULT NULL COMMENT '球队名称',
  `coach` varchar(20) DEFAULT NULL COMMENT '球队主教练',
  `stadium` varchar(10) DEFAULT NULL COMMENT '球队主场',
  `address_id` int DEFAULT NULL COMMENT '注册地址编号',
  PRIMARY KEY (`id`)
) ENGINE = InnoDB AUTO_INCREMENT = 1 DEFAULT CHARSET = utf8mb3

#向 team 表中添加两条数据
insert into tb_team values(1,'Juventus F.C.','LiBai','E',2), (2,'Manchester United F.C.',
'LiuZongYuan','A',1);
```

2. 创建项目并引入相关依赖

创建一个 Maven 项目,并引入 4 个相关 jar 包,分别是 MyBatis 3.5.9 核心包,用于单元测试的 JUnit 4.10 包,用于 MyBatis 输出日志信息的 SLF4J 和 Logback 1.2.10 包,MySQL 8.0.28 Java 驱动程序包。修改 pom.xml 文件,加入如下依赖:

```
<dependency>
    <groupId>org.mybatis</groupId>
    <artifactId>mybatis</artifactId>
    <version>3.5.9</version>
</dependency>
<dependency>
    <groupId>junit</groupId>
    <artifactId>junit</artifactId>
    <version>4.10</version>
    <scope>test</scope>
</dependency>
```

```
<dependency>
    <groupId>ch.qos.logback</groupId>
    <artifactId>logback-classic</artifactId>
    <version>1.2.10</version>
</dependency>
<dependency>
    <groupId>mysql</groupId>
    <artifactId>mysql-connector-java</artifactId>
    <version>8.0.28</version>
</dependency>
```

3. 创建日志配置文件

为方便程序调试，开发者经常需要在控制台输出 SQL 语句。这就需要配置 MyBatis 的输出日志。本书采用 SLF4J 和 Logback 构建日志系统。可以在 src/main/resources 目录下创建一个 logback.xml 的文件，作为 Logback 的配置文件，如文件 8-1 所示。

【文件 8-1】 logback.xml

```
1  <?xml version="1.0" encoding="UTF-8"?>
2  <!DOCTYPE configuration>
3  <configuration>
4    <appender name="stdout"
5  class="ch.qos.logback.core.ConsoleAppender">
6      <encoder>
7        <pattern>%5level [%thread] - %msg%n</pattern>
8      </encoder>
9    </appender>
10   <logger name="com.example.mybatis.mapper">
11     <level value="debug"/>
12   </logger>
13   <root level="error">
14     <appender-ref ref="stdout"/>
15   </root>
16 </configuration>
```

在文件 8-1 中的第 10 行设置了输出日志的包为 com.example.mybatis.mapper。即执行该包中的代码时，MyBatis 会在控制台输出日志信息。根据调试需要，可以扩大或缩小(可以指定日志输入范围为某个包中的某个类)输出日志的范围。

4. 创建数据库连接配置文件

数据库连接的参数可以用 properties 文件实现动态配置。即由核心配置文件读取 properties 文件中的配置参数值，进而完成数据库连接设置。在 src/main/resources 目录下创建 db.properties 文件，内容如文件 8-2 所示。

【文件 8-2】 db.properties

```
driver = com.mysql.cj.jdbc.Driver
url = jdbc:mysql://localhost:3306/mybatis?serverTimezone=UTC
username = root
password = 1234
```

5. 创建 MyBatis 配置文件

MyBatis 的配置文件主要用于项目的环境配置,如数据库连接的相关配置等。配置文件可任意命名,本书将其命名为 mybatis-config. xml。在 src/main/resources 下创建配置文件,内容如文件 8-3 所示。

【文件 8-3】 mybatis-config. xml

```
1  <?xml version = "1.0" encoding = "UTF - 8"?>
2  <! DOCTYPE configuration
3    PUBLIC " - //mybatis.org//DTD Config 3.0//EN"
4    "http://mybatis.org/dtd/mybatis - 3 - config.dtd">
5  < configuration >
6    < properties resource = "db.properties" />
7    < environments default = "development">
8      < environment id = "development">
9        < transactionManager type = "JDBC"/>
10       < dataSource type = "POOLED">
11         < property name = "driver" value = " $ {driver}"/>
12         < property name = "url" value = " $ {url}"/>
13         < property name = "username" value = " $ {username}"/>
14         < property name = "password" value = " $ {password}"/>
15       </dataSource >
16     </environment >
17   </environments >
18 </configuration >
```

其中,第 2～4 行为配置文件的约束信息,第 6 行用于加载数据库连接配置文件,第 9 行用于配置事务管理器,第 10 行使用 JDBC DataSource 接口构建数据库连接池,第 11～14 行用于配置数据库连接池的核心参数。

6. 创建持久化类

持久化类用于封装应用程序要操作的数据。注意持久化类的属性类型应与数据库表中对应的字段类型相匹配。持久化类的属性名字可以与数据库表中字段的名字一致(非必须)。在 src/main/java 目录下创建 com. example. mybatis. entity 包,并在包中创建 Team 类,代码如文件 8-4 所示。

【文件 8-4】 Team. java

```
package com.example.mybatis.entity;

public class Team {
    private Integer id;
    private String name;
    private String coach;
    private String stadium;
    private int addressId;

    //此处省略了 Getters/Setters 方法
    //此处省略了 toString()方法
}
```

7. 创建映射文件

在 src/main/java 目录下创建一个包 com. example. mybatis. mapper,并创建一个名为 TeamMapper. xml 的映射文件。该文件主要用于配置 SQL 语句和 Java 对象之间的映射,使得被 SQL 语句查询出来的结果能够被映射为 Java 对象。一个项目可以有多个映射文件,每个实体类都可以有与其对应的映射文件。映射文件通常使用"持久化类的名字+Mapper"的方式命名。TeamMapper. xml 的内容如文件 8-5 所示。

【文件 8-5】 TeamMapper. xml

```
1  <?xml version = "1.0" encoding = "UTF - 8" ?>
2  <! DOCTYPE mapper
3    PUBLIC " - //mybatis.org//DTD Mapper 3.0//EN"
4    "http://mybatis.org/dtd/mybatis - 3 - mapper.dtd">
5  < mapper namespace = "com.example.mybatis.mapper">
6    < select id = "selectAllTeam"
7            resultType = "com.example.mybatis.entity.Team">
8      select id,name,coach,stadium from tb_team
9    </select >
10 </mapper >
```

其中,第 2～4 行是映射文件的约束信息,第 5 行是根元素< mapper >的声明,属性 namespace 用于标识映射文件。一般来讲,要定义一个 DAO 接口,并用 namespace 来指定这个 DAO 接口的全限定名。本例中没有定义相关接口,此处的 namespace 属性只是用包名来填充。第 6～9 行的< select >元素用于编写 SQL 查询语句。其中,< select >的 id 属性是该 SQL 语句的唯一标识,Java 代码通过 id 值找到对应的 SQL 语句。resultType 属性声明 SQL 查询语句的返回结果会被映射为 Team 类型。第 8 行为要执行的 SQL 语句,从提升程序性能角度考虑,不建议写"select * from…"这种结构,而是将"*"替换为要查找的字段列表。

8. 修改配置文件

映射文件需要与配置文件关联,这样才可以在读取配置文件时加载映射文件。修改文件 8-3,在第 17 行和第 18 行之间加入对映射文件的引用,代码如下:

```
< mappers >
    < mapper resource =  "com/example/mybatis/mapper/TeamMapper.xml"/>
</mappers >
```

9. 编写测试类

最后,在 src/test/java 目录下创建 com. example. demo. test 包,并在该包中创建一个测试类 TeamDemoTest,测试代码如文件 8-6 所示。

【文件 8-6】 TeamDemoTest. java

```
package com.example.demo.test;

import java.io.IOException;
import java.io.InputStream;
import java.util.List;

```

```
7   import org.apache.ibatis.io.Resources;
8   import org.apache.ibatis.session.SqlSession;
9   import org.apache.ibatis.session.SqlSessionFactory;
10  import org.apache.ibatis.session.SqlSessionFactoryBuilder;
11  import org.junit.Test;
12
13  import com.example.mybatis.entity.Team;
14
15  public class TeamDemoTest {
16      @Test
17      public void testSelectAllTeam() {
18          InputStream is = null;
19          SqlSession session = null;
20          try {
21                  //读取配置文件
22                  is = Resources.getResourceAsStream("mybatis-config.xml");
23                  //创建会话工厂
24                  SqlSessionFactory sf  =
25                      new SqlSessionFactoryBuilder().build(is);
26                  //获取会话对象
27                  session = sf.openSession();
28                  //执行 SQL 语句
29                  List<Team> teams = session.selectList(
30                      "com.example.mybatis.mapper.selectAllTeam");
31                  //遍历结果对象集合
32                  teams.forEach(System.out::println);
33          } catch (IOException e) {
34              e.printStackTrace();
35          } finally {
36          //关闭会话
37          if(session!= null)
38              session.close();
39          if(is!= null)
40              try {
41                  is.close();
42              } catch (IOException e) {
43                  e.printStackTrace();
44              }
45          }
46      }
47  }
```

其中,第 29～30 行找到映射文件的<mapper>元素的子元素<select>,并执行<select>中的 SQL 语句。具体过程为:首先通过<mapper>元素的 namespace 属性找到对应的<mapper>,在通过<mapper>的子元素的 id 属性找到对应的子元素,并执行其中的 SQL 语句。由于要执行的是查询语句,并且该查询语句可能返回一组数据,因此调用的是 SqlSession 接口的 selectList()方法。执行此测试代码,会在控制台输出当前 tb_team 表中的全部记录,如图 8-3 所示。

```
DEBUG [main] - ==>  Preparing: select id,name,coach,stadium from tb_team
DEBUG [main] - ==> Parameters: 
TRACE [main] - <==    Columns: id, name, coach, stadium
TRACE [main] - <==        Row: 1, Juventus F.C., LiBai, E
TRACE [main] - <==        Row: 2, Manchester United F.C., LiuZongYuan, A
DEBUG [main] - <==      Total: 2
Team [id=1, name=Juventus F.C., coach=LiBai, stadium=E]
Team [id=2, name=Manchester United F.C., coach=LiuZongYuan, stadium=A]
```

图 8-3　输出当前 tb_team 表中的全部记录

8.3　MyBatis 配置

8.3.1　MyBatis 核心配置

MyBatis 的核心配置文件用于 MyBatis 参数设置，这些信息一般会配置在一个文件中，并且不轻易改变。另外，在 MyBatis 与 Spring 整合后，MyBatis 的核心配置信息将被配置到 Spring 中。因此，实际开发中需要编写或修改 MyBatis 的核心配置文件的情况并不常见。MyBatis 核心配置文件的主要元素如图 8-4 所示。

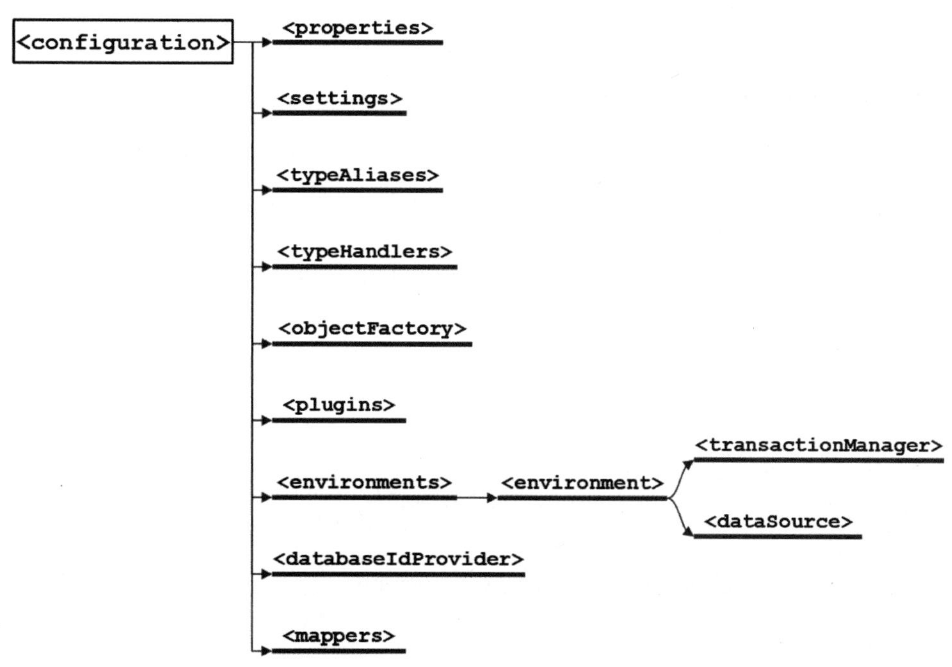

图 8-4　MyBatis 核心配置文件的主要元素

图 8-4 中< configuration >元素是配置文件的根元素。< configuration >的所有子元素的配置顺序必须按照图 8-4 中列出的顺序从上到下进行。一旦颠倒顺序，MyBatis 启动阶段将发生异常。

8.3.2　< properties >标记

< properties >标记用来读取外部配置文件的信息。例如，可以将数据库连接的配置信

息写入外部的 properties 文件,假设配置文件名字为 db.properties,部分内容如下:

```
driver = com.mysql.cj.jdbc.Driver
url = jdbc:mysql://localhost:3306/mybatis?serverTimezone = UTC
username = root
password = 1234
```

如果要获取数据库的连接信息,可以使用< properties >标记加载 db.properties 文件,如:

```
<properties resource = "db.properties" />
```

并通过< property >标记读取需要动态配置的值,示例代码如下(可参考文件 8-3):

```
<dataSource type = "POOLED">
  <property name = "driver" value = " ${driver}"/>
  …
</dataSource>
```

8.3.3 < settings >标记

< settings >标记主要用于设置 MyBatis 的运行时参数,例如开启二级缓存,开启延迟加载等。这些参数往往不需要开发人员配置。关于配置二级缓存的内容,详见 8.7.2 节。

8.3.4 < typeAliases >标记

MyBatis 如果要引用一个持久化类,需要给出这个持久化类的全限定名。< typeAliases >标记可以为持久化类的全限定名提供一个简短的别名,进而简化操作。为持久化类声明别名有两种方式。

(1) 在< typeAliases >标记下,使用多个< typeAlias >标记为每个持久化类逐个配置别名,示例代码如下:

```
<typeAliases>
    <typeAlias alias = "Student"
        type = "com.example.mybatis.entity.Student"/>
    <typeAlias alias = "Teacher"
        type = "com.example.mybatis.entity.Teacher"/>
</typeAliases>
```

(2) 通过自动扫描包的形式定义别名,示例代码如下:

```
<typeAliases>
    <package name = "com.example.mybatis.entity" />
</typeAliases>
```

按照上述代码配置后,MyBatis 会自动扫描< package >标记的 name 属性指定的包 com.example.mybatis.entity,并自动将该包下的所有持久化类以首字母小写的类名作为别名。例如,它会给类 com.example.mybatis.entity.Student 设置别名 student。

8.3.5 < plugins >标记

< plugins >标记用来声明 MyBatis 拦截器。MyBatis 允许在映射语句执行过程中的某

一点进行拦截调用。拦截器是针对 MyBatis 的 4 大组件（StatementHandler、ResultSetHandler、ParameterHandler、Executor）做增强操作的。MyBatis 拦截器的实现机理是基于动态代理机制对目标方法进行拦截，在目标方法执行前后做一些增强操作，其功能类似于 Servlet 规范中的过滤器。开发 MyBatis 拦截器，可以分为以下 3 步。

1. 定义一个拦截器类

自定义的拦截器类要实现 Interceptor（org.apache.ibatis.plugin.Interceptor）接口。并使用@Intercepts 注解将其标注为拦截器类，使用@Signature 注解指定要拦截的方法（目标方法）的签名。其中，@Signature 注解的 type 属性指定拦截的目标组件，method 属性指定目标方法的名字，目标组件和目标方法的对应关系如表 8-1 所示。args 属性则指定目标方法的参数。例如，关于 ExamplePlugin 拦截器类的声明如下：

```
@Intercepts({@Signature(
  type= Executor.class,
  method = "update",
  args = {MappedStatement.class,Object.class})})
public class ExamplePlugin implements Interceptor {
    ...
}
```

其中，type 属性指定的目标组件为 Executor，method 属性指定的目标方法为 update（执行插入、修改和删除操作统一称为 update）。args 属性指定目标方法的参数。Executor 接口的 update()方法的原型为：

```
int update(MappedStatement ms, Object parameter)
```

表 8-1　目标组件和目标方法

目标组件	目标方法
Executor	update()、query()、flushStatements()、commit()、rollback()、getTransaction()、close()、isClosed()
ParameterHandler	getParameterObject()、setParameters()
ResultSetHandler	handleResultSets()、handleOutputParameters()
StatementHandler	prepare()、parameterize()、batch()、update()、query()

2. 编写拦截器代码

本节使用拦截器的目的是计算查询语句的执行时间。因此，要在查询语句执行前后分别计时，然后计算出查询语句执行的时长。拦截器代码如文件 8-7 所示。

【文件 8-7】 SqlLogPlugin.java

```
package com.example.mybatis.util;

import java.sql.Statement;

import org.apache.ibatis.executor.statement.StatementHandler;
import org.apache.ibatis.plugin.Interceptor;
import org.apache.ibatis.plugin.Intercepts;
import org.apache.ibatis.plugin.Invocation;
```

```
import org.apache.ibatis.plugin.Signature;
import org.apache.ibatis.session.ResultHandler;

@Intercepts({
@Signature(type = StatementHandler.class, method = "query",
    args = {Statement.class, ResultHandler.class})
})
public class SqlLogPlugin implements Interceptor {
    public Object intercept(Invocation invocation) throws Throwable {
        long endTime;
        Object returnObject = null;
        //开始计时
        long startTime = System.currentTimeMillis();
        try {
                //执行目标类的目标方法
                returnObject = invocation.proceed();
        } finally {
                //结束计时
                endTime = System.currentTimeMillis();
                //输出执行时长,单位为毫秒
                System.out.println("执行 SQL 花费{"
                    + (endTime - startTime) + "}ms");
        }
        return returnObject;
    }
}
```

3. 配置拦截器

在 MyBatis 的配置文件中加入拦截器声明即可,代码如下:

```
<plugins>
    <plugin interceptor =
        "com.example.mybatis.util.SqlLogPlugin">
    </plugin>
</plugins>
```

拦截器作为 MyBatis 的重要组件,对于实现 SQL 增强、日志管理、异常处理、自动分页等功能都是不错的选择。

8.3.6 <environments>标记

<environments>标记是环境配置标记。MyBatis 可以配置多套运行环境,如开发环境、测试环境、生产环境等,可以供开发、测试和维护人员通过灵活选择不同的配置,将 SQL 映射到不同环境的数据库中。不同的运行环境可以通过不同的<environment>标记来配置,不管增加几套运行环境,都必须要明确选择出当前使用的唯一的运行环境。环境配置的示例代码如下:

```
<environments default = "development">
  <environment id = "development">
    <transactionManager type = "JDBC">
      <property name = "..." value = "..."/>
    </transactionManager>
```

```
    <dataSource type = "POOLED">
      <property name = "driver" value = " $ {driver}"/>
      <property name = "url" value = " $ {url}"/>
      <property name = "username" value = " $ {username}"/>
      <property name = "password" value = " $ {password}"/>
    </dataSource>
  </environment>
</environments>
```

其中,< environments >标记的 default 属性指定默认环境的 id。< environments >元素可以包括多个< environment >子元素。每个 < environment > 元素定义一个环境配置,并指定该环境的 id。环境可以被任意命名,但务必保证默认的环境 id 要匹配其中一个环境 id。MyBatis 的运行环境信息包括事务管理器和数据源。< environment >的两个子标记 < transactionManager >和< dataSource >分别用来定义事务管理器和数据源。

8.3.7 < mappers >标记

< mappers >标记用于引入 MyBatis 的映射文件。映射文件包含了持久化对象和数据表之间的映射信息。MyBatis 通过核心配置文件的< mappers >标记找到映射文件并解析其中的映射信息。通过< mappers >标记引入映射文件的方法有 4 种。

1) 类路径引入

```
<mappers>
    <mapper resource = "org/mybatis/builder/AuthorMapper.xml"/>
</mappers>
```

2) 文件路径引入

```
<mappers>
    <mapper url = "file:///D:/mappers/AuthorMapper.xml"/>
</mappers>
```

3) 接口引入

需要指定映射器接口,映射文件与接口在同一个包中,并且映射文件名与接口名一致。

```
<mappers>
    <mapper class = "org.mybatis.builder.AuthorMapper"/>
</mappers>
```

4) 包名引入

要求同 3),将包内的映射文件全部注册为映射器。

```
<mappers>
    <package name = "org.mybatis.builder"/>
</mappers>
```

8.4 MyBatis 映射

映射器是 MyBatis 最复杂也是最重要的组件。映射器由一个接口和一个 SQL 映射文件组成。MyBatis 的强大之处就在于可配置的 SQL 映射语句。相比于 JDBC,MyBatis 可以使SQL映射配置的代码量大大减少，由于MyBatis关注于SQL语句，这使得开发人员可以最大限度地进行SQL调优，以提升性能。

在MyBatis映射文件中，<mapper>是映射文件的根标记，它的一级子标记如表8-2所示。

表8-2 MyBatis的映射文件中的标记

标　记	说　明
<cache>	给定命名空间的缓存配置
<cache-ref>	从另一个命名空间引用缓存配置
<resultMap>	描述如何从数据库查询结果集中加载对象
<sql>	可以被其他语句引用、可重用的SQL语句块
<insert>	用于映射INSERT语句
<update>	用于映射UPDATE语句
<delete>	用于映射DELETE语句
<select>	用于映射SELECT语句

关于<cache>和<cache-ref>标记，将在8.7.2节介绍，本节介绍表8-2中的其余标记。

8.4.1 <select>标记

<select>标记是<mapper>标记的最常用的子标记，它用于映射查询语句。<select>标记可以从数据库中查询数据并返回结果。使用<select>标记映射SELECT语句非常简单，例如：

```
<select id = "selectPerson" parameterType = "int"
    resultType = "hashmap">
      SELECT field1, field2, … ,fieldn FROM PERSON WHERE ID = #{id}
</select>
```

上述select标记的id属性用于标识SELECT语句，接收一个整型量作为参数，返回结果为hashmap。参数#{id}是一个预处理参数，在JDBC中，预处理参数由"?"标识。<select>标记还有其他一些属性需要配置，具体如表8-3所示。

表8-3 <select>标记的属性

属　性	说　明
id	当前命名空间中可用于引用此语句的唯一标识
parameterType	指定传入SQL语句的参数的(类的)全限定名或别名。是一个可选属性。MyBatis可通过TypeHandler计算出传入的实际参数的类型
resultType	指定执行SQL语句后返回的类的全限定名或别名。如果结果是集合，则应指定集合中包含的类型，而不是集合类型本身
resultMap	建立查询结果与持久化类之间的映射，resultMap与resultType不可同时使用，也可以两个都不用
flushCache	执行当前SELECT语句后，如果该属性取值为true，则清空本地和二级缓存。默认值：false
useCache	如果该属性值为true，则查询语句的执行结果将被存入二级缓存。默认值：true
timeout	设置超时参数，单位：s。默认值：unset

续表

属　　性	说　　明
fetchSize	设置获取记录的总条数，默认值：unset
statementType	取值为 STATEMENT、PREPARED 或 CALLABLE，分别对应 JDBC 中的 Statement，PreparedStatement 或 CallableStatement
resultSetType	取值可以为：FORWARD_ONLY，SCROLL-SENSITIVE，DEFAULT，SCROLL_INSENSITIVE

8.4.2 <insert>、<update>和<delete>标记

<insert>、<update>和<delete>标记分别用于映射 INSERT、UPDATE 和 DELETE 语句。以下是应用这 3 个标记映射对应语句的例子：

```
<insert id="insertAuthor">
  insert into Author (id,username,password,email,bio)
  values (#{id},#{username},#{password},#{email},#{bio})
</insert>

<update id="updateAuthor">
  update Author set
    username = #{username},
    password = #{password},
    email = #{email},
    bio = #{bio}
    where id = #{id}
</update>

<delete id="deleteAuthor">
  delete from Author where id = #{id}
</delete>
```

其中，#{参数名}表示预处理参数。<insert>、<update>和<delete>标记的属性大致相同，具体如表 8-4 所示。

表 8-4　<insert>、<update>和<delete>标记的属性

属　　性	说　　明
id	当前命名空间中对语句的唯一标识
parameterType	传递给语句的参数的全限定名或别名，此属性是可选的，因为 MyBatis 可通过 TypeHandler 计算出传递给语句的实际参数类型
flushCache	如果此属性取值为 true，则当语句被调用时刷新本地和二级缓存。对于<insert>、<delete>和<update>标记，此属性默认值：true
timeout	设置超时时长，单位：s。默认值：unset(依赖于驱动)
statementType	取值为 STATEMENT、PREPARED 或 CALLABLE，分别对应 JDBC 中的 Statement，PreparedStatement 或 CallableStatement
useGeneratedKeys	适用于<insert>和<update>标记，调用 JDBC 的 getGeneratedKeys()方法来获取由数据库内部产生的主键，默认值：false

续表

属　性	说　明
keyProperty	适用于< insert >和< update >标记。用来标识一个属性,MyBatis 将主键值设置于该属性。其中的主键值由调用 getGeneratedKeys()方法或 INSERT 语句中的子标记< selectKey >返回
keyColumn	适用于< insert >和< update >标记,设置哪一列是主键

通常,在执行插入操作时,需要获取插入成功的数据生成的主键值。不同类型的数据库获取主键的方式不同。对于支持主键自动增长的数据库,如 MySQL、SQLServer,可以将 useGeneratedKeys 属性设置为 true,并且将 keyProperty 属性设置为持久化类的相应属性(通常用 id 属性),用于接收主键值,例如,在向 Author 表插入记录后,由持久化类的 id 属性接收相应的主键值:

```
< insert id = "insertAuthor" useGeneratedKeys = "true"
    keyProperty = "id">
  insert into Author (username,password,email,bio)
  values (#{username}, #{password}, #{email}, #{bio})
</insert >
```

对于不支持主键自动增长的数据库(如 Oracle),或支持主键增长的数据库取消了主键自增的规则,可以使用< insert >标记的子标记< selectKey >来自定义主键。例如:

```
< insert id = "insertAuthor">
    < selectKey keyProperty = "id" resultType = "int" order = "BEFORE">
        select CAST(RANDOM() * 1000000 as INTEGER) a
        from SYSIBM.SYSDUMMY1
    </selectKey >
    insert into Author (id, username, password, email,bio,
        favourite_section)
    values (#{id}, #{username}, #{password}, #{email}, #{bio},
        #{favouriteSection,jdbcType = VARCHAR})
</insert >
```

执行上述代码时,< selectKey >部分会先执行,通过自定义的语句来设置表中的主键。如果将< selectKey >标记的 order 属性值设置为 AFTER,那么 MyBatis 将先执行 INSERT 语句,再来执行< selectKey >中配置的内容。

8.4.3 < sql >标记

< sql >标记的作用是定义可重复使用的 SQL 代码片段,它可以被包含在其他的语句中。< sql >标记可以被静态地(在加载阶段)参数化,< sql >标记的属性值随包含对象的不同而发生变化。例如,定义一个包含 id、name、password 字段的代码片段:

```
< sql id = "userColumns">
    ${alias}.id, ${alias}.username, ${alias}.password
</sql >
```

这个代码片段可以包含在其他语句中使用,如 SELECT、UPDATE 语句等。例如,可以将其用在 SELECT 语句中:

```
<select id = "selectUsers" resultType = "map">
  select
    <include refid = "userColumns">
        <property name = "alias" value = "t1"/>
    </include>,
    <include refid = "userColumns">
        <property name = "alias" value = "t2"/>
    </include>
  from some_table t1 cross join some_table t2
</select>
```

在上述代码中,<include>标记的 refid 属性引用了自定义的代码段,refid 属性的值为自定义代码片段的 id。即相当于执行下述 SQL 语句：

```
select t1.id,t1.username,t1.password,
t2.id,t2.username,t2.password
from some_table t1 cross join some_table t2
```

使用<property>标记将<sql>参数化,<sql>标记中的属性值随包含的对象不同而发生变化。

8.4.4 <resultMap>标记

<resultMap>标记表示结果集映射,是 MyBatis 中最重要也是功能最强大的标记。<resultMap>标记的主要作用是定义映射规则,更新级联和定义类型转换器。

默认情况下,MyBatis 程序在运行时会自动将查询到的数据与持久化对象的属性进行匹配赋值(数据表中的字段名字与对象的属性名完全一致)。然而在项目开发中,数据表中的字段和持久化对象的属性名字可能不会完全一致,这种情况下 MyBatis 就不会自动赋值。此时就需要使用<resultMap>标记进行结果映射。例如,某持久化类定义如下：

```
package com.someapp.model;
public class User {
  private Integer id;
  private String username;
  private String password;
…
}
```

MyBatis 中用<select>标记映射的 SELECT 语句如下：

```
<select id = "selectUsers" resultMap = "userResultMap">
    select user_id, user_name, hashed_password
    from some_table
    where id = #{id}
</select>
```

由上述代码可知,数据库表的字段名字与持久化类的属性名不完全一致,MyBatis 无法做到匹配赋值。针对这一问题,在<select>标记中可使用 resultMap 属性来解决,对应的<resultMap>标记内容如下：

```
<resultMap id = "userResultMap" type = " com.someapp.model.User">
```

```
    <id property = "id" column = "user_id" />
    <result property = "username" column = "user_name"/>
    <result property = "password" column = "hashed_password"/>
</resultMap>
```

8.5 MyBatis 综合案例

在介绍了配置文件、映射文件后,本节将完善 8.2 节的入门程序,用 MyBatis 开发一个球队管理程序实现以下功能。

(1) 根据 id 查询球队信息。

(2) 新增球队信息。

(3) 根据 id 修改球队信息。

(4) 根据 id 删除球队信息。

(5) 查询所有球队信息。

对已有项目可进行如下修改。

1. 增加与映射文件对应的接口

在 com.example.mybatis.mapper 包中创建一个名为 TeamDao 的接口,定义相关的操作方法,内容如文件 8-8 所示。

【文件 8-8】 TeamDao.java

```java
package com.example.mybatis.mapper;

import java.util.List;
import com.example.mybatis.entity.Team;

public interface TeamDao {
    public int addTeam(Team Team);
    public int deleteTeam(Integer id);
    public int updateTeam(Team team);
    public List<Team> listAllTeam();
    public Team findTeamById(Integer id);
}
```

2. 修改配置文件,增加别名

```
<typeAliases>
    <package name = "com.example.mybatis.entity"/>
</typeAliases>
```

这样配置后,MyBatis 会自动扫描 com.example.mybatis.entity 包,并自动将该包下的持久化类名为以首字母小写的方式作为别名。这样,在映射文件中,<select>标记的 resultType 属性可引用其别名。

3. 修改映射文件

在 com.example.mybatis.mapper 包中创建 TeamMapper.xml 映射文件。映射文件应配置 SQL 语句用以实现 DAO 接口定义的功能,即相当于接口的实现类。其中,将<mapper>标记的 namespace 属性设置为 DAO 接口的全限定名,下面给出 TeamMapper.

xml 的部分代码：

```
<mapper name space = "com.example.mybatis.mapper.DeptDao">
  <select id = "findTeamById" resultType = "team">
    select id,name,coach,stadium from tb_team where id = #{id}
  </select>
  <insert id = "addTeam" parameterType = "team" keyProperty = "id"
    useGeneratedKeys = "true">
insert into tb_team(id,name,coach,stadium,address_id)
  values(#{id},#{name},#{coach},#{stadium},#{addressId})
  </insert>
...
</mapper>
```

其中，<mapper>的子标记<select>或<insert>的 id 属性要与 DAO 接口中的方法名相同，parameterType 属性和 resultType 属性也要与接口方法中定义的类型匹配。其余功能代码读者可自行完成。

4. 编写测试代码

SqlSession 接口提供用于执行映射文件中的 SQL 命令的方法，其中常用方法如表 8-5 所示。

表 8-5 SqlSession 接口的常用方法

应用场景	方法原型	说明
执行映射文件中定义在<select>、<insert>等标记中的 SQL 语句	<T> T selectOne(String statement, Object parameter)	通过查询语句获取一个对象或 null。其中 statement 参数为 SELECT 语句的 id，parameter 参数可以为基本数据类型、POJO 或 Map
	<T> T selectOne(String statement)	
	<E> List<E> selectList(String statement, Object parameter)	通过查询语句获取一组对象或 null。其中 statement 参数为 SELECT 语句的 id，parameter 参数可以为基本数据类型、POJO 或 Map
	<E> List<E> selectList(String statement)	
	<T> Cursor<T> selectCursor(String statement, Object parameter)	通过查询语句获取对象。其中 Cursor 为 MyBatis 提供的接口，其作用与 java. util. List 相同。其中 statement 参数为 SELECT 语句的 id，parameter 参数可以为基本数据类型、POJO 或 Map
	<T> Cursor<T> selectCursor(String statement)	
	<K, V> Map<K, V> selectMap(String statement, Object parameter, String mapKey)	selectMap 是一种特殊情况，它可根据结果对象中的一个属性将结果列表转换为 Map 对象
	<K, V> Map<K, V> selectMap(String statement, String mapKey)	
	int insert(String statement, Object parameter)	执行 INSERT 语句，返回受到影响的行数
	int insert(String statement)	
	int update(String statement, Object parameter)	执行 UPDATE 语句，返回受到影响的行数
	int update(String statement)	
	int delete(String statement, Object parameter)	执行 DELETE 语句，返回受到影响的行数
	int delete(String statement)	

续表

应用场景	方法原型	说　明
事务控制	void commit()	执行数据更改(INSERT、DELETE、UPDATE)语句后,将更改提交到数据库
	void commit(boolean force)	
	void rollback()	事务回滚
	void rollback(boolean force)	

在了解了 SqlSession 接口的相关方法后,本节针对查询和添加功能设计测试代码,其余功能的测试代码读者可自行完成。在 src/test/java 目录下创建名为 com.example.demo.test 包,并创建名为 TeamDemoTest 的测试类,代码如文件 8-9 所示。

【文件 8-9】 TeamDemoTest.java

```
package com.example.demo.test;
//其余 import 部分略
import com.example.mybatis.entity.Team;
public class TeamDemoTest {
    private static SqlSessionFactory sf = null;
    @BeforeClass
    public static void init() {
        try {
            InputStream is = Resources.getResourceAsStream("
                  mybatis-config.xml");
              sf = new SqlSessionFactoryBuilder().build(is);
              is.close();
          } catch (IOException e) {
              e.printStackTrace();
          }
    }

    @Test
    public void testSelectAllTeam() {
        SqlSession session = sf.openSession();
        Cursor<Team> teams = session.selectCursor(
            "com.example.mybatis.mapper.TeamDao.listAllTeam");
        teams.forEach(System.out::print);
        session.close();
    }

    @Test
    public void testAddTeam() {
        SqlSession session = sf.openSession();
        Team team = new Team();
        team.setName("Borussia Dortmund");
        team.setCoach("TuFu");
        team.setStadium("A");
        team.setAddressId(4);
        int row = session.insert(
```

```
36                "com.example.mybatis.mapper.TeamDao.addTeam",team);
37            session.commit();
38            session.close();
39            assertEquals(1,row);
40        }
41    }
```

文件 8-9 中的第 9～11 行，采用字节流(也可以采用字符流)的形式读取 MyBatis 的配置文件，根据配置文件的内容创建 SqlSessionFactory 对象。对于后续的测试工作，SqlSessionFactory 对象只需被创建一次。因此，将 init()方法标注为@BeforeClass(第 6 行)。第 19 行的 testSelectAllTeam()方法用来测试列表查询功能。调用 SqlSession 接口的 selectCursor()方法用来执行映射文件中的 SELECT 语句(第 21～22 行)，并利用 Lambda 表达式输出获取的结果(第 23 行)。执行此测试代码，可在控制台查看数据表中的全部记录。此外，在执行数据更改操作(添加、删除、修改)时，要先提交事务，将对数据的修改保存到数据库，再关闭 SqlSession 对象(第 37 和第 38 行)。

8.6 MyBatis 关联映射

视频讲解

在关系数据库中，实体之间存在 3 种关联关系，分别是一对一关联、一对多关联和多对多关联。关联关系的优点是获取关联数据十分方便，但是关联关系过多会增加数据库系统的复杂度，也会降低系统性能。在开发中要根据实际情况判断是否需要使用关联。更新和删除操作的关联关系很简单，用数据库内在机制即可完成。

如表 A 中有一个外键引用了表 B 的主键。当查询表 A 的数据时，通过表 A 的外键将表 B 的相关记录返回，这就是关联查询。本节讲述关联查询的实现。

8.6.1 一对一关联

在日常生活中，一对一关联是十分常见的。例如，一个人只能有一张身份证，一张身份证只能对应一个人；一位学生只有一张校园卡，一张校园卡也只能属于一位学生。

在 MyBatis 的映射文件中，利用<resultMap>标记的子标记<association>来处理一对一关联。<association>标记的常用属性如表 8-6 所示。

表 8-6 <association>标记的常用属性

属　性	说　明
property	指定映射到实体类的属性名，与表字段一一对应
javaType	指定映射到实体类的属性的 Java 类型
jdbcType	指定数据表中对应的字段的数据库类型
typeHandler	指定一个类型处理器
column	指定表中对应的字段
select	指定引入嵌套子查询的 SQL 语句，用于关联映射中的嵌套查询
fetchType	指定在关联查询时是否启用延迟加载，取值为 lazy 或 eager，默认值：lazy(延迟加载)

下面以球队和球队注册地之间的一对一关联为例，讲解 MyBatis 中一对一关联查询的实现方法，步骤如下所述。

1. 创建数据表

本案例需要两张数据表，一张是球队信息表 tb_team，此处沿用 8.2 节的 tb_team 表；另一张是注册地址信息表 tb_address，向两张表各插入两条数据，对应的 SQL 语句如下：

```
#创建 tb_address 表
CREATE TABLE `tb_address` (
  `id` int(11) NOT NULL AUTO_INCREMENT,
  `city` varchar(20) DEFAULT NULL,
  `country` varchar(20) DEFAULT NULL,
  PRIMARY KEY (`id`)
) ENGINE = InnoDB AUTO_INCREMENT = 1 DEFAULT CHARSET = utf8mb3;

#插入两条数据
insert into tb_address(city,country)
    values('Shanghai','China'),('Shenzhen','China');
```

向 tb_team 表中插入数据的语句见 8.2 节。

2. 创建持久化类

在 com.example.mybatis.entity 包下创建持久化类 Address，用于封装注册地址信息，代码如文件 8-10 所示。

【文件 8-10】 Address.java

```java
package com.example.mybatis.entity;
public class Address {
    private Integer id;
    private String city;
    private String country;
    //此处省略了 Getters/Setters 方法
    //为了方便查看结果,此处重写了 toString()方法,代码略
}
```

修改 8.2 节的 Team 的持久化类，将 Address 对象作为 Team 的属性，相应地修改 Team 类的 toString()方法，代码如文件 8-11 所示。

【文件 8-11】 Team.java

```java
package com.example.mybatis.entity;

public class Team {
    private Integer id;
    private String name;
    private String coach;
    private String stadium;
    private Address address;

    //此处省略了 Getters/Setters 方法
    //为便于查看结果,重写 toString()方法,代码略
}
```

3. 创建 DAO 接口

在 com. example. mybatis. mapper 包中创建一个名为 TeamDao 的接口，并规定根据球队 id 查询球队信息及其注册地址的方法，代码如文件 8-12 所示。

【文件 8-12】 TeamDao. java

```
package com.example.mybatis.mapper;

import com.example.mybatis.entity.Team;

public interface TeamDao {
    public Team getTeamWithAddress(Integer id);
}
```

4. 创建映射文件

在 com. example. mybatis. mapper 包中创建一个名为 TeamMapper 的映射文件，用于编写一对一关联映射查询的配置信息，内容如文件 8-13 所示。

【文件 8-13】 TeamMapper. xml

```
1  <mapper namespace = "com.example.mybatis.mapper.TeamDao">
2  <select id = "getTeamWithAddress"
3  parameterType = "java.lang.Integer" resultMap = "TeamWithAddressResult">
4      select t.id,t.name,t.coach,t.stadium,
5        a.id as aid, a.city,a.country
6      from tb_team t, tb_address a
7      where t.address_id  =  a.id
8      and t.id  =  #{id}
9    </select>
10
11   <resultMap type = "team" id = "TeamWithAddressResult">
12     <id property = "id" column = "id" />
13     <result property = "name" column = "name" />
14     <result property = "coach" column = "coach" />
15     <result property = "stadium" column = "stadium" />
16     <association property = "address" javaType = "address">
17         <id property = "id" column = "aid" />
18         <result property = "city" column = "city" />
19         <result property = "country" column = "country" />
20     </association>
21   </resultMap>
22 </mapper>
```

如文件 8-13 所示，MyBatis 在进行单表查询结果映射的时候，返回类型可使用 resultType，也可使用 resultMap(第 3 行)。resultType 是直接表示返回类型的，即要求持久化类中的属性名字与查询结果集中的字段名字完全一致。而 resultMap 则是对外部 <resultMap>元素的引用，允许持久化类与查询结果集的字段名字不一致。当使用 MyBatis 映射关联查询结果时，要使用 resultMap。通常的做法是在与主表对应的持久化类中添加与从表对应的持久化类的引用，如文件 8-11 的第 8 行；然后在映射文件中采用 <association>标记处理对另一个表的字段的查询结果映射，如文件 8-13 的第 16～20 行。

映射文件中的< select >元素用 resultMap 属性指定了结果映射元素。用于映射结果的< resultMap >元素的 id 属性就要与< select >元素的 resultMap 属性值完全相同，如文件 8-13 的第 11 和第 3 行。在 8.5 节案例的步骤 2 中，已在配置文件中使用< typeAliases >标记指定了持久化类所在的包：com. example. mybatis. entity。因此，文件 8-13 的第 11 行的 type 属性和第 16 行的 javaType 属性都可以用该包下的类名小写来替代类的全限定名。

5. 修改配置文件

修改 MyBatis 的配置文件，加入 TeamMapper. xml 文件的引用。

6. 编写测试类

在 src/test/java 目录下创建 com. example. mapping. test 包，并创建测试一个类 TeamMappingTest，部分测试代码如下：

```
@Test
public void findTeamWithAddressTest() {
    SqlSession session = sf.openSession();
    Team team = session.selectOne("com.example.mybatis.mapper
        .TeamDao.getTeamWithAddress",1);
    System.out.print(team);
    session.close();
}
```

运行测试代码，可在控制台查看输出结果，如图 8-5 所示。

```
DEBUG [main] - ==>  Preparing: select t.id,t.name,t.coach,t.stadium,a.id as aid,
a.city,a.country from tb_team t, tb_address a where t.address_id = a.id and t.id = ?
DEBUG [main] - ==> Parameters: 1(Integer)
TRACE [main] - <==    Columns: id, name, coach, stadium, aid, city, country
TRACE [main] - <==        Row: 1, Juventus F.C., LiBai, E, 2, Shenzhen, China
DEBUG [main] - <==      Total: 1
Team [id=1, name=Juventus F.C., coach=LiBai, stadium=E, address=Address [id=2, city=Shenzhen,
country=China]]
```

图 8-5　一对一关联映射查询结果

8.6.2　一对多关联

日常生活中也有许多一对多关联关系，例如一个球队可有多名球员，而一名球员只属于一个球队。对于院系和学生，也满足这个关系。MyBatis 的映射文件中采用< resultMap >标记的子标记< collection >处理一对多关联。< collection >标记的属性与< association >标记的属性基本相同。下面，以院系和学生之间的关系为例，讲解一对多关联查询的实现方法，步骤如下。

1. 创建数据表

本案例需要创建两张表，一张 tb_dept 表用于存放院系信息，一张 tb_student 表用于存放学生信息。向两张表中插入相关数据，执行的 SQL 语句如下：

```
CREATE TABLE `tb_dept` (
  `id` int NOT NULL AUTO_INCREMENT,
  `name` varchar(50) DEFAULT NULL,
  `faculty` int DEFAULT NULL,
  `intro` varchar(200) DEFAULT NULL,
```

```sql
  PRIMARY KEY (`id`)
) ENGINE = InnoDB AUTO_INCREMENT = 1 DEFAULT CHARSET = utf8mb3;

insert into tb_dept(name,faculty,intro)
values('economics',120,'经济管理学院'),
('computer',90,'计算机学院'),('electronics',123,'电气工程学院');

CREATE TABLE `tb_student` (
  `id` int(11) NOT NULL AUTO_INCREMENT,
  `name` varchar(50) DEFAULT NULL,
  `gender` varchar(2) DEFAULT NULL,
  `deptId`  int(11) DEFAULT NULL,
  PRIMARY KEY (`id`)
) ENGINE = InnoDB AUTO_INCREMENT = 1 DEFAULT CHARSET = utf8mb3;

insert into tb_student(name,gender,deptId)
  values('Zhangfei','m',2),('Zhaoyun','f',1),
  ('Wangchao','f',2),('Mahan','m',2);
```

2. 创建持久化类

在 com.example.mybatis.entity 包下分别创建用于封装学生信息和院系信息的持久化类 Student 和 Dept,代码分别如文件 8-14 和文件 8-15 所示。

【文件 8-14】 Student.java

```java
package com.example.mybatis.entity;

public class Student {
    private Integer id;
    private String name;
    private String gender;
    //此处省略了 Getters/Setters 方法
    //此处省略了 toString()方法
}
```

【文件 8-15】 Dept.java

```java
package com.example.mybatis.entity;

import java.util.List;

public class Dept {
    private Integer id;
    private String name;
    private int faculty;
    private String intro;
    private List<Student> stuList;
    //此处省略了 Getters/Setters 方法
    //此处省略了 toString()方法
}
```

3. 创建 DAO 接口

在 com.example.mybatis.mapper 包中创建一个名为 DeptDao 的接口,并规定根据院

系 id 查询院系信息及院系所属学生信息的方法,代码如文件 8-16 所示。

【文件 8-16】 DeptDao. java

```java
package com.example.mybatis.mapper;

import java.util.List;
import com.example.mybatis.entity.Student;

public interface DeptDao {
    public Dept getDeptWithStudentList(Integer deptId);
}
```

4. 创建映射文件

MyBatis 支持两种方式的关联查询,一种是嵌套查询,一种是嵌套结果。其中嵌套查询方式是指使用包含一个或多个子查询的 SQL 语句来返回预期结果。而嵌套结果方式是指使用嵌套结果映射来处理重复的联合结果的子集。对于嵌套结果方式,可以在 com. example. mybatis. mapper 包中创建一个名为 DeptMapper 的映射文件,用于编写一对多关联映射查询的配置信息,内容如文件 8-17 所示。

【文件 8-17】 DeptMapper. xml

```xml
1  <mapper namespace="com.example.mybatis.mapper.DeptDao">
2
3    <select id=" getDeptWithStudentList "
4          resultMap="DeptWithStudentResult">
5      select d.id,d.name,d.faculty,d.intro,
6      s.id as sid,s.name as sname,s.gender
7      from tb_dept d, tb_student s
8      where s.deptId = d.id
9      and d.id = #{id}
10   </select>
11
12   <resultMap id="DeptWithStudentResult" type="dept">
13     <id property="id" column="id" />
14     <result property="name" column="name" />
15     <result property="faculty" column="faculty" />
16     <result property="intro" column="intro" />
17     <collection property="stuList" ofType="student">
18       <id property="id" column="sid"/>
19       <result property="name" column="sname" />
20       <result property="gender" column="gender" />
21     </collection>
22   </resultMap>
23 </mapper>
```

如文件 8-17 所示,在执行关联查询时,会出现列名重复的情况,这时需要利用别名加以区分,如文件 8-17 的第 5～6 行所示。当查询结果为集合类型时,要在< collection >元素的 ofType 属性中指定集合内含的数据类型,如第 17 行所示。

对于嵌套查询方式,需要在第 1 次查询结果的基础上执行一个子查询,通过执行多条简单的 SQL 语句获取所需结果。修改 DeptMapper.xml 文件，增加嵌套查询方式代码如下：

```
1  <select id="getStudentListNestedQuery"
2   resultMap="DeptWithStudentResultNestedQuery">
3       select id,name,faculty,intro
4       from tb_dept
5       where id = #{id}
6  </select>
7
8    <select id="findStudentsById"
9            parameterType="java.lang.Integer" resultType="student">
10      select id as sid, name, gender from tb_student
11      where deptId = #{id}
12   </select>
13
14   <resultMap id="DeptWithStudentResultNestedQuery" type="dept">
15      <id property="id" column="id" />
16      <result property="name" column="name" />
17      <result property="faculty" column="faculty" />
18      <result property="intro" column="intro" />
19      <collection property="students" select="findStudentsById"
20      column="id" ofType="student">
21          <id property="id" column="sid"/>
22          <result property="name" column="sname" />
23          <result property="gender" column="gender" />
24      </collection>
25   </resultMap>
```

其中，第 1～6 行执行主查询，根据参数 #{id} 获取对应的院系信息，执行主查询后再执行由第 19 行的<collection>标记的 select 属性指定的子查询，获取院系对应的学生信息，查询结果由第 14 行的 DeptWithStudentResultNestedQuery 进行映射。

5. 修改配置文件

修改配置文件，增加对 DeptMapper.xml 的引用。

6. 创建测试类

在 com.example.mapping.test 包中创建测试一个类 DeptMappingTest，部分测试代码如下：

```
1  @Test
2  public void findDeptWithStudentTest() {
3  SqlSession session = sf.openSession();
4      List<Student> studentList = session.selectList(
5      "com.example.mybatis.mapper.DeptDao
6              .getDeptWithStudentList",2);
7    studentList.forEach(System.out::println);
8    session.close();
9  }
```

测试代码的第 5 行和第 6 行指定用嵌套结果方式执行查询。如需切换为嵌套查询方式，则应将 getDeptWithStudentList 切换为 getStudentListNestedQuery。分别以嵌套结果和嵌套查询方式执行测试代码,查找编号为 2 的学院的学生列表。为比较两种方式的性能优劣,此处采用了一个自定义的 MyBatis 插件,用于计算 SQL 语句的执行时长(代码见 8.3.5 节)。测试结果如图 8-6 和图 8-7 所示。两种方式都可以得到预期的结果,但性能差异较大。嵌套结果方式耗时 56ms,嵌套查询方式耗时 65ms。

```
DEBUG [main] - ==>  Preparing: select d.id,d.name,d.faculty,d.intro,s.id as
sid,s.name as sname,s.gender from tb_dept d, tb_student s where s.deptId = d.id
and d.id = ?
DEBUG [main] - ==> Parameters: 2(Integer)
TRACE [main] - <==    Columns: id, name, faculty, intro, sid, sname, gender
TRACE [main] - <==        Row: 2, computer, 90, 计算机学院, 1, Zhangfei, m
TRACE [main] - <==        Row: 2, computer, 90, 计算机学院, 3, Wangchao, f
TRACE [main] - <==        Row: 2, computer, 90, 计算机学院, 4, Mahan, m
DEBUG [main] - <==      Total: 3
执行SQL花费{56}ms
Dept [id=2, name=computer, faculty=90, intro=计算机学院, stuList=[Student
[id=1, name=Zhangfei, gender=m], Student [id=3, name=Wangchao, gender=f],
Student [id=4, name=Mahan, gender=m]]]
```

图 8-6　一对多关联查询结果(嵌套结果)

```
DEBUG [main] - ==>  Preparing: select id,name,faculty,intro from tb_dept where
id = ?
DEBUG [main] - ==> Parameters: 2(Integer)
TRACE [main] - <==    Columns: id, name, faculty, intro
TRACE [main] - <==        Row: 2, computer, 90, 计算机学院
DEBUG [main] - ====>  Preparing: select id as sid, name, gender from tb_student
where deptId = ?
DEBUG [main] - ====> Parameters: 2(Integer)
TRACE [main] - <====    Columns: sid, name, gender
TRACE [main] - <====        Row: 1, Zhangfei, m
TRACE [main] - <====        Row: 3, Wangchao, f
TRACE [main] - <====        Row: 4, Mahan, m
DEBUG [main] - <====      Total: 3
执行SQL花费{8}ms
DEBUG [main] - <==      Total: 1
执行SQL花费{57}ms
```

图 8-7　一对多关联查询结果(嵌套查询)

嵌套查询虽然只需构建简单的 SQL 语句,但是它的弊端也比较明显:即存在 $N+1$ 问题。关联的嵌套查询显式得到一个结果集,然后根据这个结果集的每一条记录进行关联查询。假设嵌套查询只有一个(即< resultMap >标记内部只有一个< collection >子标记),查询的结果集返回条数为 N,那么关联查询语句将会被执行 N 次,加上自身返回结果集查询一次,共需要访问数据库 $N+1$ 次。如果 N 比较大,这样的数据库访问开销是非常大的。所以使用嵌套查询时一定要慎重考虑,确保 N 值不会很大。由于嵌套查询会导致数据库访问次数不定,系统开销增大,影响程序性能。在项目开发实践中,并不推荐使用嵌套查询方式。

8.6.3　多对多关联

日常生活中也有大量多对多关联关系,例如电商系统中订单和商品的关系。学生和课程,也满足这个关系。在数据库系统中,多对多关系通常使用一个中间表来维护。即将多对多关系转换为两个一对多关系。例如,在订单与商品的关系中,使用一个中间表(订单-商品表)就可以将多对多关系转换为两个一对多关系。

MyBatis 的映射文件中采用< resultMap >标记的子标记< collection >处理多对多关联。

<collection>标记的属性与<association>标记的属性基本相同。下面,以学生和课程之间的关系为例,讲解多对多关联查询的实现方法。

1. 创建数据表单

本案例需要创建 3 张表,tb_student 表用于存放学生信息(在 8.6.2 节中已建好),tb_course 表用于存放课程信息,tb_stu_course 表存放学生选课信息。向相关表中插入数据,执行的 SQL 语句如下:

```
#创建课程表
CREATE TABLE `tb_course` (
  `id` int(11) NOT NULL AUTO_INCREMENT,
  `name` varchar(50) DEFAULT NULL,
  `credit` int(4) DEFAULT NULL,
  PRIMARY KEY (`id`)
) ENGINE = InnoDB AUTO_INCREMENT = 1 DEFAULT CHARSET = utf8mb3;
#插入相关数据
insert into tb_course(name,credit)
    values('Data Structure',4),('Advanced Math',4),
        ('macro - economics',3),('python programming',3);
#创建学生选课表
CREATE TABLE `tb_stu_course` (
  `id` int(11) NOT NULL AUTO_INCREMENT,
  `stu_id` int(11) DEFAULT NULL,
  `course_id` int(11) DEFAULT NULL,
  PRIMARY KEY (`id`)
) ENGINE = InnoDB AUTO_INCREMENT = 1 DEFAULT CHARSET = utf8mb3;
#插入数据
insert into tb_stu_course(stu_id,course_id)
    values(1,1),(1,2),(1,4),(2,2),(2,3);
```

2. 创建持久化类

在 com.example.mybatis.entity 包中创建用于封装课程信息的持久化类 Course,代码如文件 8-18 所示。

【文件 8-18】 Course.java

```
package com.example.mybatis.entity;

public class Course {
    private Integer id;
    private String name;
    private int credit;
    //此处省略了 Getters/Setters 方法
    //此处省略了 toString()方法
}
```

修改 Student 类,将 Course 类的对象添加为 Student 类的私有属性,代码如下:

```
private List<Course> course;
```

3. 创建 DAO 接口

在 com.example.mybatis.mapper 包中创建一个名为 StudentDao 的接口,并规定用于

查询学生选课信息的方法,代码如文件 8-19 所示。

【文件 8-19】 StudentDao. java

```
package com.example.mybatis.mapper;

import com.example.mybatis.entity.Student;

public interface StudentDao {
    public Student getCourseList(Integer stuId);
}
```

4. 创建映射文件

在 com. example. mybatis. mapper 包中创建一个名为 StudentMapper 的映射文件,用于编写多对多关联查询的配置信息,内容如文件 8-20 所示。

【文件 8-20】 StudentMapper. xml

```
<mapper namespace="com.example.mybatis.mapper.StudentDao">

  <select id="getCourseList"
        resultMap="StudentWithCourseResult">
    select s.id,s.name,s.gender,c.id as cid,
    c.name as cname,c.credit
    from tb_student s, tb_course c, tb_stu_course sc
    where s.id = sc.stu_id
    and sc.course_id = c.id
    and s.id = #{id}
  </select>

  <resultMap id="StudentWithCourseResult" type="student">
    <id property="id" column="id" />
    <result property="name" column="name" />
    <result property="gender" column="gender" />
    <collection property="course" ofType="course">
        <id property="id" column="cid"/>
        <result property="name" column="cname" />
        <result property="credit" column="credit" />
    </collection>
  </resultMap>
</mapper>
```

处理多对多关联仍然采用<collection>标签,细节不再赘述。

5. 修改配置文件

修改配置文件,增加对 StudentMapper. xml 的引用。

6. 创建测试类

在 com. example. mapping. test 包中创建测试一个类 StudentMappingTest,查询 id 为 1 的学生的选课情况,部分测试代码如下:

```
@Test
public void findDeptWithStudentTest() {
```

```
    SqlSession session = sf.openSession();
    List<Student> studentList =
        session.selectList("com.example.mybatis.mapper
        .StudentDao.getCourseList",1);
    studentList.forEach(System.out::println);
    session.close();
}
```

执行此测试代码，控制台输出 id 为 1 的学生的选课情况，如图 8-8 所示。

```
DEBUG [main] - ==>  Preparing: select s.id,s.name,s.gender,c.id as cid,c.name as
cname,c.credit from tb_student s, tb_course c, tb_stu_course sc where s.id = sc.stu_id and
sc.course_id = c.id and s.id = ?
DEBUG [main] - ==> Parameters: 1(Integer)
TRACE [main] - <==    Columns: id, name, gender, cid, cname, credit
TRACE [main] - <==        Row: 1, Zhangfei, m, 1, Data Structure, 4
TRACE [main] - <==        Row: 1, Zhangfei, m, 2, Advanced Math, 4
TRACE [main] - <==        Row: 1, Zhangfei, m, 4, python programming, 3
DEBUG [main] - <==      Total: 3
Student [id=1, name=Zhangfei, gender=m]
```

图 8-8　多对多关联查询结果

8.7　MyBatis 缓存

在项目开发中，对数据库查询的性能要求很高。MyBatis 通过缓存机制来减轻数据库访问的压力，提高程序性能。MyBatis 使用到了两种缓存：本地缓存(Local Cache)和二级缓存(Second Level Cache)。在默认情况下，MyBatis 只开启本地缓存。本地缓存只对同一个 SqlSession 对象可用。二级缓存是映射级别的缓存，与本地缓存相比，二级缓存的范围更大，多个 SqlSession 对象可以共用二级缓存，并且二级缓存可以自定义缓存资源。

8.7.1　本地缓存

MyBatis 的本地缓存是 SqlSession 级别的缓存。每当一个新的 SqlSession 对象(以下称 session)被创建，MyBatis 就会创建一个与之相关联的本地缓存。任何通过 session 执行的查询结果都会被保存在本地缓存中。因此，当再次执行参数相同的查询时，就不需要查询数据库了，只需要从缓存中获取数据即可，从而提高了数据的查询效率。本地缓存会在执行更新操作(添加、修改、删除)、事务提交或回滚，以及关闭 session 时清空。本地缓存存在于每一个 session 中，session 只能访问自己的本地缓存。图 8-9 为基于 session 的本地缓存工作原理示意图。

MyBatis 的本地缓存是默认开启的，不需要做任何配置。默认情况下，本地缓存数据的生命周期等同于整个 session 的生命周期。由于缓存会被用来解决循环引用问题和加快重复嵌套查询的速度，所以无法将其完全禁用。但是可以通过在配置文件的< settings >标记中设置属性 localCacheScope＝STATEMENT 来限制只在语句执行时使用缓存。下面结合 8.5 节的案例来分析 MyBatis 的本地缓存和二级缓存。

为验证 MyBatis 的本地缓存会随着 session 的创建而自动开启，可以在 8.5 节案例的基

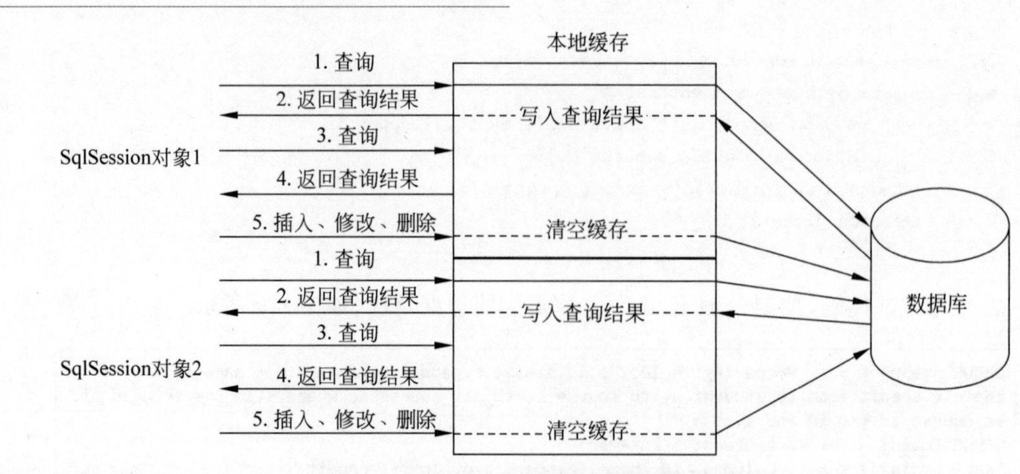

图 8-9　MyBatis 本地缓存工作原理示意图

础上编写测试代码。思路是利用同一个 session 分两次读取同一组数据,并查看 MyBatis 的日志,以检查 MyBatis 执行 SQL 查询的情况。部分测试代码如下:

```
@Test
public void testLocalCache1() {
    //创建 session
    SqlSession session = sf.openSession();
    System.out.println(" == 第一次查询 == ");
    //执行第一次查询
    List<Team> teams1 = session
        .selectList("com.example.mybatis.mapper.TeamDao.listAllTeam");
    //输出查询结果
    teams1.forEach(System.out::println);
    System.out.println(" == 第二次查询 == ");
    //再次执行相同条件的查询
    List<Team> teams2 = session
        .selectList("com.example.mybatis.mapper.TeamDao.listAllTeam");
    teams2.forEach(System.out::println);
    //关闭 session
    session.close();
}
```

执行此测试代码,控制台输出了执行 SQL 语句的日志信息和查询结果,如图 8-10 所示。通过分析输出日志可以发现,当程序第 1 次执行查询时,MyBatis 向数据库发送了 SQL 语句;当程序再次执行查询时,MyBatis 没有再次发送 SQL 语句,但仍然得到了查询结果。这是因为程序直接从本地缓存中获取了需要查询的数据。

```
***第一次查询***
DEBUG [main] - ==>  Preparing: select id,name,coach from tb_team
DEBUG [main] - ==> Parameters: 
DEBUG [main] - <==      Total: 3
Team [id=1, name=Juventus F.C., coach=LiBai]
Team [id=2, name=Manchester United F.C., coach=LiuZongYuan]
Team [id=9, name=Borussia Dortmund, coach=TuFu]
***第二次查询***
Team [id=1, name=Juventus F.C., coach=LiBai]
Team [id=2, name=Manchester United F.C., coach=LiuZongYuan]
Team [id=9, name=Borussia Dortmund, coach=TuFu]
```

图 8-10　控制台输出的执行 SQL 语句的日志信息和查询结果

当程序执行了插入、更改、删除等操作后，MyBatis 为防止误读，会清空本地缓存。下面的测试代码可验证这个特性。

```
1  @Test
2  public void testLocalCache3() {
3      SqlSession session = sf.openSession();
4      System.out.println(" *** 执行第一次查询 *** ");
5      Team t1 = (Team)session.selectOne(
6          "com.example.mybatis.mapper.TeamDao.findTeamById",1);
7      System.out.println(t1);
8      System.out.println(" *** 执行添加操作 *** ");
9      Team t2 = new Team();
10     t2.setName("testCache");
11     t2.setCoach("testCache");
12     t2.setAddressId(3);
13     session.insert("com.example.mybatis.mapper.TeamDao.addTeam",t2);
14     session.commit();
15     System.out.println(" *** 执行第二次查询 *** ");
16     Team t3 = (Team)session.selectOne(
17         "com.example.mybatis.mapper.TeamDao.findTeamById",1);
18     System.out.println(t3);
19     session.close();
20 }
```

首先，第 4～7 行查询 id 为 1 的球队信息并输出，第 8～14 行执行添加操作，并将修改提交到数据库。第 15～18 行再次查询 id 为 1 的球队信息并输出。运行此测试代码，可在控制台查看程序执行的日志，如图 8-11 所示。

```
***执行第一次查询***
DEBUG [main] - ==>  Preparing: select id,name,coach from tb_team where id = ?
DEBUG [main] - ==> Parameters: 1(Integer)
DEBUG [main] - <==      Total: 1
Team [id=1, name=Juventus F.C., coach=LiBai]
***执行添加操作***
DEBUG [main] - ==>  Preparing: insert into tb_team(id,name,coach,address_id) values(?,?,?,?)
DEBUG [main] - ==> Parameters: 0(Integer), testCache(String), testCache(String), 3(Integer)
DEBUG [main] - <==    Updates: 1
***执行第二次查询***
DEBUG [main] - ==>  Preparing: select id,name,coach from tb_team where id = ?
DEBUG [main] - ==> Parameters: 1(Integer)
DEBUG [main] - <==      Total: 1
Team [id=1, name=Juventus F.C., coach=LiBai]
```

图 8-11　查看程序执行的日志

8.7.2　二级缓存

MyBatis 的本地缓存只适用于同一个 SqlSession 对象，不同的 SqlSession 对象不能共享缓存中的数据。对于相同映射文件中的同一条 SQL 语句，如果 SqlSesion 对象不同，则两个 SqlSession 对象执行查询时，会执行两次数据库查询，这也降低了数据查询效率。为了解决这个问题，就需要用到 MyBatis 的二级缓存。在 MyBatis 中，一个映射文件可被称为一个 Mapper。MyBatis 用命名空间（Namespace）来区分不同的 Mapper。二级缓存以映射文件的命名空间为单位创建缓存数据结构。与本地缓存相比，二级缓存的适用范围更大，多个 SqlSession 对象可以共用二级缓存，并且二级缓存可以自定义缓存资源。二级缓存的工作原理示意如图 8-12 所示。

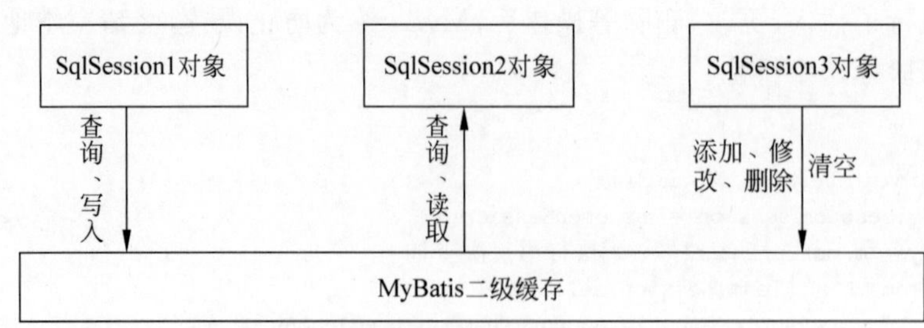

图 8-12　MyBatis 二级缓存工作原理示意图

与本地缓存不同的是，二级缓存需要手动开启。开启二级缓存只需要在 SQL 的映射文件中添加一行：

```
<cache />
```

开启二级缓存后，可以实现以下功能：

(1) 映射文件中的所有 SELECT 语句的结果都将被缓存。

(2) 映射文件中的所有 INSERT、UPDATE 和 DELETE 语句都会刷新缓存。

(3) 缓存的替换策略为 LRU(Least Recently Used，最近最少使用策略)。

(4) 缓存不会定时刷新，即没有刷新的时间间隔。

(5) 缓存会保存列表或对象的 1024 个引用。

(6) 缓存是读/写缓存，即获取到的对象并不是共享的，它可以被调用者修改，而不会干扰其他调用者或线程所做的修改。

如需修改以上的二级缓存的默认功能，可通过修改<cache>标记的属性实现，<cache>标记的属性如表 8-7 所示。

表 8-7　<cache>标记的属性

属　性　名	说　　明
eviction	缓存替换策略。可选值如下。 LRU：最近最少使用策略(默认值)，移除最长时间不被使用的对象 FIFO：先进先出策略，按对象进入缓存的顺序来移除它们 SOFT：软引用策略，基于垃圾回收器状态和软引用规则移除对象 WEAK：弱引用策略，更积极地基于垃圾收集器状态和弱引用规则移除对象
flushInterval	缓存刷新间隔，单位：ms。默认情况是不设置，也就是没有刷新间隔，缓存仅在调用更改语句(INSERT、DELETE、UPDATE)时刷新
size	引用的数量，要注意准备缓存对象的大小和运行环境中可用的内存资源，默认值：1024
readOnly	只读。属性可以被设置为 true 或 false。只读的缓存会给所有调用者返回缓存对象的相同实例。因此这些对象不能被修改，这就提供了可观的性能提升。而可读写的缓存会(通过序列化)返回缓存对象的拷贝。速度上会慢一些，但是更安全，因此默认值：false

为验证二级缓存的工作原理，在 TeamMapper. xml 文件的<mapper>标记下添加子标记<cache />，标志该 Mapper 开启二级缓存。并创建两个 SqlSession 对象分别执行同一个查询请求，部分测试代码如下：

```
@Test
public void testCache() {
    SqlSession session1 = sf.openSession();
    SqlSession session2 = sf.openSession();

    System.out.println("***执行第一次查询***");
    Team team1 = session1.selectOne(
         "com.example.mybatis.mapper.TeamDao.findTeamById",1);
    System.out.println(team1);
    session1.close();

    System.out.println("***执行第二次查询***");
    Team team2 = session2.selectOne(
         "com.example.mybatis.mapper.TeamDao.findTeamById",1);
    System.out.println(team2);
    session2.close();
}
```

执行此测试代码，可在控制台查看输出的日志信息，如图 8-13 所示。由于开启了二级缓存，当两个不同的 session 执行参数相同的查询时，只向数据库发送了一次查询请求，而第二次查询请求的数据是从二级缓存中获得的。第一次查询时，缓存中无查询结果，缓存命中率为 0。第二次查询时，缓存中保留了上次查询的结果，无需向数据库发送查询指令，缓存命中率达到 50%。

```
DEBUG [main] - Cache Hit Ratio [com.example.mybatis.mapper.TeamDao]: 0.0
DEBUG [main] - ==>  Preparing: select id,name,coach from tb_team where id = ?
DEBUG [main] - ==> Parameters: 1(Integer)
DEBUG [main] - <==      Total: 1
Team [id=1, name=Juventus F.C., coach=LiBai]
DEBUG [main] - Cache Hit Ratio [com.example.mybatis.mapper.TeamDao]: 0.5
Team [id=1, name=Juventus F.C., coach=LiBai]
```

图 8-13　二级缓存查询日志

8.8　动态 SQL

在应用 JDBC 或其他持久层框架进行开发时，经常需要根据不同的条件拼接 SQL 语句。拼接时还要确保不遗漏必要的空格、标点符号等。这种编程方式会给开发人员造成极大的不便。MyBatis 提供的 SQL 语句动态拼接功能恰恰是为了解决这一问题设计的。

MyBatis 的动态 SQL 中的常用标记如表 8-8 所示。下面，以 8.2 节的案例为基础介绍表 8-8 中的标记。

表 8-8　MyBatis 动态 SQL 中的常用标记

标　　记	说　　明
<if>	单条件判断
<choose>(<when>, <otherwise>)	多分支选择
<trim>(<where>, <set>)	处理 SQL 拼接问题
<foreach>	循环语句

8.8.1 <if>标记

在 MyBatis 中,<if>标记是最常用的判断元素,类似于 Java 中的 if 语句,主要用于实现某些简单的条件判断。<if>标记必须结合 test 属性联合使用。例如,在对 tb_team 表进行条件查询时,根据用户的输入有多种查询情况:

(1) 当只输入球队名称时,根据名称进行模糊查询。

(2) 当只选择球队主场时,根据选择的内容进行精确检索。

(3) 当两个条件都存在时,根据这两个条件的取值进行匹配查询。

针对以上要求,分步完成查询目标。

1. 编写查询接口

修改 TeamDao 接口,增加条件查询的抽象方法:

```
public List<Team> criteriaQueryTeamByIf(Team team);
```

2. 编写映射文件

修改 TeamMapper.xml 文件,增加一个条件查询语句,代码如下:

```
<select id = "creteriaQuery" parameterType = "team" resultType = "team">
    select id,name,coach,stadium from tb_team
    where 1 = 1
<if test = "name != null and name != ''">
    and name like concat('%',#{name},'%')
</if>
<if test = "stadium != null and stadium != ''">
    and stadium = #{stadium}
</if>
</select>
```

此处,if 标记的 test 属性值是一个 OGNL(Object-Graph Navigation Language,对象图导航语言)表达式。表达式的值可以是 true 或 false。如果表达式返回的是数值,则 0 为 false,非 0 为 true。

3. 编写测试代码

测试前,先查看 tb_team 表中的所有记录,如图 8-14 所示。

```
mysql> select * from tb_team;
+----+--------------------------+--------------+---------+------------+
| id | name                     | coach        | stadium | address_id |
+----+--------------------------+--------------+---------+------------+
|  1 | Juventus F.C.            | LiBai        | E       |          2 |
|  2 | Manchester United F.C.   | LiuZongYuan  | A       |          1 |
|  9 | Borussia Dortmund        | TuFu         | A       |          4 |
| 10 | Echefag3                 | WenTianXiang | A       |          0 |
+----+--------------------------+--------------+---------+------------+
4 rows in set (0.00 sec)
```

图 8-14 tb_team 表中现有的记录

只指定球队名字,如要查询含有"ch"字样的球队,部分测试代码如下:

```
@Test
public void testCreteriaQueryByIf() {
    SqlSession session = sf.openSession();
```

```
    Team team = new Team();
    team.setName("ch");
    List<Team> t = session.selectList(
        "com.example.mybatis.mapper.TeamDao
        .criteriaQueryTeamByIf",team);
    session.close();
    t.forEach(System.out::println);
}
```

通过查看输出日志，可以发现当只指定球队名字时，条件查询部分只发送“where 1＝1 and name like concat('％', ?, '％')”语句，测试结果如图 8-15 所示。

```
DEBUG [main] - ==>  Preparing: select id,name,coach,stadium from tb_team where 1=1 and name
like concat('%',?,'%')
DEBUG [main] - ==> Parameters: ch(String)
DEBUG [main] - <==      Total: 2
Team [id=2, name=Manchester United F.C., coach=LiuZongYuan, stadium=A, addressId=0]
Team [id=10, name=Echefag, coach=WenTianXiang, stadium=A, addressId=0]
```

图 8-15 只指定球队名字时的测试结果

如果只选择主场进行查询，如查询主场为 A 的球队信息，相应地修改测试代码。可以发现当只指定主场名字时，条件查询部分只发送了“where 1＝1 and stadium ＝ ?”语句，测试结果如图 8-16 所示。

```
DEBUG [main] - ==>  Preparing: select id,name,coach,stadium from tb_team where 1=1 and stadium
= ?
DEBUG [main] - ==> Parameters: A(String)
DEBUG [main] - <==      Total: 3
Team [id=2, name=Manchester United F.C., coach=LiuZongYuan, stadium=A, addressId=0]
Team [id=9, name=Borussia Dortmund, coach=TuFu, stadium=A, addressId=0]
Team [id=10, name=Echefag, coach=WenTianXiang, stadium=A, addressId=0]
```

图 8-16 只指定主场时的测试结果

同理，当同时指定球队名字和主场时，如指定球队名字含有 tu，主场为 e。相应地修改测试代码，可以发现条件查询部分发送了“where 1＝1 and name like concat('％',?,'％') and stadium ＝ ?”语句，其测试结果如图 8-17 所示。

```
DEBUG [main] - ==>  Preparing: select id,name,coach,stadium from tb_team where 1=1 and name
like concat('%',?,'%') and stadium = ?
DEBUG [main] - ==> Parameters: tu(String), E(String)
DEBUG [main] - <==      Total: 1
Team [id=1, name=Juventus F.C., coach=LiBai, stadium=E, addressId=0]
```

图 8-17 同时指定球队名字和主场时的测试结果

8.8.2 <choose>标记

在使用< if >标记时，只要 test 属性中的表达式为 true，就会执行元素中的条件语句。有时候需要从多个选项中选择一个去执行，例如：

（1）如果指定了球队名称，则只根据球队名称查找球队。

（2）如果没有指定球队名称，而是指定了教练名字，则只根据教练名称查找球队。

(3) 如果既没有指定球队的名称,也没有指定教练的名字,则查找所有的球队。

在这种情况下,使用< if >标记是不合适的。MyBatis 提供了< choose >、< when >、< otherwise >标记,这 3 个标记组合在一起使用,类似于 Java 中的 switch 语句。对于上述情景,可应用< choose >、< when >、< otherwise >标记,按以下步骤实现。

1. 修改 TeamDao 接口

增加相关的抽象方法,代码如下:

```
public List< Team > criteriaQueryTeamByChoose(Team team);
```

2. 修改 TeamMapper. xml 配置文件

增加一个条件查询语句,代码如下:

```
< select id = "criteriaQueryTeamByChoose" parameterType = "team"
    resultType = "team">
    select id, name, coach, stadium from tb_team
    where 1 = 1
    < choose >
        < when test = "name !=  null and name != ''">
            and name like concat('%', #{name}, '%')
        </when >
        < when test = "coach !=  null and coach != ''">
            and coach like concat('%', #{coach}, '%')
        </when >
        < otherwise >
            and true
        </otherwise >
    </choose >
</select >
```

3. 编写测试类(略)

8.8.3 < trim >、< where >标记

在 8.8.1 节和 8.8.2 节的案例中,映射文件的 SQL 语句后面都加入了 where 1=1 子句。加入这个条件后,既可以保证 where 后面的条件成立,又可以避免 where 后面的第一个词是 and 或 or 之类的关键字。但很多时候,条件 1=1 并不是必须的,如果删除 where 1=1,又如何保证条件查询语句没有语法错误?MyBatis 提供了< trim >和< where >标记,可以利用< trim >或< where >标记来替代 where 1=1。

例如,对于 8.8.1 节的例子,条件 where 1=1 可以用< where >标记替换,代码如下:

```
< select id = "criteriaQueryTeamByWhere" parameterType = "team"
    resultType = "team">
    select id, name, coach, stadium from tb_team
    < where >
    < if test = "name !=  null and name != ''">
        and name like concat('%', #{name}, '%')
    </if >
    < if test = "stadium !=  null and stadium != ''">
        and stadium  =  #{stadium}
    </if >
```

```
    </where>
</select>
```

除了使用< where >标记，还可以通过< trim >标记解决上述问题。< trim >标记可以添加或移除前后缀，可以定制< where >标记的功能。和 < where >标记等价的自定义 < trim >标记为：

```
<trim prefix = "WHERE" prefixOverrides = "AND |OR ">
    ...
</trim>
```

上述例子中的< where >标记可以用< trim >标记替换，部分代码如下：

```
<select id = "criteriaQueryTeamByTrim" parameterType = "team"
resultType = "team">
    select id, name, coach, stadium from tb_team
    <trim prefix = "where" prefixOverrides = "and">
    <if test = "name != null and name != ''">
        and name like concat('%', #{name}, '%')
    </if>
    <if test = "stadium != null and stadium != ''">
        and stadium = #{stadium}
    </if>
    </trim>
</select>
```

其中，< trim >标记的 prefix 属性用来指定给 SQL 语句增加的前缀，prefixOverrides 属性用来指定 SQL 语句中要移除的字符串前缀。

此外，在更改记录的时候，有时并不希望更新记录的所有字段，只是需要更新有变化的字段。这时就可以利用< trim >标记和< if >标记配合达到这个目的。

首先，修改 TeamDao 接口，增加一个按需修改的抽象方法，部分代码如下：

```
public boolean updateTeamSelective(Team team);
```

其次，修改 TeamMapper.xml 文件，增加对应的 SQL 语句，部分代码如下：

```
<update id = "updateTeamSelectiveByTrim" parameterType = "team">
    update tb_team
  <trim prefix = "set" suffixOverrides = ",">
    <if test = "name != null">
      name = #{name, jdbcType = VARCHAR},
    </if>
    <if test = "coach != null">
      coach = #{coach, jdbcType = VARCHAR},
    </if>
    <if test = "stadium != null">
      stadium = #{stadium, jdbcType = VARCHAR},
    </if>
  </trim>
  where id = #{id, jdbcType = INTEGER}
</update>
```

其中,< trim >标记的 prefix 属性用来指定给 SQL 语句增加的前缀,suffixOverrides 属性用来指定 SQL 语句中要移除的字符串后缀。

再次,编写测试代码,部分测试代码如下:

```
@Test
public void testUpdateTeamByTrim() {
SqlSession session = sf.openSession();
    Team team = new Team();
    team.setId(10);
    team.setName("Echefag3");
    int row = session.update("com.example.mybatis.mapper
        .TeamDao.updateTeamSelectiveByTrim",team);
    session.commit();
    session.close();
    assertEquals(1,row);
}
```

执行此测试代码,更改 id 为 10 的记录的 name 属性值。控制台输出的 SQL 语句如图 8-18 所示。

```
DEBUG [main] - ==>  Preparing: update tb_team set name = ? where id = ?
DEBUG [main] - ==> Parameters: Echefag3(String), 10(Integer)
DEBUG [main] - <==    Updates: 1
```

图 8-18　控制台输出的 SQL 语句

在上述动态的 UPDATE 语句中还可以使用< set >标记动态更新列。< set >标记主要用于更新操作,它可以在动态 SQL 语句前输出一个关键字 SET,并将 SQL 语句的最后一个多余的逗号去除。具体代码如下:

```
<update id = "updateTeamSelectiveBySet" parameterType = "team">
    update tb_team
    <set>
      <if test = "name != null">
        name = #{name,jdbcType = VARCHAR},
      </if>
      <if test = "coach != null">
        coach = #{coach,jdbcType = VARCHAR},
      </if>
      <if test = "stadium != null">
        stadium = #{stadium,jdbcType = VARCHAR},
      </if>
    </set>
  where id = #{id,jdbcType = INTEGER}
</update>
```

在映射文件中使用< set >标记和< if >标记组合进行 UPDATE 语句动态组装时,如果< set >标记内包含的内容都为空,则会出现 SQL 语法错误。因此,在使用< set >标记进行字段信息更新时,要确保传入的更新字段不能都为空。对于 INSERT 和 DELETE 语句,同样可以用< trim >标记进行动态拼装,本节不再赘述。

8.8.4 <foreach>标记

<foreach>标记主要用在构建 in 条件中，它可以在 SQL 语句中遍历一个集合。可以避免重复执行多条 SQL 语句，降低系统开销。<foreach>标记的主要属性如表 8-9 所示。

表 8-9 <foreach>标记的主要属性

属　　性	说　　明
item	集合中每个元素进行迭代时的别名
index	指定一个名字，用于指示每次迭代到的位置
open	表示该语句以什么开始
close	表示该语句以什么结束
separator	表示在每次迭代之间以什么符号作为分隔符
collection	传递给<foreach>标记的可迭代对象，如 List、Set、Map 对象或者数组对象作为集合参数。当使用可迭代对象或者数组时，index 是当前迭代的序号，item 的值是本次迭代获取到的元素。当使用 Map 对象（或者 Map. Entry 对象的集合）时，index 是键，item 是值。如果传入的是单参数且参数类型是 List 的时候，collection 属性值为 list；如果传入的是单参数且参数类型是数组的时候，collection 属性值为 array；如果传入的参数有多个，需要封装成一个 Map，collection 属性值是 Map 的 Key

例如，要在 tb_team 表中查询 id 为 1、2 和 10 的记录，对应的 SQL 语句为 select id, name, coach, stadium from tb_team where id in (1,2,10)。可以利用<foreach>标记迭代一个 List 集合以实现批量查询。在 TeamMapper. xml 文件中加入对应的动态 SQL，具体代码如下：

```
<select id = "selectTeamsByForeachList"
    parameterType = "java.util.List" resultType = "team">
  SELECT id, name, coach, stadium from tb_team
  <where>
  <foreach item = "item" index = "index" collection = "list"
        open = "and id in (" separator = "," close = ")">
          #{item}
  </foreach>
  </where>
</select>
```

在上述配置代码中，使用<foreach>标记迭代一个 List 集合实现了批量查询操作。其中，collection 属性用于设置传入的参数类型为 List。<foreach>元素将球队的 id 信息存储在 List 集合中，并对 List 进行遍历，每次迭代的值用于构建 SQL 语句。

为验证上述配置，可以编写 JUnit 测试代码，具体如下：

```
@Test
public void testSelectTeamByForeach() {
SqlSession session = sf.openSession();
    List<Integer> ids = new ArrayList<Integer>();
    ids.add(1);  ids.add(2);  ids.add(10);
    List<Team> teams = session.selectList("com.example.mybatis
```

```
            .mapper.TeamDao.selectTeamsByForeachList", ids);
    session.close();
    teams.forEach(System.out::println);
}
```


对于上述的<foreach>动态 SQL,也可以遍历 java.util.Map 获取查询参数,将其修改如下:

```
<select id = "selectTeamsByForeachMap"
    parameterType = "java.util.Map" resultType = "team">
    SELECT id,name,coach,stadium from tb_team
    <where>
        <foreach item = "item" index = "index" collection = "myid"
          open = "and id in (" separator = "," close = ")">
          #{item}
          </foreach>
    </where>
</select>
```

相应地,修改测试代码,具体如下:

```
@Test
public void testSelectTeamByForeachMap() {
SqlSession session = sf.openSession();
    Map<String,int[]> ids = new HashMap<String,int[]>();
    ids.put("myid", new int[]{1,2,10});
    List<Team> teams = session.selectList("com.example.mybatis
        .mapper.TeamDao.selectTeamsByForeach", ids);
    session.close();
    teams.forEach(System.out::println);
}
```

第9章 MyBatis 注解开发

MyBatis 是一个 XML 驱动的框架。配置信息是基于 XML 的，而且映射语句也是定义在 XML 中的。从 MyBatis 3 开始，可以利用注解实现 SQL 的映射。MyBatis 注解提供了一种便捷的方式来实现简单 SQL 映射语句，而不会引入大量的 XML 配置开销。有一点不足的是，目前，注解的方式还没有完全覆盖所有 XML 标签。

9.1 MyBatis 基础注解

MyBatis 提供了一些基础注解用于数据库的基本操作（添加、删除、修改、查询）以及参数传递等。这些注解包括：@Insert、@Update、@Delete、@Select 和@Param。其中，每个注解分别对应将要被执行的 SQL 语句。MyBatis 的数据库基本操作注解用字符串数组（或单个字符串）作为参数。如果传递的是字符串数组，字符串数组应被连接成一个完整的字符串，每个字符串之间加入一个空格。这样可以有效地避免用 Java 构建 SQL 语句时产生的“丢失空格”问题。也可以提前手动连接好字符串。表 9-1 列举了 MyBatis 的基础注解的用法。

表 9-1　MyBatis 的基础注解

注　解	使用对象	XML 等价形式	说　明
@Insert	方法	<insert>	和 XML INSERT SQL 语法完全一样
@Update	方法	<update>	和 XML UPDATE SQL 语法完全一样
@Delete	方法	<delete>	和 XML DELETE SQL 语法完全一样
@Select	方法	<select>	和 XML SELECT SQL 语法完全一样
@Param	参数	N/A	如果映射方法接受多个参数，就可以使用这个注解自定义每个参数的名字
@Results	方法	<resultMap>	一组结果映射，指定了对某个特定结果列映射到某个属性或字段的方式。属性：value、id。value 属性是一个 Result 注解的数组。而 id 属性则是结果映射的名称
@Result	N/A	<result><id>	在列和属性或字段之间的单个结果映射。属性：id、column、one、many 等。id 属性和 XML 元素 <id> 相似，它是一个布尔值，表示该属性是否用于唯一标识和比较对象。one 属性是一个关联，和 <association> 类似，而 many 属性则是集合关联，和 <collection> 类似。这样命名是为了避免产生名称冲突

续表

注　解	使用对象	XML 等价形式	说　明
@ResultMap	方法	N/A	为@Select 注解指定 XML 映射中 <resultMap>元素的 id
@SelectKey	方法	<selectKey>	这个注解的功能与 <selectKey> 标签完全一致。该注解只能在@Insert 或@Update 标注的方法上使用,否则将会被忽略

下面通过一个案例讲解这些基础注解的使用,具体步骤如下。

1. 创建数据表

本案例使用的数据表沿用 8.2 节入门程序的数据表 tb_team。建表语句见 8.2 节。

2. 创建持久化类

创建持久化类 Team,代码如文件 8-4 所示。

3. 编写接口

本案例要对 tb_team 表进行增删改查(CRUD)操作。要定义针对表 tb_team 的数据库操作接口 TeamDao,内容如文件 8-8 所示。

MyBatis 的注解可以替代此前的映射文件。因此,需要在 TeamDao 接口上增加注解映射的方法。

1) @Insert 注解

@Insert 注解用于映射 INSERT 语句,其作用等同于 XML 映射文件中的<insert>元素。可以将@Insert 注解用于 TeamDao 接口的 addTeam()方法,代码如下:

```
@Insert("insert into tb_team(id,name,coach,stadium,address_id) "
    + "values(#{id},#{name},#{coach},#{stadium},#{addressId})")
@SelectKey(statement = "select last_insert_id()",
   keyProperty = "id", before = true, resultType = Integer.class)
public int addTeam(Team Team);
```

其中,@Insert 注解的参数是一条 INSERT 语句。当程序调用@Insert 注解标注的 addTeam()方法时,@Insert 注解映射的 INSERT 语句会被执行。

此外,可以选择使用@SelectKey 注解来获取添加记录后生成的主键。statement 属性以字符串数组形式指定将会被执行的 SQL 语句;keyProperty 属性指定作为参数传入的对象的属性名称,该属性将会被更改成新的值;@SelectKey 注解会将 SELECT LAST_INSERT_ID()的结果传入持久化类的 id 属性里;before 属性可以指定为 true 或 false,以指明 SQL 语句应在更改 id 属性之前还是之后执行;resultType 属性则指定 keyProperty 的 Java 类型。

2) @Delete 注解

@Delete 注解用于映射 DELETE 语句,其作用等同于 XML 映射文件中的<delete>元素。可以将@Delete 注解用于 TeamDao 接口的 deleteTeam()方法,代码如下:

```
@Delete("delete from tb_team where id = #{id}")
public int deleteTeam(@Param("id") Integer id);
```

其中，@ Delete 注解的参数是一条 DELETE 语句。当程序调用@ Delete 注解标注的 deleteTeam()方法时，@Delete 注解映射的 DELETE 语句会被执行。

此外，使用@ Param 注解指定映射方法接收的每个参数的名字。如果使用了@Param("person")，参数就会被命名为 #{person}。

3）@Update 注解

@Update 注解用于映射 UPDATE 语句，其作用等同于 XML 映射文件中的< update >元素。可以将@Update 注解用于 TeamDao 接口的 updateTeam()方法，代码如下：

```
@Update("update tb_team set name = #{name}, "
    + "coach = #{coach}, " + "stadium = #{stadium}, "
    + "address_id = #{addressId}" + " where id = #{id}")
public int updateTeam(Team team);
```

其中，@ Update 注解的参数是一条 UPDATE 语句。当程序调用@ Update 注解标注的 updateTeam()方法时，@Update 注解映射的 UPDATE 语句会被执行。

4）@Select 注解

@Select 注解用于映射 SELECT 语句，其作用等同于 XML 映射文件中的< select >元素。可以将@Select 注解用于 TeamDao 接口的 listAllTeam()方法，代码如下：

```
@Select("select id,name,coach,stadium from tb_team")
@Results(id = "teamMap",value = {
    @Result(column = "id",property = "id",id = true),
    @Result(column = "name",property = "name"),
    @Result(column = "coach",property = "coach"),
    @Result(column = "stadium",property = "stadium")
})
public List<Team> listAllTeam();
```

其中，@ Select 注解的参数是一条 SELECT 语句。当程序调用@ Select 注解标注的 listAllTeam()方法时，@Select 注解映射的 SELECT 语句会被执行。并利用@Results 和@Result 注解完成了查询结果与持久化类的映射。

4. 修改配置文件

在 MyBatis 的核心配置文件中加入对 TeamDao 接口的引用。具体代码如下：

```
<mappers>
    <mapper class="com.example.mybatis.mapper.TeamDao"/>
</mappers>
```

5. 编写测试代码

为了验证上述配置，在测试类 TeamAnnotationTest 中编写测试代码。其中，对于 addTeam()方法的测试代码如下：

```
@Test
public void testAddTeam() {
    InputStream is = Resources.getResourceAsStream(
        "mybatis-config.xml");
    sf = new SqlSessionFactoryBuilder().build(is);
```

```
    is.close();
    session = sf.openSession();
    teamDao = session.getMapper(TeamDao.class);
    Team team = new Team();
    team.setName("TestInsert33");
    team.setCoach("AnnoInsert3");
    team.setStadium("A");
    team.setAddressId(4);
    int row = teamDao.addTeam(team);
    session.commit();
    session.close();
    assertTrue(row == 1);
}
```

9.2 动态 SQL 注解

动态 SQL 是 MyBatis 的特性之一。开发人员可以通过动态 SQL 灵活组装 SQL 语句，可以在很大程度上避免单一 SQL 语句的反复堆砌，提高 SQL 语句的复用性。MyBatis 支持使用@SqlProvider 注解(多个注解的统称)构建动态 SQL。

其中 @ SqlProvider 不是一个注解，而是 @ InsertProvider、@ UpdateProvider、@DeleteProvider 和@SelectProvider 注解的统称。这些注解与 XML 映射文件中的< insert >等标记对应，可用于构建动态 SQL。由于动态 SQL 语句比较长，用注解方式会降低程序可读性。为提高程序可读性，建议使用 SQL 语句构建器构建动态 SQL。

下面结合 8.8 节的例子讲解如何利用注解方式实现动态 SQL 的构建和查询。例如，在对 tb_team 表进行条件查询时，根据用户的输入有多种查询情况。

(1) 当只输入球队名称时，根据名称进行模糊查询。

(2) 当只选择球队主场时，根据主场的名称进行精确检索。

(3) 当两个条件都存在时，根据这两个条件的取值进行匹配查询。

采用 SQL 语句构建器和注解方式实现条件查询步骤如下。

1. 创建持久化类

持久化类 Team 已在 8.2 节创建，代码如文件 8-4 所示。

2. 创建数据操作接口

在 TeamDao 接口中创建一个名为 getTeamCriteria()的方法，用于给外界提供条件查询接口，代码如下：

```
public List < Team > getTeamCriteria(Team team);
```

由于本案例中自定义 SQL 语句构建器，需要使用 @ SelectProvider 注解标注 getTeamCriteria()方法，指明与该方法关联的 SQL 构建器类以及能够提供 SQL 语句的构建器方法。利用 type 属性指定关联的构建器类名，method 属性指明提供 SQL 语句的构建器方法名，代码如下：

```
@SelectProvider(type = TeamSqlBuilder.class, method = "criteriaQueryForTeam")
```

3. 创建 SQL 语句构建器类

按照前述约定，构建名为 TeamSqlBuilder 的 SQL 语句构建器。MyBatis 提供了一系列方法用来构建 SQL 语句，使得开发人员得以从处理烦琐的动态 SQL 语句拼接问题中解放出来，比如加号、引号、换行、格式化、嵌入条件的逗号及 AND 连接等。借助 MyBatis 中的 SQL(org. apache. ibatis. jdbc. SQL)类，只需要简单地创建一个实例，并调用它的方法即可生成 SQL 语句。利用 SQL 类创建动态 SQL 语句的方案可以概括为以下 3 种。

1）匿名内部类

可通过创建一个匿名内部类来构建动态 SQL 语句，示例如下：

```
public String deletePersonSql() {
    return new SQL() {{
      DELETE_FROM("PERSON");
          WHERE("ID = #{id}");
    }}.toString();
}
```

2）构建器

创建 SQL 对象，同时设定对象的属性，示例如下：

```
public String insertPersonSql() {
        String sql = new SQL()
    .INSERT_INTO("PERSON")
    .VALUES("ID, FIRST_NAME", "#{id}, #{firstName}")
    .VALUES("LAST_NAME", "#{lastName}").toString();
    return sql;
}
```

3）动态条件

采用动态条件构建动态 SQL 语句，代码如文件 9-1 所示。

【文件 9-1】 TeamSqlBuilder. java

```
public class TeamSqlBuilder implements ProviderMethodResolver{
  public static String criteriaQueryForTeam(Team team) {
        return new SQL(){{
          SELECT("id,name,coach,stadium");
          FROM("tb_team");
      if(team.getName()!= null) {
          WHERE("name like concat('%',#{name},'%')");
          }
      if(team.getStadium() != null) {
          WHERE("stadium = #{stadium}");
          }
        }}.toString();
  }
}
```

其中，TeamSqlBuilder 类实现了 ProviderMethodResolver 接口。对于编程实现动态生成 SQL 语句，只需实现 ProviderMethodResolver 接口，然后在 Mapper 的方法（本例中是 TeamDao 接口中定义的方法）上加上@xxProvider 注解，最后在实现类中生成对应的方法

即可。默认情况下,MyBatis会将映射器方法的调用解析到实现类的同名方法上,即:

```
//映射器方法定义
@SelectProvider(UserSqlProvider.class)
List<User> getUsersByName(String name);

//实现类中的同名方法
class UserSqlProvider implements ProviderMethodResolver {
    …
}
```

文件9-1中利用了SQL类的一些方法构建动态SQL语句,其中常用的方法如表9-2所示。

表9-2 SQL类的常用方法

方　法	说　明
SELECT(String) SELECT(String…)	创建新的或追加到已有的SELECT子句。可以被多次调用,参数会被追加到SELECT子句。参数通常是由逗号分隔的列名和别名列表
SELECT_DISTINCT(String) SELECT_DISTINCT(String…)	将DISTINCT关键字添加到生成的查询中。可以被多次调用,参数会被追加到SELECT子句。参数通常是由逗号分隔的列名和别名列表
FROM(String) FROM(String…)	创建新的或追加到已有的FROM子句。可以被多次调用,参数会被追加到FROM子句。参数通常是一个表名或别名
WHERE(String) WHERE(String…)	插入新的WHERE子句条件,并使用AND拼接。可以被多次调用,对于每一次调用产生的新条件,会使用AND拼接起来。如果要使用OR分隔,请使用OR()
OR()	使用OR来分隔当前的WHERE子句条件。可以被多次调用,但在一行中多次调用会生成错误的SQL
INSERT_INTO(String)	创建新的INSERT语句,并指定插入数据表的表名。后面会伴随一个或多个VALUES()调用
VALUES(String,String)	追加数据值到INSERT语句中。第一个参数是数据插入的列名,第二个参数是数据的值
UPDATE(String)	创建新的UPDATE语句,并指定被更新表的表名。后面都会伴随一个或多个SET()调用,通常也会有一个WHERE()调用
SET(String) SET(String…)	对UPDATE语句追加"set"属性的列表
DELETE_FROM(String)	创建新的DELETE语句,并指定被删除表的表名。通常会伴随一个WHERE()调用

4. 修改配置文件

在MyBatis的核心配置文件中加入对TeamDao接口的引用,代码见9.1节步骤4。

5. 编写测试代码

例如,要查找名称中含有"tu",场地为"E"的球队信息,部分测试代码如下:

```
@Test
public void testCreteriaQueryByIf() {
    SqlSession session = sf.openSession();
```

```
    Team team = new Team();
    team.setName("tu");
    team.setStadium("E");
    TeamDao teamDao = session.getMapper(TeamDao.class);
    List<Team> t = teamDao.getTeamCriteria(team);
    session.close();
    t.forEach(System.out::println);
}
```

9.3 关联查询注解

使用 MyBatis 的注解，除了可以实现单表的增删改查操作之外，还可以实现多表的关联查询，包括一对一、一对多、多对多查询。与使用 XML 方式一致，注解方式也提供了嵌套查询和嵌套结果两种方式。MyBatis 中可应用于关联映射的注解有：@Results、@Result、@One、@Many 等。

下面，以一对一关联查询为例，介绍基于注解的嵌套查询和嵌套结果的实现方法。

MyBatis 使用@One 注解实现数据表的一对一关联查询。@One 注解的作用相当于 XML 配置中<associaton>元素的作用。下面以 8.6.1 节的案例为基础，讲解基于@One 注解实现球队信息（存放于 tb_team 表）和地址信息（存放于 tb_address 表）的关联查询，具体步骤如下所述。

1. 创建持久化类

本案例沿用 8.6.1 节的持久化类 Address 和 Team，代码分别如文件 8-10 和文件 8-11 所示。

2. 创建接口

创建 AddressMapper 接口，并在接口中编写 getAddressById()方法，通过给定的 id 值查找地址信息，代码如文件 9-2 所示。

【文件 9-2】 AddressMapper.java

```
@Select("select id,city,country from tb_address" + " where id = #{id}")
public Address getAddressById(@Param("id") int addressId);
```

AddressMapper 接口的映射方法用@Select 注解标注，表示程序调用 getAddressById()方法时，会执行注解中的查询语句。

同理，创建 TeamMapper 接口，并编写 getTeamWithAddress()方法，根据给定的球队 id 查找球队的信息，代码如文件 9-3 所示。

【文件 9-3】 TeamMapper.java

```
public interface TeamMapper {
    @SelectProvider(TeamSqlBuilder.class)
    @Results({@Result(column = "address_id", property = "address",
    one = @One(select = "com.example.mybatis.mapper
        .AddressMapper.getAddressById"))})
    public Team getTeamWithAddress(int id);
}
```

其中,第 2 行的注解@SelectProvider 用来指定生成 SQL 语句的生成器类。第 3 行@Results 注解用于描述一组结果映射,即查询出的地址信息要被映射到 Team 类的 address 属性中。@Result 注解执行的是字段和属性之间的单个结果映射,这个注解中有 property、column 和 one 3 个属性,含义分别如下所述。

(1) property 属性用于指定关联的持久化类的属性名称。

(2) column 属性用于指定关联的数据表的字段名。

(3) one 属性用于指定表之间是一对一关联关系,many 属性可以指定表之间是一对多或多对多关联关系。

第 4 行的@One 注解是一对一映射用注解,其 select 属性指定映射器方法的全限定名。即 address 对象的属性由 AddressMapper 类的 getAddressById()方法获取并完成映射。

3. 修改配置文件

修改 MyBatis 的配置文件,增加对两个映射器 AddressMapper 和 TeamMapper 的引用,代码如下:

```
<mapper class = "com.example.mybatis.mapper.TeamMapper" />
<mapper class = "com.example.mybatis.mapper.AddressMapper" />
```

4. 编写测试代码

例如,要查找编号(id)为 1 的球队的信息,包括其地址信息。编写测试代码,执行一对一关联查询,测试代码如下:

```
@Test
public void findTeamWithAddressTest() {
SqlSession session = sf.openSession();
    TeamMapper teamMapper = session.getMapper(TeamMapper.class);
    Team team = teamMapper.getTeamWithAddress(1);
    log.info(team.toString());
    session.close();
}
```

执行测试后,控制台输出测试结果如图 9-1 所示。

```
DEBUG [main] - ==>  Preparing: SELECT id, name, coach, stadium, address_id FROM tb_team
WHERE (id = ?)
DEBUG [main] - ==> Parameters: 1(Integer)
TRACE [main] - <==    Columns: id, name, coach, stadium, address_id
TRACE [main] - <==        Row: 1, Juventus F.C., LiBai, E, 2
DEBUG [main] - ====>  Preparing: select id,city,country from tb_address where id = ?
DEBUG [main] - ====> Parameters: 2(Integer)
TRACE [main] - <====    Columns: id, city, country
TRACE [main] - <====        Row: 2, Shenzhen, China
DEBUG [main] - <====      Total: 1
执行SQL花费{5}ms
DEBUG [main] - <==      Total: 1
执行SQL花费{46}ms
```

图 9-1 嵌套查询的执行结果

以上关于一对一查询的方法实现的是嵌套查询。就是首先查询 tb_team 表,在需要结果映射时,又查询了 tb_address 表。可以看到由自定义插件计时器(代码见 8.3.5 节)计算出的查询过程总耗时为51ms。这样的做法系统开销较大，不利于程序性能的提升，因此工程实践中不推荐这种做法。一种更加优化的做法是执行嵌套结果查询，即执行一条SQL语句获取查询结果。下面介绍嵌套结果查询，步骤如下所述。

1. 创建持久化类

沿用8.6.1节的持久化类Address和Team，代码分别如文件8-10和文件8-11所示。

2. 创建接口

创建一个TeamMapper接口，并在接口中创建一个getTeamWithAddress()方法，用于查询相关信息，接口代码如文件9-4所示。

【文件9-4】 TeamMapper.java

```
1  package com.example.mybatis.mapper;
2  //省略了 import 部分
3  public interface TeamMapper {
4      @SelectProvider(TeamSqlBuilder.class)
5      @ResultMap("com.example.mybatis.mapper.TeamMapper
6        .TeamWithAddressResult")
7      public Team getTeamWithAddress(int id);
8  }
```

其中，第5行采用了@ResultMap注解。这个注解为@Select或者@SelectProvider注解指定XML映射中<resultMap>元素的id。这使得注解的映射方法可以复用已在XML中定义的ResultMap。

3. 创建XML映射文件

在com.example.mybatis.mapper包中创建一个名为TeamMapper.xml的映射文件，用于定义结果映射，代码如文件9-5所示。

【文件9-5】 TeamMapper.xml

```
<mapper namespace="com.example.mybatis.mapper.TeamMapper">
  <resultMap type="team" id="TeamWithAddressResult">
    <id property="id" column="id" />
    <result property="name" column="name" />
    <result property="coach" column="coach" />
    <result property="stadium" column="stadium" />
    <association property="address" javaType="address">
        <id property="id" column="aid" />
        <result property="city" column="city" />
        <result property="country" column="country" />
    </association>
  </resultMap>
</mapper>
```

4. 创建SQL语句构建器

嵌套结果查询要执行如下语句，读者可自行完成SQL语句构建器。

```
select t.id,t.name,t.coach,t.stadium, a.id as aid, a.city,a.country
from tb_team t, tb_address a
where t.address_id = a.id
and t.id = #{id}
```

5. 修改 MyBatis 配置文件

修改 MyBatis 配置文件,增加对 TeamMapper 接口的引用。

6. 执行测试

例如,要查找编号(id)为 1 的球队的信息,包括其地址信息。执行测试后,控制台输出如图 9-2 所示。由测试结果可知,得到同样的查询结果,由于嵌套结果查询只执行一条 SQL 语句,系统开销减少,耗时要少于嵌套查询方式。

```
DEBUG [main] - ==>  Preparing: SELECT t.id,t.name,t.coach,t.stadium,a.id as aid,
a.city,a.country FROM tb_team t, tb_address a WHERE (t.address_id = a.id and t.id = ?)
DEBUG [main] - ==> Parameters: 1(Integer)
TRACE [main] - <==     Columns: id, name, coach, stadium, aid, city, country
TRACE [main] - <==         Row: 1, Juventus F.C., LiBai, E, 2, Shenzhen, China
DEBUG [main] - <==       Total: 1
执行SQL花费{41}ms
Team [id=1, name=Juventus F.C., coach=LiBai, stadium=E, address=Address [id=2,
city=Shenzhen, country=China]]
```

图 9-2　嵌套结果查询的执行结果

对于一对多查询和多对多查询,虽然嵌套查询方式可以完全使用注解,不需要 XML 文件辅助,但嵌套查询方式往往面临着 SQL 的 N+1 问题,执行查询的系统开销较大。因此,本书不再介绍基于注解的嵌套查询方式。对于嵌套结果方式,由于其使用了表连接,查询时只需执行一条 SQL 语句,因而执行效率较高。这种方式除了使用注解外,还需要 XML 辅助描述结果集映射。其实现思路与一对一映射完全一致,读者可自行完成,这里不再赘述。

第 10 章　Spring IoC

10.1　Spring 概述

Spring 是一个轻量级的 Java 开发框架，由罗德·约翰逊(Rod Johnson)发起，目的是解决企业级应用开发的业务逻辑层和其他各层的耦合问题。Spring 设计良好，具有分层结构，克服了传统重量级框架臃肿、低效的劣势，极大降低了项目开发的复杂性。Spring 是一个开源框架，它集成了各种类型的工具，通过核心的 Bean 工厂(Bean factory)实现了底层类的实例化和生命周期管理。在整个框架中，各类型的功能被抽象成 Bean，这样就可以实现各种功能的管理，包括动态加载和面向切面编程。

作为一个一站式轻量级开发框架，Spring 最核心的理念是控制反转(Inverse of Control，IoC)和面向切面编程(Aspect Oriented Programming，AOP)。其中 IoC 是 Spring 的基础，支撑着 Spring 对 JavaBean 的管理功能；AOP 是 Spring 的重要特性，它通过预编译和运行期间动态代理实现程序的功能。即在不修改源代码的情况下，为程序统一添加新的功能。

10.1.1　Spring 体系结构

Spring 框架是模块化的，允许开发者选择适合于自己的模块。Spring 的体系结构如图 10-1 所示。

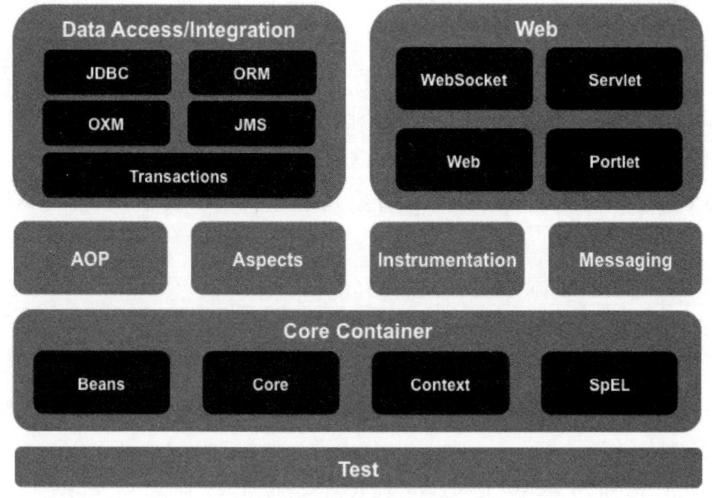

图 10-1　Spring 的体系结构

1. Spring 核心容器

Spring 的核心容器(Core Container)是建立其他模块的基础。Spring 核心容器由 Beans 模块、Core 模块、Context 模块和 SpEL 模块组成,没有这些核心模块,就不可能有 AOP、Web 等上层的功能。

Beans 模块:提供了 Spring 框架的基础部分,包括控制反转和依赖注入。

Core 模块:封装了 Spring 框架的底层部分,包括资源访问、类型转换及一些常用的工具类。

Context 模块:建立在 Core 和 Beans 模块的基础上,集成 Beans 模块功能并添加资源绑定、数据验证、国际化、Jakarta EE 支持、容器生命周期管理、事件传播等。ApplicationContext 接口是 Context 模块的重点。

SpEL 模块:提供了强大的表达式语言,支持访问和修改类的属性值,方法调用,支持访问及修改数组、容器和索引,支持命名变量,支持算术和逻辑运算,支持从 Spring 容器中获取 Bean。它也支持列表投影、选择和一般的列表聚合等。

2. AOP、Aspects、Instrumentation 和 Messaging 模块

在核心容器之上是 AOP、Aspects 等模块。

AOP 模块:提供了面向切面编程实现,提供日志记录、权限控制、性能统计等通用功能与业务逻辑分离的技术,并且能动态地把这些功能添加到需要的代码中。这样各模块各司其职,降低业务逻辑和通用功能的耦合。

Aspects 模块:提供与 AspectJ 的集成。AspectJ 是一个功能强大且成熟的面向切面编程(AOP)框架。

Instrumentation 模块:提供了类工具的支持和类加载器的实现,可以在特定的应用服务器中使用。

Messaging 模块:Spring 4.0 以后新增了消息(Spring-messaging)模块,该模块提供了对消息传递体系结构和协议的支持。

3. 数据访问/集成(Data Access/Integration)模块

数据访问与集成模块由 JDBC、ORM、OXM、JMS 和事务模块组成。

JDBC 模块:提供了一个 JDBC 的样例模板。使用这些模板能消除传统冗长的 JDBC 编码和必需的事务控制,而且能享受到 Spring 管理事务的好处。

ORM 模块:提供与流行的对象-关系映射框架无缝集成的 API,包括 JPA、JDO、Hibernate 和 MyBatis 等。而且还可以使用 Spring 事务管理,无须额外控制事务。

OXM 模块:提供了一个支持 Object/XML 映射的抽象层实现,如 JAXB、Castor、XMLBeans、JiBX 和 XStream。可将 Java 对象映射成 XML 数据,或者将 XML 数据映射成 Java 对象。

JMS 模块:指 Java 消息服务(Java Messaging Service),提供一套"消息生产者、消息消费者"模板,可以更加简单地使用 JMS。JMS 用于在两个应用程序之间,或分布式系统中发送消息,进行异步通信。

Transactions 模块:事务管理模块,支持编程式和声明式事务管理。

4. Web 模块

Spring 的 Web 模块包括 Web、Servlet、WebSocket 和 Portlet 模块。

Web 模块：提供了基本的 Web 开发特性。例如多文件上传、使用 Servlet 监听器实现 IoC 容器的初始化以及 Web 应用上下文。

Servlet 模块：提供了一个 Spring MVC 框架的实现。Spring MVC 框架提供了基于注解的请求资源注入、更简单的数据绑定方式、数据验证等一套非常易用的 JSP 标签，可以与 Spring 其他模块无缝协作。

WebSocket 模块：提供了简单的接口，用户只要实现相应的接口就可以快速搭建 WebSocket Server，从而实现双向通信。

Portlet 模块：提供了在 Portlet 环境中使用 MVC 实现类似 Web-Servlet 模块的功能。

5. Test 模块

Test 模块：Spring 不仅支持 JUnit 和 TestNG 测试框架，而且还额外提供了一些基于 Spring 的测试功能，比如在测试 Web 应用程序时，可模拟 HTTP 请求的功能。

10.1.2 Spring 下载

Spring 是一个独立的框架，它不需要依赖任何 Web 服务器或容器，既可以在独立的 Java SE 项目中使用，也可以在 Jakarta EE 项目中使用。在使用 Spring 之前先要获取它的 jar 包，这些 jar 包可以从 Spring 官网下载。本书编写时 Spring 的最新稳定版本是 5.3.18，建议读者下载相同的版本。下载 Spring 的相关 jar 包可以按以下方案执行。

(1) Spring 的源代码已在 GitHub 平台上托管，可以从 GitHub 上下载最新的稳定版源码。

(2) Spring 官网建议通过 Maven 或 Gradle 加载 Spring 相关的 jar 包。

10.2 控制反转

视频讲解

控制反转是 Spring 框架的核心，可以用来降低组件间的耦合度。依赖注入(Dependency Injection，DI)是 IoC 最常见的一种方式。对于 Spring 来说，控制反转和依赖注入只是从不同角度来描述同一个概念。下面通过日常生活中的例子来解释控制反转和依赖注入。

当人们需要某种东西的时候，第一反应是找东西。比如，如果想吃面包，在没有面包店和有面包店的情况下，人们会怎样做？在没有面包店的时候，最常见的做法可能是按照自己的口味制作面包。时至今日，已经没有必要自己制作面包了。人们可以通过各式商家选择自己心仪的面包。注意，这个时候人们没有自己动手制作面包，而是由商家负责制作面包，购买的面包完全能满足人们的需求。

上面举了一个非常简单的例子，但包含了控制反转和依赖注入的思想。即人们把制作面包的任务交给了商家。就是说，当某个 Java 对象(调用者，如面包的消费者)需要调用另一个 Java 对象(被调用者，如面包)时，在传统的编程模式下，调用者会采用关键字 new 主动创建一个对象(消费者自己制作面包)。这种方式会增加调用者和被调用者之间的耦合度，不利于后期的升级与维护。

当 Spring 框架出现后，对象的实例不再由调用者创建，而是由 Spring 容器(如面包店)负责创建。Spring 容器会负责控制对象之间的关系(将面包送到消费者手中)，而不需要由调用者程序负责控制。这样,控制权发生了反转,由调用者转换到Spring容器,这就是控制反转。

对于Spring容器而言,它负责将被调用对象赋值给调用者的属性,相当于为调用者注入它所依赖的对象,这就是Spring的依赖注入。在Spring框架中,依赖注入是指Spring容器在运行期间动态地将某依赖资源注入对象中。例如,将对象B注入(赋值)给对象A(的属性)。控制反转和依赖注入是从不同角度来描述同一件事情。控制反转是从应用程序的角度来描述,即应用程序将创建所需外部资源的权利交给了Spring容器;而依赖注入是从Spring容器的角度来描述,即Spring容器向应用程序注入其所需要的外部资源。

综上所述,控制反转是一种通过声明(在Spring框架中可以是XML或注解)并借助第三方去产生或获取特定对象的方式。在Spring框架中实现控制反转的是Spring容器(IoC容器),其实现方法是依赖注入。为实现调用组件和被调用组件间的解耦,Spring框架将应用程序类与配置元数据相结合。这样,在创建和初始化Spring容器之后,就拥有了一个配置完整且可执行的应用程序,如图10-2所示。在Spring框架中,构成应用程序主干并由Spring容器管理的对象被称为Bean。Bean是由Spring容器实例化、组装和管理的对象。如果没有容器管理,Bean只是应用程序中许多对象中的一个。Bean以及它们之间的依赖关系反映在Spring容器使用的配置元数据中。

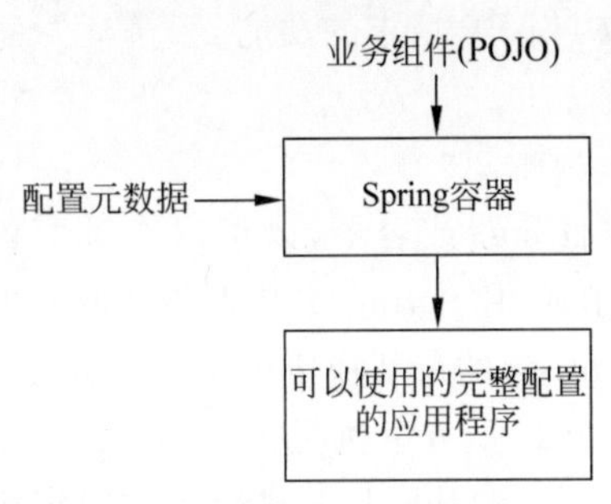

图10-2　Spring容器的初始化

10.2.1　配置元数据

Spring容器需要某种形式的配置元数据来实例化、配置和组装Bean。配置元数据可采用XML形式、Java注解形式和Java代码形式。Spring的配置元数据应至少包含一个Bean。

1. XML配置

基于XML方式配置元数据的做法是将Bean配置为顶级< beans/>标记中的< bean/>子标记。可以通过< bean >标记将Bean注册到Spring容器中,其基本形式如下:

```
<?xml version = "1.0" encoding = "UTF - 8"?>
< beans xmlns = "http://www.springframework.org/schema/beans"
   xmlns:xsi = http://www.w3.org/2001/XMLSchema - instance
xsi:schemaLocation = "http://www.springframework.org/schema/beans
https://www.springframework.org/schema/beans/spring - beans.xsd">
<!-- Bean 的定义 -->
< bean id = " … " class = " … ">
        <!-- 与该 Bean 相关的配置 -->
</bean >
<!-- 其他 Bean 的定义 -->
</beans >
```

其中,id属性用于唯一标识一个Bean,也是该Bean的名字。class属性使用全限定名来指定Bean的类型。< bean >标记的常用属性和子标记如表10-1所示。

表 10-1 <bean>标记的常用属性和子标记

属性或子标记	说　明
id	id 属性是<bean>标记的唯一标识符，Spring 容器对 Bean 的配置和管理都通过 id 属性完成。装配 Bean 时也需要通过 id 属性获取对象
name	name 属性可以为 Bean 指定多个名称，每个名称之间用逗号或分号隔开
class	class 属性可以指定 Bean 对应的类，取值为类的全限定名
scope	scope 属性用于设定 Bean 的作用域
<constructor-arg>	子标记，可以为 Bean 的属性指定值
<property>	子标记，作用是调用 Bean 实例中的 Setters 方法完成属性赋值，从而完成依赖注入。该子标记有以下 3 个属性。 name：指定 Bean 实例中的属性名；ref：指定参数名；value：指定参数值
<list>	<property>标记的子标记，用于指定 Bean 的属性类型为 List 或数组
<set>	<property>标记的子标记，用于指定 Bean 的属性类型为 Set
<map>	<property>标记的子标记，用于指定 Bean 的属性类型为 Map
<entry>	<map>标记的子标记，用于设置一个键值对
<props>	用于注入 key-value 的集合，其中 key 和 value 都是字符串类型

2. Java 代码配置

以 Java 代码形式配置元数据的做法是在@Configuration 类中使用@Bean 注解标注创建 Bean 的常用方法。如：

```
@Configuration
public class PersonConfig{
    @Bean
    public Person chinese(){
        return new Chinese();
    }
}
```

其中，@Configuration 注解的作用相当于 XML 中的<beans />标记，这样 PersonConfig 类就可以替代 XML 文件。而@Bean 注解用于修饰方法。默认情况下，方法的名字即为 Bean 的 id。也可以通过 name 属性指定一个名字，如：

```
@Bean(name = "cBean")
public Person chinese(){ … }
```

3. 注解配置

使用注解的形式配置元数据一般采用@ComponentScan 注解以配置需要扫描的包，在指定的包中用@Component 注解标注 Bean 对应的类。例如：

```
@ComponentScan("com.example.spring.anno.bean")
public class PersonConfig{
}
```

可在 com. example. spring. anno. bean 包及其子包中用@Component 指定 Bean 对应

的类,如:

```
@Component
public class Chinese{
    …
}
```

10.2.2 实例化 Spring 容器

实现控制反转的是 Spring 容器。Spring 容器的基础包有两个,分别是 org.springframework.beans 和 org.springframework.context。其中的 BeanFactory 接口提供了一种配置机制,能够管理任何类型的对象。作为 BeanFactory 接口的子接口,ApplicationContext 接口(org.springframework.context.ApplicationContext)增加了一些新特性,添加了对 AOP、国际化、资源访问、事件发布等方面的支持。

1. BeanFactory 接口

BeanFactory 接口提供了完整的 IoC 支持,是一个管理 Bean 的工厂,主要负责初始化各种 Bean。BeanFactory 接口有多个实现类,其中比较常见的是 org.springframework.beans.factory.xml.XmlBeanFactory,该类会根据 XML 配置文件中的配置元数据来装配 Bean。

2. ApplicationContext 接口

ApplicationContext 接口代表 Spring 容器,它负责实例化、配置和组装 Bean。容器通过读取配置元数据来获取关于实例化、配置和组装对象的指令。配置元数据以 XML、Java 注解或 Java 代码的形式呈现。对于一般的应用程序,可以采用以下两种方式创建 ApplicationContext 的实例:

1) 通过 ClassPathXmlApplicationContext 创建

ClassPathXmlApplicationContext 从类路径中寻找指定的 XML 配置文件,例如:

```
ApplicationContext context = new
    ClassPathXmlApplicationContext("daos.xml");
```

2) 通过 AnnotationConfigApplicationContext 创建

AnnotationConfigApplicationContext 是一个基于注解注册和组件扫描的容器上下文,它既可以接受以@Configuration 注解标注的类作为参数,也可以接受由@ComponentScan 注解标注的类作为参数。例如:

```
ApplicationContext context = new
    AnnotationConfigApplicationContext(PersonConfig.class);
```

10.2.3 使用 Spring 容器

ApplicationContext 是为提供应用程序配置的核心接口,能够维护不同的 Bean 的注册信息和它们之间的依赖关系。通过调用 T getBean(String name, Class<T> requiredType)方法,可以获取相关 Bean 的实例。该接口继承自 BeanFactory 接口。其中,BeanFactory 接口定义的 getBean()方法如表 10-2 所示。

表 10-2 BeanFactory 接口定义的 getBean()方法

方法原型	说明
<T> T getBean(Class<T> requiredType)throws BeansException	返回唯一匹配参数类型的 Bean
<T> T getBean(Class<T> requiredType, Object… args) throws BeansException	根据参数类型返回指定 Bean
<T> T getBean(String name, Class<T> requiredType) throws BeansException	根据参数名称、类型获取 Bean
Object getBean(String name)throws BeansException	根据参数名称获取 Bean
Object getBean(String name,Object…args)throws BeansException	根据参数名称获取 Bean

10.2.4 Spring 基础案例

本节讲授一个简单的 Spring 应用程序,其功能是在控制台输出特定字符串。通过这个入门程序向读者演示 Spring 框架的使用过程,具体步骤如下。

1. 创建一个 Maven 项目,并引入相关依赖

在 Eclipse 中创建一个名为 spring 的 Maven 项目。创建项目后,修改 pom.xml 文件,加入项目需要的 jar 包。本项目依赖 Spring 框架的 4 个核心 jar 包,分别为 Spring-Core,Spring-beans,Spring-context 和 Spring-expression 以及用于单元测试的 JUnit 和 Spring 的依赖包 commons-loggings。pom.xml 文件内容如文件 10-1 所示。

【文件 10-1】 pom.xml

```
<properties>
    <!-- Spring 版本号 -->
    <spring.version>5.3.18</spring.version>
</properties>
<dependencies>
    <dependency>
        <groupId>junit</groupId>
        <artifactId>junit</artifactId>
        <version>4.10</version>
        <scope>test</scope>
    </dependency>
    <!-- Spring 核心包 Spring beans -->
    <dependency>
        <groupId>org.springframework</groupId>
        <artifactId>spring-beans</artifactId>
        <version>${spring.version}</version>
    </dependency>
    <!-- Spring 核心包 Spring core -->
    <dependency>
        <groupId>org.springframework</groupId>
        <artifactId>spring-core</artifactId>
        <version>${spring.version}</version>
    </dependency>
    <!-- Spring 核心包 Spring context -->
    <dependency>
        <groupId>org.springframework</groupId>
        <artifactId>spring-context</artifactId>
```

```
        <version>${spring.version}</version>
    </dependency>
    <!-- Spring核心包 Spring expression -->
    <dependency>
        <groupId>org.springframework</groupId>
        <artifactId>spring-expression</artifactId>
        <version>${spring.version}</version>
    </dependency>
    <!--Spring依赖包 commons-logging -->
    <dependency>
        <groupId>commons-logging</groupId>
        <artifactId>commons-logging</artifactId>
        <version>1.2</version>
    </dependency>
</dependencies>
```

2. 创建接口

在src/main/java文件夹下创建名为com.example.spring.demo的包。在该包下创建一个名为Person的接口,并定义相关抽象方法,代码如文件10-2所示。

【文件10-2】 Person.java

```java
package com.example.spring.demo;

public interface Person {
    public void drink();
}
```

3. 创建实现类

在com.example.spring.demo包中创建Person接口的两个实现类,Chinese类和Russian类,代码分别如文件10-3和文件10-4所示。

【文件10-3】 Chinese.java

```java
package com.example.spring.demo;

public class Chinese implements Person {
    public void drink() {
        System.out.println("Chinese drink tea.");
    }
}
```

【文件10-4】 Russian.java

```java
package com.example.spring.demo;

public class Russian implements Person {
    private String drink;
    //此处省略了Getters/Setters方法
    public void drink() {
        System.out.println("Russian drink " + drink + ".");
    }
}
```

4. 编写配置文件

在 src/main/resources 目录下编写 Spring 的配置文件。Spring 的配置文件可以被任意命名，一般为 applicationContext. xml。本例中，将配置文件命名为 demo-application. xml，内容如文件 10-5 所示。

【文件 10-5】 demo-application. xml

```
1  <?xml version = "1.0" encoding = "UTF - 8"?>
2  < beans xmlns = "http://www.springframework.org/schema/beans"
3  xmlns:xsi = "http://www.w3.org/2001/XMLSchema - instance"
4  xsi:schemaLocation = "http://www.springframework.org/schema/beans
5  http://www.springframework.org/schema/beans/spring - beans.xsd">
6
7      < bean id = "ch" class = "com.example.spring.demo.Chinese"/>
8      < bean id = "ru" class = "com.example.spring.demo.Russian">
9          < property name = "drink" value = "vodka"/>
10     </bean >
11 </beans >
```

在文件 10-5 中，第 7～10 行代码通过< bean >标记配置两个类，Chinese 和 Russian。其中的 id 属性分别用于标识两个 Bean 的名字，ch 和 ru。class 属性指定待实例化的类的全限定名。第 9 行，< property >标记为对象的属性赋值，name 属性指定类的属性名，value 属性指定属性的值。

5. 创建测试类

在 src/test/java 目录下创建名为 com. example. spring. demo 的包，并创建名为 PersonDemoTest 的测试类，代码如文件 10-6 所示。

【文件 10-6】 PersonDemoTest. java

```
1  package com.example.spring.demo;
2  //import 部分此处略
3  public class PersonDemoTest {
4
5      @Test
6      public void testPersonDrink() {
7          String file = "demo - application.xml";
8          //初始化 Spring 容器 ApplicationContext,加载配置文件
9          ClassPathXmlApplicationContext ac =
10             new ClassPathXmlApplicationContext(file);
11         //通过容器获取类的实例
12         Chinese c = ac.getBean("ch",Chinese.class);
13         Russian r = (Russian)ac.getBean(Russian.class);
14         ac.close();
15         c.drink();
16         r.drink();
17     }
18 }
```

文件 10-6 中的第 7 行指定要读取的 Spring 的配置文件，第 9～10 行初始化 Spring 容器并加载配置文件。第 12 行和第 13 行通过 Spring 容器获取两个 Bean，c 和 r。然后调用这

两个 Bean 的 drink()方法在控制台输出信息。程序运行结果如图 10-3 所示。由文件 10-6 可知,测试方法并没有使用 new 关键字来创建 Chinese 类和 Russian 类的对象,而是委托 Spring 容器来创建对象并通过 Spring 容器来获取对象,这就是 Spring IoC/DI 的工作机制。

```
Chinese drink tea.
Russian drink vodka.
```

图 10-3 入门程序运行结果

10.3 Bean 实例化

在面向对象程序设计中,如果需要使用某个类的对象,首先要实例化这个类。同样地,当通过控制反转将类的实例化任务交给 Spring 容器后,如果需要某个 Bean,也需要实例化相应的类。在 Spring 中,Bean 的配置(或定义)的本质是创建对象的方法。当需要 Bean 时,容器查看对应 Bean 的配置,并使用该 Bean 的配置元数据来创建(或获取)Bean。Spring 容器创建 Bean 有 3 种方式:构造器实例化、静态工厂实例化和实例工厂实例化。

10.3.1 构造器实例化

构造器实例化是指 Spring 容器通过 Bean 对应类中默认的无参数构造方法来创建 Bean。代码可参考 10.2.4 节的案例。

10.3.2 静态工厂实例化

使用静态工厂方式创建 Bean 时,要求开发者定义一个静态工厂类,用静态工厂类中的方法创建 Bean。此时,Bean 的配置元数据中的 class 属性所指定的不再是 Bean 的实现类,而是静态工厂类。同时,需要使用< bean >标记的 factory-method 属性指定静态工厂方法。例如,对于 10.2.4 节的案例,可以创建一个名为 Japanese 的类并实现 Person 接口,代码如文件 10-7 所示。

【文件 10-7】 Japanese.java

```
1  package com.example.spring.instantiation.bean;
2
3  public class Japanese implements Person{
4      private Japanese() {}
5      private static Japanese jap = new Japanese();
6      public static Japanese createInstance() {
7          return jap;
8      }
9
10     public void drink() {
11         System.out.println("Japanese drink sake.");
12     }
13 }
```

如文件 10-7 所示,Japanese 类定义了一个私有的无参数构造方法(第 4 行),这样阻断了 Spring 容器通过构造器实例化该类的路径。同时,定义了一个静态工厂方法

createInstance()(第 6～8 行),其他类或对象可以调用此方法获取该类的实例。

相应地,修改配置文件,可增加关于 Japanese 类的 Bean 配置元数据,代码如下:

```
<bean id = "jp"
  class = "com.example.spring.instantiation.bean.Japanese"
  factory - method = "createInstance"/>
```

其中用< bean >标记定义了一个 id 为 jp 的 Bean,并利用 class 属性定义了一个静态工厂。本例中,将这个类本身作为静态工厂,通过 factory-method 属性指定静态工厂方法为 createInstance()。

10.3.3 实例工厂实例化

实例工厂实例化的方式就是直接创建 Bean 的实例。在 XML 配置文件中,不使用 class 属性直接指向 Bean 实例所属的类,而是通过 factory-bean 属性指向为 Bean 配置的实例工厂,并使用 factory-method 属性指定要调用的实例工厂中的方法。

例如,对于 10.2.4 节的案例,可以创建一个名为 Indian 的类并实现 Person 接口,代码略。在 com.example.spring.instantiation.factory 包中创建 MyInstanceFactory 类,代码如文件 10-8 所示。

【文件 10-8】 MyInstanceFactory.java

```
package com.example.spring.instantiation.factory;

import com.example.spring.instantiation.bean.Indian;
import com.example.spring.instantiation.bean.Person;

public class MyInstanceFactory {
    private static Indian in = new Indian();
    public Person createIndInstance() {
        return in;
    }
}
```

相应地,修改配置文件,增加两个 Bean 的配置元数据,并配置实例工厂。部分代码如下:

```
1 <bean id = "ins"
2 class = "com.example.spring.instantiation.factory.MyInstanceFactory" />
3     <bean id = "ind"
4     factory - bean = "ins"
5     factory - method = "createIndInstance"/>
```

其中,第 1～2 行配置了一个 Bean 实例工厂。第 3～5 行配置了一个 id 为 ind 的 Bean,用来代表 Indian 类的实例。使用 factory-bean 属性来指定 Bean 配置的实例工厂,该属性值就是 Bean 实例工厂的 id。使用 factory-method 属性指定要调用的实例工厂中的方法。

10.4 依赖注入

企业级应用程序不是由单个对象(或者 Bean)组成的。即使是最简单的应用程序,也需要几个对象一起工作,以应用程序的形式呈现给用户。本节将讲授如何从多个独立 Bean 的定义,过渡到一个完整的应用程序。在这个应用程序中,多个对象会通过协作以实现一个目标。

10.4.1 注入 Bean 属性

视频讲解

依赖项注入是一个过程,对象(Bean)定义其依赖项(即与它们一起工作的其他对象),容器在创建 Bean 的时候向 Bean 注入这些依赖项(对属性赋值)。依赖注入通常有两种实现方式:一种是构造方法注入,一种是属性的 Setters 方法注入。当对象具有依赖关系时,依赖注入使对象间的耦合更为松散。对象不查找其依赖项,也不知道依赖项的位置或类别。应用依赖注入后,代码更整洁。

1. 构造方法注入

基于构造方法的依赖注入是通过 Spring 容器调用一个带有多个参数的构造方法来实现的,每个参数代表一个依赖项。构造方法可以是有参数的,也可以是无参数的。Spring 在读取配置信息后,会通过反射方式调用构造方法。如果构造方法有参数,可以先在构造方法中传入所需的参数值,再创建对象。

下面通过案例介绍构造方法注入的过程。

1)创建实体类

在 src/main/java 目录下创建一个名为 com.example.spring.di.bean 的包,并在该包中创建两个类,分别为 Grade 类和 Student 类,代码如文件 10-9 和文件 10-10 所示。

【文件 10-9】 Grade.java

```
package com.example.spring.di.bean;

public class Grade {
    private int year;
    private String remark;

    public Grade(int year,String remark) {
        this.year = year;
        this.remark = remark;
    }
    //为方便查看结果,重写 toString()方法,此处略
}
```

【文件 10-10】 Student.java

```
package com.example.spring.di.bean;

public class Student {
    private int id;
    private String name;
    private Grade grade;

    public Student(int id, String name, Grade grade) {
        super();
        this.id = id;
        this.name = name;
```

```
        this.grade = grade;
    }
    //为方便查看结果,重写 toString()方法,此处略
}
```

2）创建配置文件

在 src/main/resources 目录下创建名为 di-application.xml 的配置文件，并添加 Grade 和 Student 类的配置信息。利用配置文件设置构造方法的参数，共有 3 种方案可选：类型匹配、索引匹配和名称匹配。3 种方式都需要用<constructor-arg>标记为 Bean 的属性注入参数值，代码如文件 10-11 所示。

【文件 10-11】 di-application.xml

```
1  <bean id = "grade" class = "com.example.spring.di.bean.Grade">
2      <constructor - arg type = "int" value = "4" />
3      <constructor - arg type = "java.lang.String" value = "四年级" />
4  </bean>
5
6  <bean id = "student" class = "com.example.spring.di.bean.Student">
7      <constructor - arg name = "id" value = "2" />
8      <constructor - arg name = "name" value = "李四" />
9      <constructor - arg index = "2" ref = "grade" />
10 </bean>
```

如文件 10-11 所示，采用<constructor-arg>标记给 Bean 的属性注入参数值。对属性注入参数值时，如果采用类型匹配，要利用<constructor-arg>标记的 type 属性指定参数的类型，由 value 属性指定对应参数的值。Spring 的类型转换服务会自动将 value 属性指定的值从 String 类型转换为对象属性实际需要的类型（第 2 和第 3 行）。如果采用属性的名称匹配方式，只要利用<constructor-arg>标记的 name 属性指定参数名字，参数出现的顺序无关紧要（第 7、第 8 行）。如果采用属性的索引匹配，只要按照属性被定义的顺序依次注入，属性的索引从 0 开始（第 9 行）。对于基本数据类型和 String 类型的属性，注入参数值的时候采用 value 属性指定其值。对于对象类型的属性，需要先创建相关 Bean（第 1 行，创建 Grade Bean），然后用 ref 属性引用对应 Bean 的 id（第 9 行）。

3）编写测试代码

设定好相关的注入方法后，可以在 src/test/java 目录下创建测试类 TestStudent，编写 JUnit 测试代码查看注入的效果，代码如文件 10-12 所示。

【文件 10-12】 TestStudent.java

```
package com.example.spring.test;

import org.junit.Test;
import org.slf4j.Logger;
import org.slf4j.LoggerFactory;
import org.springframework.context.support.
ClassPathXmlApplicationContext;
import com.example.spring.di.bean.Grade;
import com.example.spring.di.bean.Student;

```

```
public class TestStudent {

    private final Logger logger =
        LoggerFactory.getLogger(TestStudent.class);

    @Test
    public void testTypeMatchingMethod() {
        String file = "di-application.xml";
        ClassPathXmlApplicationContext ac = new
            ClassPathXmlApplicationContext(file);
        Student st = (Student)ac.getBean("student");
        logger.info(st.toString());
    }
}
```

执行测试代码,完成属性注入后的结果如图 10-4 所示。

```
INFO [main] - Student [id=2, name=李四, grade=Grade [year=4, remark=四年级]]
```

图 10-4　属性注入后的结果

此外,对于利用构造方法进行属性值注入,Spring 提供了 c-命名空间,以简化 Bean 的属性设置。当属性数量较多时,例如在文件 10-11 的第 7～9 行需要罗列很多的< constructor-arg >标记。此时,可以使用 c-命名空间作为< constructor-arg >标记的替代方案,将配置文件的内容变得更为简洁。为了启用 c-命名空间,必须在 XML 配置文件中与其他的命名空间一起对其进行声明:

```
<beans
xmlns="http://www.springframework.org/schema/beans"
xmlns:c="http://www.springframework.org/schema/c"
xmlns:xsi="http://www.w3.org/2001/XMLSchema-instance"
xsi:schemaLocation="http://www.springframework.org/schema/beans
http://www.springframework.org/schema/beans/spring-beans.xsd">
```

图 10-5 阐述了 c-命名空间属性是如何构成的。首先,属性的名字使用了 c:前缀,表明当前设置的是构造方法的参数。接下来就是要注入的构造方法的参数名。如果参数值是一个 Bean 的引用,则带有-ref 后缀,如果不带有-ref 后缀,所注入的就是字面量。

标记
c-命名空前缀
c:grade-ref = "grade"
属性名　被注入的Bean的id或属性值

图 10-5　c-命名空间属性结构

对于 Student 类构造方法的参数的设置,可以使用 c-命名空间改写如下:

```
<bean id="student" class="com.example.spring.di.bean.Student"
    c:id = "2"
    c:name = "李四"
    c:grade-ref = "grade" />
```

类似地,使用 c-命名空间也可以对 Grade 类的构造方法的参数进行设置,相关改造读者可自行完成。

2. Setters 方法注入

Setters 方法注入是 Spring 最主流的注入方式，这种方法简单、直观。在被注入的类中声明一个 Setters 方法，通过 Setters 方法的参数注入对应的值，可参考 10.2.4 节的案例。其中对 Russian 类的 drink 属性的注入就是利用了属性 Setters 方法注入。

此外，Spring 提供了 p-命名空间，以简化 Bean 的属性设置。当属性数量较多时，例如在文件 10-5 的第 9 行需要罗列很多的<property>标记。此时，可以使用 p-命名空间作为<property>标记的替代方案，将配置文件的内容变得更为简洁。为了启用 p-命名空间，必须在 XML 配置文件中与其他的命名空间一起对其进行声明。

```
<beans
    xmlns = "http://www.springframework.org/schema/beans"
    xmlns:p = "http://www.springframework.org/schema/p"
    xmlns:xsi = "http://www.w3.org/2001/XMLSchema - instance"
    xsi:schemaLocation = "http://www.springframework.org/schema
    /beans
http://www.springframework.org/schema/beans/spring - beans.xsd">
```

p-命名空间中属性所遵循的命名约定与 c-命名空间类似，图 10-6 阐述了 p-命名空间属性是如何组成的。

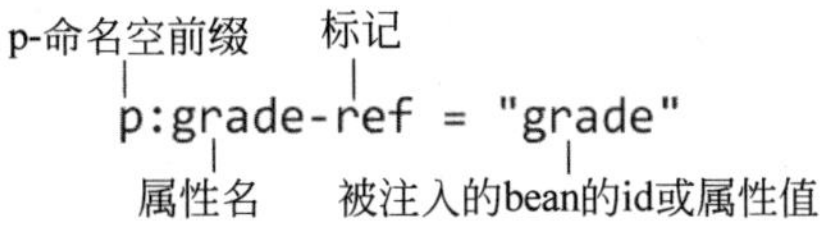

p-命名空间前缀　标记

p:grade-ref = "grade"

属性名　被注入的bean的id或属性值

图 10-6　p-命名空间属性结构

对于文件 10-5，第 9～11 行可用 p-命名空间改写为：

```
<bean id = "ru" class = "com.example.spring.demo.xml.Russian"
    p:drink = "vodka" />
```

10.4.2　注入集合

可以在<bean>标记的<property>子标记中，使用<list>、<map>、<set>、<props>子标记配置 Java 集合类型的属性和参数，例如 List、Set、Map 以及 Properties 等，进而实现注入集合类型的参数。

1. 在集合中设置普通类型的值

下面通过一个案例，介绍如何注入集合类型的属性和参数，步骤如下所述。

1）创建类

在 com.example.spring.di.bean 包中创建 CollectionBean 类，将 Array、List、Set、Map 对象声明为类的属性，代码如文件 10-13 所示。

【文件 10-13】 CollectionBean.java

```
package com.example.spring.di.bean;
//import 部分此处略
public class CollectionBean {
```

```
    //数组类型属性
    private String[] courses;
    //List 集合类型属性
    private List<String> list;
    //Map 集合类型属性
    private Map<String, String> maps;
    //Set 集合类型属性
    private Set<String> sets;
    //此处省去了 Setters()方法
    //为便于查看输出,重写了 toString()方法,此处略
}
```

2）编写配置文件

在 src/main/resources 目录下创建一个名为 collection-application.xml 的配置文件。编写 CollectionBean 的配置元数据，代码如文件 10-14 所示。

【文件 10-14】 collection-application.xml

```
<bean id="col" class="com.example.spring.di.bean.CollectionBean">
        <!-- 数组类型 -->
        <property name="courses">
            <array>
                <value>Java</value>
                <value>PHP</value>
                <value>C 语言</value>
            </array>
        </property>

        <!-- List 类型 -->
        <property name="list">
            <list>
                <value>张三</value>
                <value>李四</value>
                <value>王五</value>
                <value>赵六</value>
            </list>
        </property>

        <!-- Map 类型 -->
        <property name="maps">
            <map>
                <entry key="JAVA" value="java" />
                <entry key="PHP" value="php" />
            </map>
        </property>

        <!-- Set 类型 -->
        <property name="sets">
            <set>
                <value>MySQL</value>
                <value>Redis</value>
```

```
            </set>
        </property>
    </bean>
```

3）编写测试代码

测试代码此处略。执行测试代码后的控制台输出内容如图 10-7 所示。

```
INFO [main] - CollectionBean [courses=[Java, PHP, C 语言], list=[张三, 李四, 王五, 赵六], maps={JAVA=java, PHP=php}, sets=[MySQL, Redis]]
```

图 10-7　基本数据类型属性注入结果

2. 在集合中设置对象类型的值

下面通过一个案例，介绍如何借助< ref >标记向集合类型的属性注入对象类型的值。

1）创建实体类

在 com. example. spring. di. bean 包中创建两个类，代表员工的 Staff 类和代表部门的 Dept 类。代码分别如文件 10-15 和文件 10-16 所示。

【文件 10-15】 Staff. java

```
package com.example.spring.di.bean;

public class Staff {
    private int staffId;
    private String staffName;
    //此处略去 Setters 方法
    //为方便查看结果,重写了 toString()方法,此处略
}
```

【文件 10-16】 Dept. java

```
package com.example.spring.di.bean;

import java.util.Arrays;

public class Dept {
    private int deptId;
    private String deptName;
    private Staff[] staves;
    //此处略去 Setters 方法
    //为方便查看结果,重写了 toString()方法,此处略
}
```

2）编写配置文件

在 src/main/resources 目录下创建一个名为 collection-application2. xml 的配置文件。编写 Staff 类和 Dept 类的配置元数据，代码如文件 10-17 所示。

【文件 10-17】 collection-application2. xml

```
<?xml version = "1.0" encoding = "UTF - 8"?>
<beans
xmlns = "http://www.springframework.org/schema/beans"
```

```
4   xmlns:p = "http://www.springframework.org/schema/p"
5   xmlns:util = "http://www.springframework.org/schema/util"
6   xmlns:xsi = "http://www.w3.org/2001/XMLSchema-instance"
7   xsi:schemaLocation = "http://www.springframework.org/schema/beans
8   http://www.springframework.org/schema/beans/spring-beans.xsd
9   http://www.springframework.org/schema/util
10  http://www.springframework.org/schema/util/spring-util.xsd">
11
12      <bean id = "staff1" class = "com.example.spring.di.bean.Staff"
13          p:staffId = "1"
14          p:staffName = "WuQi" />
15      <bean id = "staff2" class = "com.example.spring.di.bean.Staff"
16          p:staffId = "2"
17          p:staffName = "YueFei"/>
18      <bean id = "staff3" class = "com.example.spring.di.bean.Staff"
19          p:staffId = "3"
20          p:staffName = "HanXin"/>
21      <util:list id = "emplist">
22          <ref bean = "staff1" />
23          <ref bean = "staff2" />
24          <ref bean = "staff3" />
25      </util:list>
26      <bean id = "dept" class = "com.example.spring.di.bean.Dept"
27          p:deptId = "333"
28          p:deptName = "trade union"
29          p:staves-ref = "emplist" />
30  </beans>
```

文件 10-17 首先配置了 Staff 类的元数据，定义了 3 个 Bean，并利用 p-命名空间分别设置了相关的属性值(第 12～20 行)。第 21～25 行用 util-命名空间提供的功能之一，<util-list>元素创建一个列表的 Bean。借助<util-list>，可以将员工列表转移到 Dept Bean 的配置元数据之外，并将其暴露为一个 Bean。要使用 util-命名空间，需要加入命名空间声明(第 5 行)和对应的约束(第 9、10 行)。最后，利用<ref>标记将<util-list>的引用设置为 Dept Bean 的属性(第 29 行)。表 10-3 列出了 util-命名空间提供的所有标记。

表 10-3　util-命名空间的所有标记

标　　记	说　　明
<util:constant>	引用某个类型的 public static 域，并将其暴露为 Bean
<util:list>	创建一个 java.util.List 类型的 Bean，其中包含值或引用
<util:map>	创建一个 java.util.Map 类型的 Bean，其中包含值或引用
<util:properties>	创建一个 java.util.Properties 类型的 Bean
<util:property-path>	引用一个 Bean 的属性，并将其暴露为一个 Bean
<util:set>	创建一个 java.util.Set 类型的 Bean，其中包含值或引用

3）编写测试代码

测试代码此处略。执行测试代码后的控制台输出内容如图 10-8 所示。

```
INFO [main] - Dept [deptId=333, deptName=trade union, staves=[Staff [staffId=1,
staffName=WuQi], Staff [staffId=2, staffName=YueFei], Staff [staffId=3,
staffName=HanXin]]]
```

图 10-8　对象类型属性注入结果

10.5　Bean 的作用域

Spring 容器创建一个 Bean 时，还可以为该 Bean 指定作用域。Bean 的作用域是指 Bean 实例的有效范围。Spring 容器为 Bean 指定了 6 种作用域，具体如表 10-4 所示。

视频讲解

表 10-4　Bean 的作用域

作用域名称	说　明
singleton	默认的作用域，使用 singleton 定义的 Bean 在 Spring 容器中只有一个实例
prototype	每次从容器中请求 Bean 时，都会产生一个新的实例
request	在一次 HTTP 请求中容器将返回一个 Bean 实例，不同的 HTTP 请求返回不同的 Bean 实例，仅在 Spring Web 应用程序上下文中使用
session	在一个 HTTP session 中，容器将返回同一个 Bean 实例，仅在 Spring Web 应用程序上下文中使用
application	为每个 ServletContext 对象创建一个实例，即同一个应用共享一个 Bean 实例，仅在 Spring Web 应用程序上下文中使用
websocket	为每个 Web Socket 创建一个 Bean 实例，仅在 Spring Web 应用程序上下文中使用

在表 10-4 列举的 6 种作用域中，singleton 和 prototype 是最常用的两种。后面 4 种作用域仅在 Spring Web 应用程序上下文中使用。

当 Bean 的作用域设置为 singleton 时，Spring 容器仅生成和管理一个 Bean 实例。在使用 id 或 name 获取 Bean 实例时，Spring 容器将返回共享的 Bean 实例。在 Spring 的配置文件中，可以使用< bean >标记的 scope 属性，将 Bean 的作用域定义为 singleton，例如：

```
<bean id = "scopeInstance" class = "instance.BeanClass">
```

或

```
<bean id = "scopeInstance" class = "instance.BeanClass"
    scope = "singleton">
```

文件 10-18 中的代码用来验证 singleton 作用域的功能。

【文件 10-18】　TestScope.java

```
package com.example.spring.test;
import com.example.spring.di.bean.SingletonBean;
//其余 import 部分略
public class TestScope {

    private final Logger logger =
        LoggerFactory.getLogger(TestScope.class);

```

```
9       @Test
10      public void testSingleton() {
11          String file = "scope - application.xml";
12          ClassPathXmlApplicationContext ac =
13              new ClassPathXmlApplicationContext(file);
14          SingletonBean b1 = ac
15              .getBean("singleton",SingletonBean.class);
16          SingletonBean b2 = ac
17              .getBean("singleton",SingletonBean.class);
18          logger.info(b1.toString());
19          logger.info(b2.toString());
20      }
21  }
```

如文件 10-18 所示，在配置文件 scope-application. xml 中将 Bean 的作用域定义为 singleton(配置文件代码略)。第 14～17 行分别获取两个 Singleton Bean。上述测试代码的运行结果如图 10-9 所示。从运行结果可知，在使用 id 或 name 获取 Bean 实例时，Spring 容器仅仅返回同一个 Bean 实例。

```
INFO [main] - com.example.spring.di.bean.SingletonBean@6b6776cb
INFO [main] - com.example.spring.di.bean.SingletonBean@6b6776cb
```

图 10-9 singleton 作用域的测试结果

当 Bean 的作用域设置为 prototype 时，Spring 容器将为每次请求创建一个新的实例，配置文件示例代码如下：

```
< bean id = "scopeInstance" class = "instance.BeanClass"
    scope = "prototype">
```

测试的运行结果如图 10-10 所示。可知，在将 Bean 的作用域设置为 prototype 时，Spring 容器会返回两个不同的 Bean 实例。

```
INFO [main] - com.example.spring.di.bean.PrototypeBean@55c53a33
INFO [main] - com.example.spring.di.bean.PrototypeBean@6e01f9b0
```

图 10-10 prototype 作用域的测试结果

10.6 Spring 的组件装配

在 Spring 中，对象无须自己查找或创建与其关联的其他对象。相反，容器负责把需要协作的对象引用并赋予各个对象。例如。一个订单管理组件需要信用卡认证组件，但它不需要自己创建信用卡认证组件，Spring 容器会主动赋予它一个信用卡认证组件。

创建对象之间协作关系的行为通常称为装配(wiring)，这也是依赖注入的本质。本节介绍使用 Spring 装配 Bean 的基础知识。利用 Spring 进行组件装配有很大的灵活性。Spring 提供了 3 种主要的装配机制：基于 XML 的装配、基于 Java 代码的装配和自动装配。

Spring 支持几种装配方式搭配使用。即选择使用 XML 装配一些 Bean，使用基于 Java 的配置来装配一些 Bean，剩余的 Bean 可以自动装配。Spring 容器虽然功能强大，但它本身不过是一个空壳而已，它自己并不能独自完成装配工作。需要开发人员主动将 Bean 放进去，并告诉它 Bean 和 Bean 之间的依赖关系，它才能按照要求完成装配工作。

10.6.1 基于 XML 的装配

基于 XML 的装配就是读取 XML 配置文件中的信息完成依赖注入。前面的案例都是在 XML 配置中通过< constructor-arg >和< property >标记中的 ref 属性，手动维护 Bean 与 Bean 之间的依赖关系的。

例如，一个部门(Dept)可以有多名员工(Staff)，而一名员工只能属于一个部门。这种关联关系在 XML 配置的 Bean 中定义如下：

```
<beans>
    <!-- 部门 Dept 的 Bean 定义 -->
    <bean id = "dept" class = "com.example.spring.di.bean.Dept" />
    <!-- 员工 Staff 的 Bean 定义 -->
    <bean id = "staff" class = "com.example.spring.di.bean.Staff">
        <!-- 通过 <property> 元素维护 Staff 和 Dept 的依赖关系 -->
        <property name = "dept" ref = "dept" />
    </bean>
</beans>
```

对于只包含少量 Bean 的应用来说，这种方式已经可以满足需求了。但随着应用的不断发展，容器中包含的 Bean 会越来越多，Bean 和 Bean 之间的依赖关系也越来越复杂，这就使得需要编写的 XML 配置也越来越复杂，越来越烦琐。

过于复杂的 XML 配置不但可读性差，而且编写起来极易出错，严重降低了开发效率。并且，XML 以字面量的形式配置 Bean 之间的依赖关系，没有编译器的类型检查功能，无法做到准确的类型匹配。为了解决这一问题，Spring 框架提供了基于 Java 代码的装配方式。

10.6.2 基于 Java 代码的装配

组件装配的另一种选择是基于 Java 代码的配置，它依赖字节码元数据来装配组件，而不是尖括号声明。开发人员无须使用 XML 来描述 Bean 之间的依赖关系，而是通过使用相关类、方法或属性声明上的注解，将配置元数据安放在组件类上。这并不意味着 Java 代码方式一定优于 XML 方式，每种方法都有其优缺点，通常由开发人员决定哪种策略更合适。

Spring 支持的用于组件装配的注解很多，常用的如表 10-5 所示。

表 10-5 Spring 常用的组件装配注解

注　解	说　明
@Component	用于描述 Spring 中的 Bean，它是一个泛化概念，仅仅表示容器中的一个组件(Bean)，并且可以作用在应用的任何层次，例如业务层(Service 层)、数据访问层(DAO 层)等。使用时只需将该注解标注在相应类上即可
@Repository	用于将数据访问层(DAO 层)的类标识为 Spring 中的 Bean，其功能与@Component 相同
@Service	用于将业务层(Service 层)的类标识为 Spring 中的 Bean，其功能与@Component 相同
@Controller	用于将控制层(如 Struts2 的 Action、SpringMVC 的 Controller)的类标识为 Spring 中的 Bean，其功能与@Component 相同

续表

注　解	说　明
@Autowired	可以应用到 Bean 的属性变量、方法及构造方法,默认按照 Bean 的类型进行装配。默认情况下它要求依赖对象必须存在,如果允许 null 值,可以设置它的 required 属性为 false。如果想使用按照名称(byName)来装配,可以结合@Qualifier 注解一起使用
@Resource	作用与@Autowired 相同,区别在于@Autowired 默认按照 Bean 类型装配,而@Resource 默认按照 Bean 的名称进行装配。@Resource 中有两个重要属性：name 和 type。Spring 将 name 属性解析为 Bean 的实例名称,将 type 属性解析为 Bean 的实例类型。 如果指定 name 属性,则按实例名称进行装配。 如果指定 type 属性,则按 Bean 类型进行装配。 如果都不指定,则先按 Bean 实例名称装配,如果不能匹配,则再按照 Bean 类型进行装配；如果都无法匹配,则抛出 NoSuchBeanDefinitionException 异常
@Qualifier	与@Autowired 注解配合使用,会将默认的按 Bean 类型进行的装配修改为按 Bean 的实例名称装配,Bean 的实例名称由@Qualifier 注解的参数指定
@Value	指定 Bean 实例的注入值
@Scope	指定 Bean 实例的作用域

提示：Spring 5 支持使用 JSR 250 中的@Resource 注解,即 javax.annotation.Resource。因此,代码中如用到@Resource 注解,则需要 Tomcat 9(或更低版本)的支持。

表 10-5 列举的注解是 Spring 常用的组件装配注解。需要注意的是,虽然@Controller、@Service 和@Repository 注解的功能与@Component 注解的功能相同,但为了使被标注的类本身的用途更加清晰,建议在开发中使用@Controller、@Service 和@Repository 注解分别标注控制器 Bean、业务逻辑 Bean 和数据访问 Bean。

下面,通过一个例子介绍基于 Java 代码的组件装配方法,步骤如下。

1. 导入依赖

在项目的 pom.xml 文件中导入 spring-test 依赖包,方便进行单元测试,添加如下依赖：

```
<dependency>
    <groupId>org.springframework</groupId>
    <artifactId>spring-test</artifactId>
    <version>${spring.version}</version>
</dependency>
```

2. 创建数据访问 Bean

在 src/main/java 目录下创建一个名为 com.example.spring.annotation.dao 的包,在该包中创建 TeamDao 接口,代码如文件 10-19 所示。

【文件 10-19】 TeamDao.java

```
package com.example.spring.annotation.dao;
public interface TeamDao {
    public void race();
}
```

在该包中创建 TeamDao 接口的实现类 TeamDaoImpl，代码如文件 10-20 所示。

【文件 10-20】 TeamDaoImpl.java

```
package com.example.spring.annotation.dao;

public class TeamDaoImpl implements TeamDao {
    public void race() {
        System.out.println("dao: Make a great effort.");
    }
}
```

3. 创建业务逻辑 Bean

在 src/main/java 目录下创建一个名为 com.example.spring.annotation.service 的包，在该包中创建 TeamService 接口，代码如文件 10-21 所示。

【文件 10-21】 TeamService.java

```
package com.example.spring.annotation.service;

public interface TeamService {
    public void race();
}
```

类似地，在该包下创建 TeamService 接口的实现类 TeamServiceImpl，代码如文件 10-22 所示。

【文件 10-22】 TeamServiceImpl.java

```
1  package com.example.spring.annotation.service;
2  import javax.annotation.Resource;
3  import com.example.spring.annotation.dao.TeamDao;
4
5  public class TeamServiceImpl implements TeamService{
6
7      @Resource
8      private TeamDao teamDao;
9
10     public void race() {
11         teamDao.race();
12         System.out.println("service: Friendship first,
13             competition second.");
14     }
15 }
```

业务逻辑组件 TeamServiceImpl 需要调用数据库访问组件 TeamDao。因此，将 TeamDao 组件声明为 TeamServiceImpl 组件的属性，如文件 10-22 的第 8 行。同时由 Spring 完成 TeamDao 实例的依赖注入。具体做法是利用@Resource 注解标注 teamDao 属性(第 7 行)，即通知 Spring 注入名字为 teamDao 的组件或注入类型为 TeamDao 的组件。

4. 创建控制器组件 Bean

在 src/main/java 目录下创建一个名为 com.example.spring.annotation.controller 的

包,在该包中创建 TeamController 类,代码如文件 10-23 所示。

【文件 10-23】 TeamController. java

```
1  package com.example.spring.annotation.controller;
2  import javax.annotation.Resource;
3  import com.example.spring.annotation.service.TeamService;
4  public class TeamController {
5      @Resource
6      private TeamService teamService;
7      public void race() {
8          teamService.race();
9          System.out.println("controller: Higher,faster,and stronger.");
10     }
11 }
```

类似地,控制器组件需要调用业务逻辑组件,故采用同样的方法完成依赖注入,如文件 10-23 中的第 5～6 行所示。

5. 创建配置类

在 src/main/java 目录下创建 com. example. spring. annotation 包,并在该包中创建一个配置类 AnnotationConfig,该类的作用是维护 Bean 注册的元数据,代码如文件 10-24 所示。

【文件 10-24】 AnnotationConfig. java

```
package com.example.spring.annotation;
import org.springframework.context.annotation.Bean;
import org.springframework.context.annotation.Configuration;
import com.example.spring.annotation.controller.TeamController;
import com.example.spring.annotation.dao.TeamDao;
import com.example.spring.annotation.dao.TeamDaoImpl;
import com.example.spring.annotation.service.TeamService;
import com.example.spring.annotation.service.TeamServiceImpl;

@Configuration
public class AnnotationConfig {

    @Bean
    public TeamDao teamDao() {
        return new TeamDaoImpl();
    }

    @Bean
    public TeamService teamService() {
        return new TeamServiceImpl();
    }

    @Bean
    public TeamController teamController() {
        return new TeamController();
    }
}
```

如文件 10-24 所示，第 10 行用@Configuration 注解标注 AnnotationConfig 类，表示该类是一个配置类，其作用是维护 Bean 注册的元数据。@Configuration 注解的作用相当于 XML 配置文件中的根标记< beans >。用@Configuration 注解标注的类可以替换 XML 配置文件，被注解的类内部包含一个或多个被@Bean 注解标注的方法，这些方法将会被 AnnotationConfigApplicationContext 类扫描，并用于构建 Bean 定义，初始化 Spring 容器。其中@Bean 是一个方法级别的注解，表示方法产生一个由 Spring 管理的 Bean，默认用方法名作为 Bean 的 id。因此，第 13～16 行关于 TeamDao 组件的元数据配置相当于 XML 中的如下配置：

```
<bean id = "teamDao"
    class = "com.example.spring.annotation.dao.TeamDaoImpl" />
```

简单来说，@Configuration 注解一般和@Bean 注解配合使用，可以替代 XML 配置文件。@Configuration 注解用来标注类，相当于< beans >标记。@Bean 注解用来标注方法，相当于< bean >标记。

6. 编写测试代码

在 src/test/java 目录下创建测试类 TestAnnotationAssembly。利用 AnnotationConfigApplicationContext 类从注解中加载 Bean 配置，代码如文件 10-25 所示。

【文件 10-25】 TestAnnotationAssembly.java

```
package com.example.spring.test;
import com.example.spring.annotation.AnnotationConfig;
import com.example.spring.annotation.controller.TeamController;
//其余 import 部分略
public class TestAnnotationAssembly {

    @Test
    public void testAnnotationAssembly() {
        AnnotationConfigApplicationContext ac = new
    AnnotationConfigApplicationContext(AnnotationConfig.class);
        TeamController tc = ac.getBean(TeamController.class);
        ac.close();
        tc.race();
    }
}
```

执行此测试程序，可以在控制台查看组件装配的结果，如图 10-11 所示。

```
dao: Make a great effort.
service: Friendship first,competition second.
controller: Higher,faster,and stronger.
```

图 10-11 Java 代码组件装配运行结果

10.6.3 自动装配

基于 XML 的装配和基于 Java 代码的装配都是针对 Spring 的显式配置方式。此外，有一种更为强大的隐式配置方式——自动装配。Spring 从两个角度实现自动装配。

组件扫描：Spring 会自动发现应用上下文中所需要创建的 Bean。

组件装配：Spring 自动满足 Bean 之间的依赖。

组件扫描和组件装配组合在一起可以发挥出强大的威力，能够将需要显式配置的内容降到最少。下面通过一个例子来讲述组件扫描和装配，对于 10.6.2 节中的案例，可以按以下步骤改造。

1．改造 TeamDaoImpl 组件

用@Repository 注解标注 TeamDaoImpl 组件，代码如文件 10-26 所示。

【文件 10-26】 TeamDaoImpl.java

```
package com.example.spring.auto.dao;
import org.springframework.stereotype.Repository;
@Repository("userDao")
public class TeamDaoImpl implements TeamDao {
    public void race() {
        System.out.println("dao: This is dao speaking.");
    }
}
```

2．改造 TeamServiceImpl 组件

用@Service 注解标注 TeamServiceImpl 组件，代码如文件 10-27 所示。

【文件 10-27】 TeamServiceImpl.java

```
1  package com.example.spring.auto.service;
2  import org.springframework.beans.factory.annotation.Autowired;
3  import org.springframework.stereotype.Service;
4  import com.example.spring.auto.dao.TeamDao;
5  @Service("userService")
6  public class TeamServiceImpl implements TeamService {
7
8      @Autowired
9      private TeamDao userDao;
10
11     public void race() {
12         userDao.race();
13         System.out.println("service: This is service speaking.");
14     }
15 }
```

如文件 10-27 所示，用@Service 注解标注业务逻辑组件。其中@Service 注解的参数可解释为组件的 id。并且，在 TeamDao 属性上用@Autowired 注解标注，以完成 TeamDao 组件的注入(第 8～9 行)，即执行业务逻辑组件和数据访问组件的自动装配。

3．改造 TeamController 组件

用@Controller 标注该组件，代码略。

4．编写配置类

在 com.example.spring.auto 包中创建一个配置类 AutoConfig。创建这个类的目的是应用@ComponentScan 注解。即用@ComponentScan 注解标注 AutoConfig 类，如文件 10-28 所示。

【文件 10-28】 AutoConfig.java

```java
@ComponentScan(basePackages = "com.example.spring.auto")
public class AutoConfig {
}
```

@ComponentScan 注解的作用是扫描指定的包及其子包(由 basePackages 属性指定)，把符合扫描规则的 Bean 装配到 Spring 容器中。

5. 编写测试代码

可以编写测试代码查看组件装配结果,测试代码如文件 10-29 所示。

【文件 10-29】 TestAutoAssembly.java

```java
1  package com.example.spring.test;
2  import com.example.spring.auto.AutoConfig;
3  import com.example.spring.auto.controller.TeamController;
4  //其余 import 部分略
5  @RunWith(SpringJUnit4ClassRunner.class)
6  @ContextConfiguration(classes = AutoConfig.class)
7  public class TestAutoAssembly {
8      @Autowired
9      private TeamController tc;
10
11     @Test
12     public void testAssemblyByAnnotation() {
13         tc.race();
14     }
15 }
```

如文件 10-29 所示,第 5 行指定了 SpringJUnit4ClassRunner 运行器。这个运行器可以在测试开始的时候自动创建 Spring 应用上下文,这样可以在测试类中加载 Spring 配置。第 6 行的@ContextConfiguration 注解是 Spring 整合 JUnit4 测试时,使用注解引入多个配置类,如加载配置类 AutoConfig。执行测试代码,可以在控制台得到组件自动装配的运行结果,如图 10-12 所示。

```
dao: This is dao speaking.
service: This is service speaking.
controller: That's all.
```

图 10-12　组件自动装配运行结果

第 11 章 Spring AOP

11.1 AOP 简介

11.1.1 AOP 概念

AOP 与 OOP(Object Oriented Programming,面向对象编程)相辅相成,提供了与 OOP 不同的抽象软件结构的视角。在 OOP 中,以类作为程序的基本单元,而 AOP 中的基本单元是切面(Aspect)。

在传统的业务处理代码中,通常有日志记录、性能统计、安全控制、事务处理等操作。虽然使用 OOP 可以通过封装或继承的方式实现代码的重用,但仍然会有相同的代码分散在各个方法中。这些散布于多处的功能被称为横切关注点(Cross Cutting Concern)。这些横切关注点从概念上来说是与应用的业务逻辑相分离的,而传统的 OOP 很难将横切关注点与业务逻辑分离,往往会直接嵌入应用的业务逻辑中。把这些横切关注点与业务逻辑分离正是 AOP 要解决的问题。AOP 采取横向抽取机制,将分散在各个方法中的重复代码提取出来,在程序编译或运行阶段将这些抽取出来的代码应用到需要执行的地方。这样做有两个好处:首先,每个关注点都集中于一个地方,而不是分散到多处代码中;其次,服务模块更简洁,因为它们只包含主要关注点(或核心功能)的代码,而次要关注点的代码被转移到切面中了。这种横向抽取机制是传统的 OOP 无法办到的,因为 OOP 实现的是父子关系的纵向重用。AOP 不是 OOP 的替代品,而是 OOP 的补充。AOP 模块是 Spring 的关键组件之一。Spring 容器不依赖于 AOP,AOP 补充了 Spring IoC。

如前所述,横切关注点是对应用程序的多个部分都有影响的功能。例如,安全就是一个横切关注点,应用程序中的许多方法都会涉及到安全规则。图 11-1 呈现了横切关注的概念。

11.1.2 AOP 术语

AOP 并不是一个新的概念。在 Java 中,早已出现了类似的机制。Java 平台的 EJB 规范、Servlet 规范和 Struts2 框架中的拦截器机制,均与 AOP 的实现机制非常相似。AOP 是在这些概念基础上发展起来的。与大多数的技术一样,AOP 已经形成一套属于自己的概念和术语。

1. 切面

横切关注点(如事务管理、安全规则、日志记录等)可以被模块化为特殊的类,这些类被

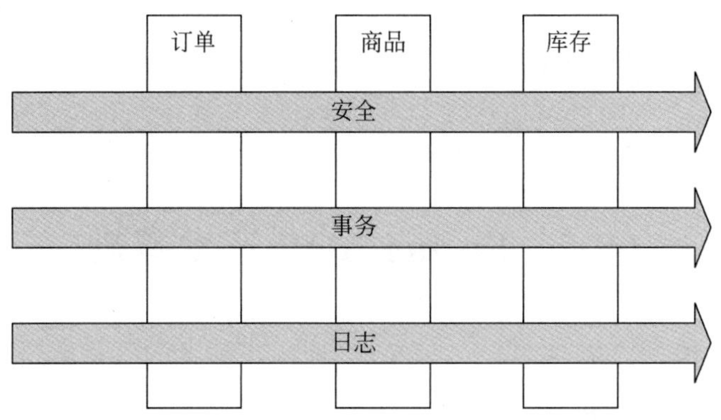

图 11-1　横切关注

称为切面(Aspect 或 Advisor)。

2. 连接点

连接点是程序执行过程中的一个点,如方法的调用或异常的处理。在 Spring AOP 中,连接点(Joinpoint)总是表示方法的执行。切面代码可以利用这些点插入到应用程序的正常流程之中,并添加新的行为。

3. 通知

通知(Advice)是切面在连接点采取的操作。通知定义了切面是什么以及何时使用。除了描述切面要完成的工作,通知还解决了何时执行这个工作的问题,即明确这个工作应该应用在某个方法被调用之前?之后?还是之前之后都调用?表 11-1 列举了通知的 5 种类型。

表 11-1　通知的 5 种类型

通　　知	说　　明
before(前置通知)	通知在目标方法调用之前执行
after(后置通知)	通知在目标方法调用之后执行
after returning(返回通知)	通知在目标方法返回后执行
after-throwing(抛出异常通知)	通知在目标方法抛出异常后执行
around(环绕通知)	通知将目标方法包裹起来,在目标方法调用之前和调用之后执行

4. 切点

切点(Pointcut)是匹配连接点的谓词。通知与切点表达式关联,并在与切点匹配的连接点上运行。如果说通知定义了切面的“做什么”和“什么时候做”的问题,那么切点就定义了“何处做”的问题。连接点是程序执行过程中所有能够应用通知的点;切点定义了通知被应用的具体位置(在哪些连接点应用通知)。

5. 引介

引介(Introduction)允许开发人员向现有的类添加新的方法或属性。例如,可以创建一个 Editable 通知类,该类记录了对象最后一次修改时的状态。这个类的对象可以被引入现有的类中,从而在无须修改现有类的情况下,让它们具有新的状态和行为。

6. 目标对象

目标对象(Target Object)指被插入切面的对象。

7. 代理

代理是将切面植入目标对象后,由 AOP 框架创建的一个对象。

8. 织入

织入是将切面植入目标对象形成代理对象的过程。

11.2 Spring AOP 开发基础

11.2.1 相关接口

1. Spring AOP 的代理机制

Spring AOP 构建在动态代理基础之上,Spring 对 AOP 的支持局限于方法拦截。通过在目标类中包裹切面,Spring 在运行期间把切面对象织入 Bean 中,进而形成代理对象,如图 11-2 所示。代理类封装了目标类,并拦截目标方法的调用,再把调用转发给真正的目标对象。当代理对象拦截到方法调用时,在调用目标对象之前会执行切面代码。

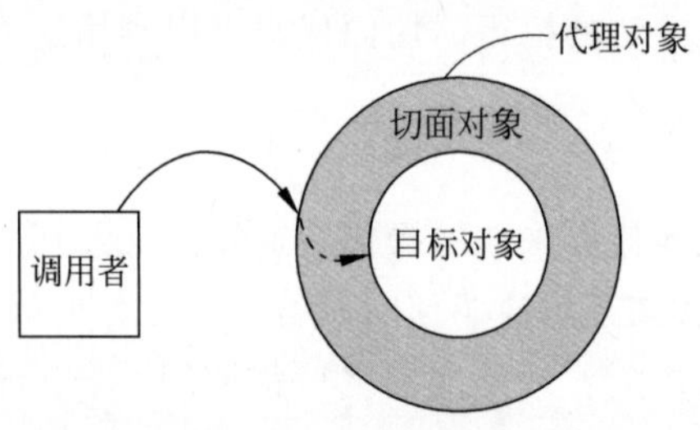

图 11-2 代理对象

在 Spring 框架中,AOP 代理包括 JDK 动态代理和 CGLIB 动态代理。其中,JDK 动态代理是 Spring AOP 默认的代理方式,如果目标对象实现了若干接口,Spring 就使用 JDK 的 java. lang. reflect. Proxy 类进行代理。若目标对象没有实现任何接口,Spring 则使用 CGLIB 库生成目标类的子类,以实现对目标对象的代理。

提示:由于被标记为 final 的方法是无法进行覆盖的,因此这类方法不论是通过 JDK 动态代理机制还是 CGLIB 动态代理机制都是无法完成代理的。

2. Spring AOP 的连接点

Spring AOP 并没有像其他 AOP 框架(如 AspectJ)一样提供完整的 AOP 功能,它是 Spring 提供的一种简化版的 AOP 组件。其中最明显的简化就是 Spring AOP 只支持一种连接点类型:方法调用。这是与其他的一些 AOP 框架不同的,例如 AspectJ 和 JBoss,除了方法切点,它们还提供了字段和构造器连接点。由于缺少对字段连接点的支持,无法创建细粒度的通知,例如拦截对象字段的修改。读者可能会认为这是一个严重的限制,但实际上 Spring AOP 这样设计是为了让 Spring 更易于使用。

方法调用连接点是迄今为止最有用的连接点,通过它可以实现日常编程中绝大多数与 AOP 相关的功能。如果需要使用其他类型的连接点(例如成员变量连接点),可以将 Spring AOP 与其他的 AOP 框架一起使用,最常见的组合就是 Spring AOP+AspectJ。

3. Spring AOP 通知类型

AOP 联盟为通知定义了一个 org. aopalliance. aop. Advice 接口。Spring AOP 按照通

知织入目标对象的连接点位置，为 Advice 接口提供了 6 个子接口，如表 11-2 所示。

表 11-2　Advice 接口的子接口

通知类型	接　口	说　明
前置通知	org. springframework. aop. MethodBeforeAdvice	在目标方法执行前实施增强
后置通知	org. springframework. aop. AfterAdvice	在目标方法执行后实施增强
返回通知	org. springframework. aop. AfterReturningAdvice	在目标方法执行完成，并返回一个返回值后实施增强
环绕通知	org. aopalliance. intercept. MethodInterceptor	在目标方法执行前后实施增强
异常通知	org. springframework. aop. ThrowsAdvice	在方法抛出异常后实施增强
引介通知	org. springframework. aop. IntroductionInterceptor	向目标类中添加一些新的方法和属性

4. Spring AOP 切面类型

在 Spring 中，Advisor 是一个切面，它只包含一个与切点表达式关联的通知对象。Spring 使用 org. springframework. aop. Advisor 接口表示切面，实现对通知和连接点的管理。在 Spring AOP 中，切面可以分为 3 类：一般切面、切点切面和引介切面，如表 11-3 所示。

表 11-3　Spring AOP 主要切面接口

切面类型	接　口	说　明
一般切面	org. springframework. aop. Advisor	Spring AOP 默认的切面类型。由于 Advisor 接口仅包含一个 Advice 类型的属性，而没有定义切点，因此它表示一个不带切点的简单切面。这样的切面会对目标对象中的所有方法进行拦截并织入通知。由于这个切面太过宽泛，因此不直接使用
切点切面	org. springframework. aop. PointcutAdvisor	Advisor 接口的子接口，用来表示带切点的切面，该接口在 Advisor 的基础上维护了一个 Pointcut 类型的属性。可以通过包名、类名、方法名等信息灵活地定义切面中的切点，是更具实用性的切面
引介切面	org. springframework. aop. IntroductionAdvisor	Advisor 接口的子接口，用来代表引介切面。引介切面是对应引介通知的特殊的切面，它应用于类层面上，所以引介切面适宜用 ClassFilter 进行定义

11.2.2　Spring AOP 案例

下面，通过一个案例讲授如何通过 Advisor 的子接口进行 Spring AOP 开发，步骤如下所述。

1. 创建项目，并导入相关依赖

在第 10 章项目依赖清单的基础上增加 Spring-AOP 依赖，具体如下：

```
<dependency>
    <groupId>org.springframework</groupId>
    <artifactId>spring-aop</artifactId>
    <version>${spring.version}</version>
</dependency>
```

2. 创建接口

在 src/main/java 目录下创建一个名为 spring. aop. demo. common. dao 的包,并创建 BookDao 接口,代码如文件 11-1 所示。

【文件 11-1】 BookDao. java

```
package spring.aop.demo.common.dao;

public interface BookDao {
    public void add();
    public void delete();
}
```

3. 创建接口的实现类

在 spring. aop. demo. common. dao. impl 包下创建 BookDao 接口的实现类 BookDaoImpl,代码如文件 11-2 所示。

【文件 11-2】 BookDaoImpl. java

```
package spring.aop.demo.common.dao.impl;

import spring.aop.demo.common.dao.BookDao;

public class BookDaoImpl implements BookDao {

    public void add() {
        System.out.println("BookDao add() ...");
    }

    public void delete() {
        System.out.println("BookDao delete() ...");
    }
}
```

4. 配置前置通知类

编写一个实现 MethodBeforeAdvice 接口的类,用以实现前置通知。通知的功能是在调用 BookDao 的方法前进行权限检查,代码如文件 11-3 所示。

【文件 11-3】 BookDaoBeforeAdvice. java

```
package spring.aop.demo.common.advice;
import java.lang.reflect.Method;
import org.springframework.aop.MethodBeforeAdvice;

public class BookDaoBeforeAdvice implements MethodBeforeAdvice{

    public void before(Method method, Object[] args, Object target)
        throws Throwable {
        System.out.println("checking privileges ...");
    }
}
```

5. 创建配置文件

在 src/main/resources 目录下创建配置文件 aop-common. xml，使用 Spring 的 org. springframework. aop. framework. ProxyFactoryBean 类创建动态代理，代码如文件 11-4 所示。

【文件 11-4】 aop-common. xml

```
1  <?xml version="1.0" encoding="UTF-8"?>
2  <beans xmlns="http://www.springframework.org/schema/beans"
3  xmlns:xsi="http://www.w3.org/2001/XMLSchema-instance"
4  xmlns:context="http://www.springframework.org/schema/context"
5  xsi:schemaLocation="http://www.springframework.org/schema/beans
6  http://www.springframework.org/schema/beans/spring-beans.xsd
7  http://www.springframework.org/schema/context
8  http://www.springframework.org/schema/context/spring-context.xsd">
9    <!-- 定义目标对象 -->
10    <bean id="bookDao"
11        class="spring.aop.demo.common.dao.impl.BookDaoImpl" />
12    <!-- 定义通知 -->
13      <bean id="beforeAdvice"
14        class="spring.aop.demo.common.advice.BookDaoBeforeAdvice" />
15    <!--通过配置生成 UserDao 的代理对象 -->
16      <bean id="bookDaoProxy"
17        class="org.springframework.aop.framework.ProxyFactoryBean">
18        <!-- 设置目标对象 -->
19        <property name="target" ref="bookDao"/>
20        <!-- 设置实现的接口,value 中写接口的全限定名 -->
21        <property name="proxyInterfaces"
22            value="spring.aop.demo.common.dao.BookDao"/>
23        <!-- 配置通知 -->
24        <property name="interceptorNames" value="beforeAdvice"/>
25    </bean>
26  </beans>
```

如文件 11-4 所示，第 10～11 行定义目标对象 bookDao，第 13～14 行定义通知，第 16～25 行借助 ProxyFactoryBean 生成代理对象。根据目标对象的类型(是否实现了接口)自动选择使用 JDK 动态代理或 CGLIB 动态代理机制，为目标对象(bookDao)生成对应的代理对象(bookDaoProxy)。

6. 编写测试代码

在 src/test/java 目录下创建测试类，读取配置文件并创建 BookDaoImpl 的代理对象，代码如下：

```
@Test
public void testCommonAdvisor() {
    String file = "aop-common.xml";
    ClassPathXmlApplicationContext ac = new
        ClassPathXmlApplicationContext(file);
    //获取代理对象
    BookDao bookDao =
```

```
8            ac.getBean("bookDaoProxy",BookDao.class);
9        ac.close();
10       bookDao.add();
11       bookDao.delete();
12   }
```

调用代理对象的方法(第10～11行),可见在调用目标类的方法前的增强效果,如图11-3所示。

```
checking privileges ...
BookDao add() ...
checking privileges ...
BookDao delete() ...
```

图11-3 所有方法都被增强后的输出

11.3 AspectJ AOP开发

现在,Spring提供了更简洁、更干净的面向切面编程方式。在引入了简单的声明式AOP和基于注解的AOP之后,Spring经典的AOP看起来就显得笨重并且过于复杂,而且项目开发中也不再推荐使用ProxyFactoryBean创建代理对象。

Spring框架的AOP功能通常与Spring IoC一起使用。切面是通过普通Bean的方式定义配置元数据的。这是与其他AOP框架的一个关键区别。某些事情使用Spring AOP无法轻松高效地完成,例如Spring AOP仅支持执行公共(Public)非静态方法的调用作为连接点。如果需要将受保护的(Protected)或私有的(Private)的方法进行增强,就需要使用功能更全面的AOP框架来实现,其中使用最多的就是AspectJ。AspectJ是一个基于Java的全功能AOP框架,它并不是Spring的组成部分,是一个独立的AOP框架。

由于AspectJ支持通过Spring配置AspectJ切面,因此它是Spring AOP的完美补充。通常情况下,都是将AspectJ和Spring框架一起使用,以简化AOP操作。使用AspectJ需要在Spring项目中导入Spring AOP和AspectJ相关jar包,在pom.xml文件中增加相关依赖。

```
<dependency>
    <groupId>org.springframework</groupId>
    <artifactId>spring-aspects</artifactId>
    <version>${spring.version}</version>
</dependency>
<dependency>
    <groupId>org.aspectj</groupId>
    <artifactId>aspectjweaver</artifactId>
    <version>1.9.7</version>
</dependency>
```

基于AspectJ实现AOP开发,分为基于XML的实现和基于注解的实现,11.4节和11.5节分别讲授这两种实现方法。

11.4 基于 XML 的 AspectJ AOP 开发

可以在 Spring 项目中通过 XML 配置，对切面、切点以及通知进行定义和管理，以实现基于 AspectJ 的 AOP 开发。

Spring 提供了一个名为 aop 的命名空间来实现基于 XML 方式的 AOP 支持。在 Spring 的 aop 命名空间中，有多个元素用于配置 AspectJ AOP，具体如表 11-4 所示。该命名空间提供了一个<aop:config>元素。在 Spring 配置中，所有的 AOP 信息(切面、切点、通知)都必须定义在<aop:config>元素中；在 Spring 配置文件中，可以使用多个<aop:config>。每一个<aop:config>元素内可以包含 3 个子元素：<aop:pointcut>、<aop:advisor>和<aop:aspect>，这些子元素必须按照顺序进行声明。<aop:config>元素及其子元素的关系如图 11-4 所示。

表 11-4 配置 AspectJ AOP 的 XML 元素

AOP 配置元素	说　明
<aop:advisor>	定义 AOP 通知
<aop:after>	定义 AOP 后置(最终)通知
<aop:after-returning>	定义 AOP 返回通知
<aop:after-throwing>	定义 AOP 异常通知
<aop:around>	定义 AOP 环绕通知
<aop:aspect>	定义一个切面
<aop:before>	定义 AOP 前置通知
<aop:config>	AOP 配置的根元素
<aop:pointcut>	定义一个切点

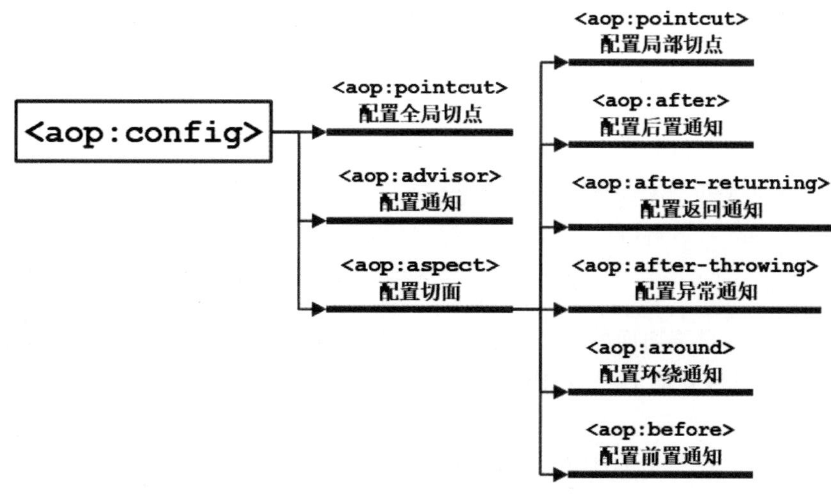

图 11-4 <aop:config>元素及其子元素的关系

1. 定义切点

<aop:pointcut>定义一个切点。它既可以作为<aop:config>的子元素，也可以作为<aop:aspect>的子元素使用。

当<aop:pointcut>元素作为<aop:config>元素的子元素定义时，表示该切点是全局切点，它可被多个切面共享；当<aop:pointcut>元素作为<aop:aspect>元素的子元素时，表示该切点只对当前切面有效。例如，下述代码片段定义了一个全局切点 myPointCut：

```
<aop:config>
    <aop:pointcut id="myPointCut"
        expression="execution(* com.example.spring.*.*(..))"/>
</aop:config>
```

其中，id 用于指定切点的唯一标识，expression 用于指定切点表达式。属性 execution 是 AspectJ 支持的切点指示器，用于匹配在切点处执行的方法。图 11-5 展示了一个切点表达式，这个表达式能够设置当指定的方法执行时触发的通知调用。

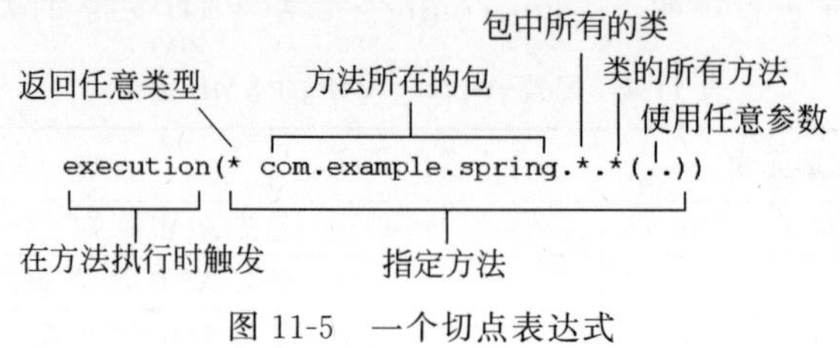

图 11-5　一个切点表达式

2. 定义切面

可以使用<aop:aspect>元素声明一个切面。该元素可以将定义好的 Bean 转换为切面 Bean，所以使用<aop:aspect>之前需要先定义一个普通的 Bean。并使用 ref 属性引用相关的 Bean。

代码如下：

```
<!-- 定义切面 -->
<bean id="aBean" class="...">
    …
</bean>

<aop:config>
    <aop:aspect id="myAspect" ref="aBean">
        …
    </aop:aspect>
</aop:config>
```

其中，id 用来定义该切面的唯一标识，ref 用于引用普通的 Bean。支持切面的 Bean(本例中的 aBean)可以像其他 Bean 一样进行配置和依赖注入。

3. 定义通知

AspectJ 支持 5 种类型的通知：前置通知、返回通知、后置(最终)通知、异常通知和环绕通知。

(1) 前置通知：在目标方法(与切点表达式匹配的方法)之前运行，它通过使用<aop:before>元素在<aop:aspect>中声明，如下所示。

```
<aop:aspect id="myAspect" ref="aBean">
    <aop:before
```

```
        pointcut - ref = "myPointcut"
        method = "beforeMethod"/>
    …
</aop:aspect>
```

这里,myPointcut 是在顶层(< aop:config >)定义的切点 id。要以内联方式定义切点,可以用 pointcut 属性替换 pointcut-ref 属性,如下所示。

```
<aop:aspect id = "myAspect" ref = "aBean">
    <aop:before
        pointcut = "execution( * com.xyz.myapp.dao. * . * (..))"
        method = "beforeMethod"/>
    …
</aop:aspect>
```

其中,method 属性用来指定前置通知的方法名(beforeMethod)。这个方法应该在< aop:aspect >元素的 ref 属性所引用的 Bean(此处为 aBean)中定义,并且在目标方法执行前被调用。

(2) 返回通知:会在目标方法正常执行结束时运行。它是在< aop:aspect >中使用< aop:after-returning >元素声明,格式与前置通知相同。此外,可以使用 returning 属性指定一个形参的名字,进而得到目标方法的返回值,如下所示。

```
<aop:aspect id = "afterReturningExample" ref = "aBean">
    <aop:after - returning
        pointcut - ref = "dataAccessOperation"
        returning = "retVal"
        method = "doAccessCheck"/>
    …
</aop:aspect>
```

如果要在通知方法中对目标方法的返回值 retVal 进一步处理,通知方法 doAccessCheck()应做如下声明。

```
public void doAccessCheck(Object retVal) { … }
```

(3) 后置(最终)通知:无论目标方法如何退出(无论是否抛出异常),后置(最终)通知都会执行。可以在< aop:aspect >中使用< aop:after >元素声明后置(最终)通知,其格式与前置通知相同。

(4) 异常通知:当目标方法因抛出异常而退出时,会执行异常通知。它是在< aop:aspect >中使用< aop:after-throwing >元素声明的,格式与前置通知相同。此外,可以增加 throwing 属性指定一个形参名,异常通知方法可以通过这个形参访问目标方法抛出的异常,如下所示。

```
<aop:aspect id = "afterThrowingExample" ref = "aBean">
    <aop:after - throwing
        pointcut - ref = "dataAccessOperation"
        throwing = "dataAccessEx"
        method = "doRecoveryActions"/>
    …
</aop:aspect>
```

如果通知方法要对目标方法抛出的异常进一步处理，通知方法 doRecoveryActions()应做如下声明。

```
public void doRecoveryActions(
    DataAccessException dataAccessEx) {…}
```

(5) 环绕通知：会在目标方法执行之前和之后执行。如果需要以线程安全的方式共享方法执行前后的状态，例如启动和停止计时器，通常会使用环绕通知。环绕通知是在< aop:aspect >中使用< aop:around >元素声明的，格式与前置通知相同。

4. 案例

在了解了如何通过 XML 配置切面、切点和通知后，下面通过一个案例演示如何在 Spring 中通过 XML 实现 AspectJ AOP 开发，具体步骤如下。

1) 创建接口

在 src/main/java 目录下创建一个名为 aspectj. xml. dao 的包，并在该包中创建一个名为 CourseDao 的接口，代码如文件 11-5 所示。

【文件 11-5】 CourseDao. java

```
package aspectj.xml.dao;

public interface CourseDao {
    public void add();
    public void delete();
    public String list();
    public int get();
}
```

2) 创建实现类

在 aspectj. xml. dao. impl 包中创建 CourseDao 接口的实现类 CourseDaoImpl，定义目标方法，代码如文件 11-6 所示。

【文件 11-6】 CouseDaoImpl. java

```
package aspectj.xml.dao.impl;
import aspectj.xml.dao.CourseDao;

public class CourseDaoImpl implements CourseDao {

    public void add() {
        //对此方法应用前置通知
        System.out.println("add course…");
    }

    public void delete() {
        //对此方法应用环绕通知
        System.out.println("remove course…");
    }

    public String list() {
        //对此方法应用返回通知
```

```java
            System.out.println("course list : …");
            return "list";
        }
        public int get() {
            //对此方法应用异常通知和最终通知
            int a = 1/0;
            return a;
        }
}
```

3) 创建切面类

在 aspectj.xml.aspect 包中创建 MyCourseAspect 切面类,用于定义各种通知方法,代码如文件 11-7 所示。

【文件 11-7】 MyCourseAspect.java

```java
1  package aspectj.xml.aspect;
2  import org.aspectj.lang.ProceedingJoinPoint;
3
4  public class MyCourseAspect {
5      public void before() {
6          System.out.println("前置通知……");
7      }
8      public void after() {
9          System.out.println("后置(最终)通知……");
10     }
11     public Object around(ProceedingJoinPoint proceedingJoinPoint)
12         throws Throwable {
13         System.out.println("环绕通知 --- 前……");
14         Object object = proceedingJoinPoint.proceed();
15         System.out.println("环绕通知 --- 后……");
16         return object;
17     }
18     public void afterThrow(Throwable exception) {
19         System.out.println("异常通知…… 异常信息为: " +
20         exception.getMessage());
21     }
22     public void afterReturning(Object returnValue) {
23         System.out.println("返回通知……方法返回值为: " + returnValue);
24     }
25 }
```

在文件 11-7 中,分别定义了 5 种不同类型的通知。第 5～7 和第 8～10 行分别定义了前置通知和后置(最终)通知。第 11～17 行定义了环绕通知,在调用目标方法(第 14 行)的前后实施增强。环绕通知要满足如下的格式要求。

① 方法的返回类型必须是 Object。

② 方法必须接收一个类型为 ProceedingJoinPoint 的参数。

③ 方法须声明 throws Throwable。

其中,ProceedingJoinPoint 是 JoinPoint 接口的子接口,表示可以执行目标方法。第 18～21 行定义了异常通知。第22～24行的返回通知方法定义了一个形参returnValue,用于接收目标方法的返回值,进而在通知方法afterReturning()中继续处理该返回值。

4）配置切面、切点和通知

在src/main/resources目录下创建aop-aspect配置文件,在该文件中引入AOP命名空间,如文件11-8所示。

【文件11-8】 aop-aspect.xml

```
<?xml version = "1.0" encoding = "UTF - 8"?>
<beans xmlns = "http://www.springframework.org/schema/beans"
 xmlns:xsi = "http://www.w3.org/2001/XMLSchema - instance"
 xmlns:context = "http://www.springframework.org/schema/context"
 xmlns:aop = "http://www.springframework.org/schema/aop"
 xsi:schemaLocation = "http://www.springframework.org/schema/beans
 http://www.springframework.org/schema/beans/spring - beans.xsd
 http://www.springframework.org/schema/context
http://www.springframework.org/schema/context/spring - context.xsd
http://www.springframework.org/schema/aop
http://www.springframework.org/schema/aop/spring - aop.xsd">
    <!-- 定义 Bean -->
    <bean id = "courseDao" class = "aspectj.xml.dao.impl.CourseDaoImpl" />
    <!-- 定义切面 -->
    <bean id = "myCourseAspect"
      class = "aspectj.xml.aspect.MyCourseAspect" />
    <aop:config>
    <aop:pointcut id = "beforePointCut" expression = "execution(
        * aspectj.xml.dao.impl.CourseDaoImpl.add(..))"/>
    <aop:pointcut id = "aroundPointCut" expression = "execution(
        * aspectj.xml.dao.impl.CourseDaoImpl.delete(..))"/>
    <aop:pointcut id = "afterReturnPointCut" expression = "execution(
        * aspectj.xml.dao.impl.CourseDaoImpl.list(..))"/>
    <aop:pointcut id = "throwPointCut" expression = "execution(
        * aspectj.xml.dao.impl.CourseDaoImpl.get(..))"/>
    <aop:pointcut id = "afterPointCut" expression = "execution(
        * aspectj.xml.dao.impl.CourseDaoImpl.get(..))"/>
    <aop:aspect ref = "myCourseAspect">
    <!-- 前置通知 -->
    <aop:before method = "before" pointcut - ref = "beforePointCut" />
    <!-- 最终通知 -->
    <aop:after method = "after" pointcut - ref = "afterPointCut" />
    <!-- 返回通知 -->
    <aop:after - returning method = "afterReturning"
        pointcut - ref = "afterReturnPointCut"
        returning = "returnValue" />
    <!-- 异常通知 -->
    <aop:after - throwing method = "afterThrow"
        pointcut - ref = "throwPointCut"
        throwing = "exception" />
    <!-- 环绕通知 -->
    <aop:around method = "around" pointcut - ref = "aroundPointCut" />
```

```
43         </aop:aspect>
44       </aop:config>
45   </beans>
```

如文件 11-8 所示，第 13～16 行分别将两个 POJO 类 CourseDaoImpl 和 MyCourseAspect 类声明为 Bean。本案例中由于 CourseDao 接口中的方法关联了不同类型的通知，因此设置了 5 个全局切点，如第 18～19 行的切点用于为 add()方法配置前置通知；同理，为 delete()方法配置了环绕通知（第 20、21 行），为 list()方法配置了返回通知（第 22、23 行），为 get()方法配置了异常和最终通知（第 24、25 行和第 26、27 行）。第 28～43 行声明切面，用 ref 属性引用切面 Bean，用 method 属性指定通知方法，用 pointcut-ref 属性指定切点。

5）编写测试类

在 src/test/java 文件夹下创建一个测试类，检查对目标对象的方法增强效果。执行测试代码，可以在控制台查看方法的增强效果，如图 11-6 所示。

```
前置通知-----
add course...
环绕通知---前-----
remove course...
环绕通知---后-----
course list : ...
返回通知----- 方法返回值为：list
异常通知----- 异常信息为：/ by zero
后置（最终）通知-----
```

图 11-6　对目标方法增强后的效果

11.5　基于注解的 AspectJ AOP 开发

使用注解来创建切面是 AspectJ 5 引入的关键特性。通过 AspectJ 面向注解的模型可以非常方便地通过少量注解把任意类转变为切面。用于实现 AOP 的注解如表 11-5 所示。

表 11-5　Spring AOP 注解

注　解	说　明	注　解	说　明
@After	配置后置(最终)通知	@Aspect	配置切面
@AfterReturning	配置返回通知	@Before	配置前置通知
@AfterThrowing	配置异常通知	@Pointcut	配置切点
@Around	配置环绕通知		

从 Spring 5.2.7 开始，在同一@Aspect 类中定义的、需要在同一连接点上运行的通知方法根据其通知类型按以下顺序分配优先级：@Around、@Before、@After、@AfterReturning、@AfterThrowing。

下面通过一个案例来演示基于注解的 AOP 实现方法，本案例与 11.4 节的案例功能相同。实现步骤如下。

1. 创建接口

在 aspectj.annotation.dao 包中创建名为 CourseDao 的接口，代码见 11.4 节文件 11-5。

2. 创建实现类

在 aspectj.annotation.dao.impl 包中创建 CourseDao 接口的实现类 CourseDaoImpl，

代码见 11.4 节文件 11-6。

3. 创建切面

在 aspectj.annotation.aspect 包中创建切面类 MyCourseAspect,并附加相关注解,代码如文件 11-9 所示。

【文件 11-9】 MyCourseAspect.java

```
package aspectj.annotation.aspect;
//import 部分此处略
@Component
@Aspect
public class MyCourseAspect {

    @Before("execution( * aspectj.annotation.dao.impl.
        CourseDaoImpl.add(..))")
    public void before() {
        System.out.println("前置通知……");
    }
    @After("execution( * aspectj.annotation.dao.impl.
        CourseDaoImpl.get(..))")
    public void after() {
        System.out.println("后置(最终)通知……");
    }
    @Around("execution( * aspectj.annotation.dao.impl.
        CourseDaoImpl.delete(..))")
    public void around(ProceedingJoinPoint proceedingJoinPoint)
        throws Throwable {
        System.out.println("环绕通知 --- 前……");
        proceedingJoinPoint.proceed();
        System.out.println("环绕通知 --- 后……");
    }
  @AfterThrowing(pointcut = "execution( * aspectj.annotation.dao.
        impl.CourseDaoImpl.get(..))", throwing = "exception")
    public void afterThrow(Throwable exception) {
        System.out.println("异常通知…… 异常信息为: " +
            exception.getMessage());
    }
    @AfterReturning(pointcut = "execution( * aspectj.annotation.dao.
        impl.CourseDaoImpl.list(..))", returning = "returnValue")
    public void afterReturning(Object returnValue) {
        System.out.println("返回通知…… 方法返回值为: " + returnValue);
    }
}
```

本案例在形式上同样用注解定义了 5 个切点。如果要将不同类型的通知应用于同一个切点,也可以采用如下形式的定义:

```
public class MyCourseAspect {
    @Pointcut("execution( * com.example.aop. * . * (..))")
    public void myPointcut(){
    }
```

```
    @Before("myPointcut()")
    public void beforeAdvice(){
        …
    }
    …
}
```

此外,对于文件 11-9 中第 25～30 行的异常通知,由于通知方法 afterThrow()要获取目标方法抛出的异常对象,在使用@AfterThrowing 注解声明异常通知时,要附带 throwing 属性。该属性有两个作用:第一,限制抛出异常的类型为 Throwable,这个类型与通知方法中参数类型一致。第二,将抛出的异常对象绑定为通知方法中的形参 exception。

类似地,对于第 31～35 行的返回通知,由于通知方法 afterReturning()要访问目标方法的返回值,在使用@AfterReturning 注解声明返回通知时,要附带 returning 属性。该属性既限定了返回值的类型,又可以将返回值作为实参传递给通知方法继续处理。

4. 编写测试代码

为便于测试,需要编写一个配置类。这个类本身是一个标识,用来供@ComponentScan 注解依附。@ComponentScan 注解的作用是将相关的类配置为 Spring 中的 Bean,并通知 Spring 容器扫描并创建这些 Bean。配置类代码如文件 11-10 所示。

【文件 11-10】 AutoConfig. java

```
package aspectj.annotation;
//import 部分此处略
@Configuration
@ComponentScan(basePackages = "aspectj.annotation")
@EnableAspectJAutoProxy
public class AutoConfig {
}
```

其中,@Configuration 注解用来通知 Spring 容器,此类是配置类,是一个 Bean 的容器,相当于 XML 配置文件中的<beans>标记。@ComponentScan 注解用来通知 Spring 容器进行包扫描的路径。Spring 会扫描 aspectj. annotation 包及其子包,并将实例化其相关的类。AspectJ 不是基于代理的 AOP 框架,需要用@EnableAspectJAutoProxy 注解开启 AspectJ 的自动代理支持。

在 src/test/java 目录下编写测试代码,检查注解方式的方法增强。测试代码如文件 11-11 所示。

【文件 11-11】 TestAspectAnnotation. java

```
package com.example.spring.aop.test;
import aspectj.annotation.AutoConfig;
import aspectj.annotation.dao.CourseDao;
//其余 import 部分略
@RunWith(SpringJUnit4ClassRunner.class)
@ContextConfiguration(classes = AutoConfig.class)
public class TestAspectAnnotation {

    @Autowired
```

```
    private CourseDao courseDao;

    @Test
    public void testAnnotation() {
        courseDao.add();
        courseDao.delete();
        courseDao.list();
        courseDao.get();
    }
}
```

执行测试代码后,可见采用注解方式实现了与 XML 配置方式同样的效果。

第 12 章　Spring 数据库开发

在掌握了 Spring 容器的核心知识以后，就可以将 Spring 应用于开发了。数据持久化就是一个不错的起点。因为所有的企业级应用都有这样的需求。数据库可以用于处理持久化业务产生的数据，应用程序在运行过程中要经常操作数据库。

数据持久化技术有很多，如 Hibernate、MyBatis、JPA 和 JDBC 等。JDBC 是 Java 提供的一组用于执行 SQL 语句的 API，可以访问多种关系数据库（例如 MySQL、Oracle 等）。但在企业级应用开发中，却很少直接使用原生的 JDBC API，这是因为使用 JDBC API 操作数据库十分繁琐。例如，需要手动控制数据库连接的开启、异常处理、事务处理，最后还要手动关闭连接释放资源等。

Spring 提供了一个 Spring JDBC 模块，它对 JDBC API 进行了封装。其主要目的是降低 JDBC API 的使用难度，以一种更直接、更简洁的方式使用 JDBC API。

此外，Spring 还提供了一个 Spring Data 模块。该模块的任务是为数据访问提供一致的、基于 Spring 的编程模型，同时仍然保留底层数据存储的特性。Spring Data 使应用程序访问关系数据库、非关系数据库、Map Reduce 框架和基于云的数据服务变得更容易。Spring Data 包含许多特定于给定数据库的子项目，例如 Spring Data MongoDB、Spring Data Redis 等。本章的主要内容将介绍 Spring JDBC、Spring Data MongoDB 和 Spring Data Redis。

12.1　JdbcTemplate 简介

视频讲解

针对数据库操作，Spring 提供了一个 Spring JDBC 模块。它对 JDBC API 进行了封装，主要目的是降低 JDBC API 的使用难度，以一种更直接、更简洁的方式使用 JDBC API。使用 Spring JDBC，开发人员只需要定义必要的参数、指定需要执行的 SQL 语句，即可轻松地进行 JDBC 编程，完成数据库访问。

对于数据访问，不管使用什么样的技术，都需要一些特定的步骤。例如，都需要获取一个数据库连接，并在处理完成后释放资源。这些都是数据访问过程中的固定步骤，但是每种数据访问方法又有些不同，即可能会查询不同的对象或以不同方式更新数据，这些都是数据库访问中变化的部分。

Spring 将数据访问中固定的和可变的部分明确划分为两个不同的类：模板（Template）和回调（Callback）。模板管理过程中固定的部分，而回调处理自定义的数据访问代码。图 12-1 展示了这两个类的职责。

如图 12-1 所示，Spring 的模板类处理数据访问的固定部分——事务控制、资源管理以

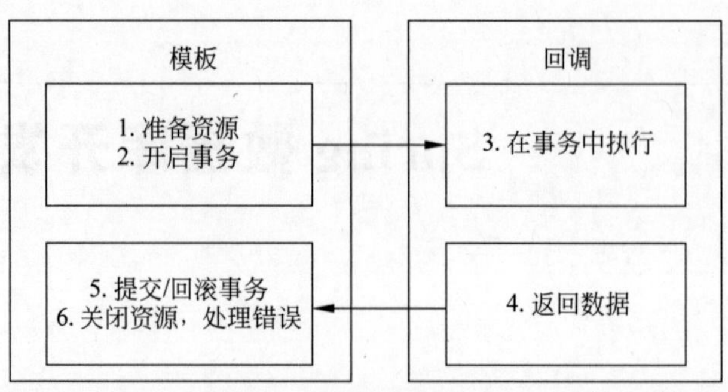

图 12-1 模板与回调

及异常处理。同时,与应用程序相关的数据访问——设计 SQL 语句、绑定参数以及整理结果集则借助回调类处理。这是一个优雅的设计方案,它使得开发人员只需关注数据访问逻辑。针对不同的持久化平台,Spring 提供了多个可选的模板。如果直接使用 JDBC,可以选择 Spring JDBC 模块的 JdbcTemplate 类。如果使用 Java 持久层 API(Java Persistence API,JPA),可以选择 Spring Data JPA 模块的 JpaRepository 接口。

Spring 将数据访问的模板代码抽象到模板类之中。Spring 为 JDBC 提供了两个模板类供选择。

(1) JdbcTemplate:最基本的 JDBC 模板,这个模板支持简单的 JDBC 数据库访问功能以及基于索引参数的查询。

(2) NamedParameterJdbcTemplate:使用该模板类执行查询时可以将查询参数值以命名参数的形式绑定到 SQL 中,而不是使用简单的索引参数。

对于开发者来讲,只有在需要命名参数的时候才使用 NamedParameterJdbcTemplate。因此,对于大多数 JDBC 开发任务来说,JdbcTemplate 就是最好的方案。

12.2 JdbcTemplate 的常用方法

JdbcTemplate 的全限定名为 org.springframework.jdbc.core.JdbcTemplate,它提供了大量的查询和更新数据库的方法,常用方法如表 12-1 所示。

表 12-1 JdbcTemplate 的常用方法

方　法	说　明
public <T> List<T> query(String sql, RowMapper<T> rowMapper, @Nullable Object…args)	用于执行查询语句。 sql:需要执行的 SQL 语句 rowMapper:用于指定返回的集合(List)的类型 args:表示需要传入 SQL 语句的参数
public <T> T queryForObject(String sql, RowMapper<T> rowMapper, @Nullable Object…args)	
public int update(String sql)	用于执行新增、更新、删除等语句 sql:需要执行的 SQL 语句 args:需要传入 SQL 语句的参数
public int update(String sql,Object…args)	
public void execute(String sql)	可以执行任意 SQL,一般用于执行 DDL 语句 sql:需要执行的 SQL 语句 action:执行完 SQL 语句后,要调用的函数
public T execute(String sql, PreparedStatementCallback action)	

续表

方　法	说　明
public int[] batchUpdate(String sql, List < Object[]> batchArgs, final int[] argTypes)	用于批量执行新增、更新、删除等语句 sql：需要执行的 SQL 语句 argTypes：需要注入的 SQL 参数的 JDBC 类型 batchArgs：需要传入 SQL 语句的参数

下面通过一个实例来演示 Spring JdbcTemplate 的使用过程，具体步骤如下。

1. 创建项目

创建一个名为 spring 的 Maven 项目。并加入相关依赖。需要引入的 jar 包有：Spring-core，Spring-beans，Spring-context，Spring-expression，Spring-tx，Spring-jdbc，Spring-aspects，mysql-java-connector，aspectjweaver，JUnit 等。在第 11 章项目依赖基础上增加以下依赖。

```
< dependency >
    < groupId > mysql </groupId >
    < artifactId > mysql - connector - java </artifactId >
    < version > 8.0.28 </version >
</dependency >
< dependency >
    < groupId > org.springframework </groupId >
    < artifactId > spring - jdbc </artifactId >
    < version > ${spring.version}</version >
</dependency >
< dependency >
    < groupId > org.springframework </groupId >
    < artifactId > spring - tx </artifactId >
    < version > ${spring.version}</version >
</dependency >
```

2. 创建数据库表单

在 MySQL 中创建一个名为 spring 的数据库，并在 spring 数据库中创建数据表 tb_user，创建表单的语句如下：

```
CREATE TABLE `tb_user` (
  `user_id` int NOT NULL AUTO_INCREMENT COMMENT '用户 id',
  `user_name` varchar(50) DEFAULT NULL COMMENT '用户名',
  `balance` float DEFAULT 0.0 COMMENT '用户余额',
  PRIMARY KEY (`user_id`)
) ENGINE = InnoDB AUTO_INCREMENT = 1 DEFAULT CHARSET = utf8mb3;
```

3. 编写配置文件

在 src/main/resources 目录下创建一个名为 jdbc.properteis 的配置文件，设置数据库连接的关键参数，内容可参考 8.2 节文件 8-2，此处略。

在 src/main/resources 目录下创建配置文件 applicationContext.xml，在该文件中配置数据源和 JDBC 模板，具体代码如下：

```
<!-- 引入 jdbc.properties 中的配置 -->
<context:property-placeholder
   location="classpath:jdbc.properties" />
<!-- 定义数据源 Bean -->
<bean id="dataSource"  class="org.springframework.jdbc.
  datasource.DriverManagerDataSource">
      <!-- 数据库连接 URL -->
      <property name="url" value="${jdbc.url}"/>
      <!-- 数据库的用户名 -->
      <property name="username" value="${jdbc.username}"/>
      <!-- 数据库的密码 -->
      <property name="password" value="${jdbc.password}"/>
      <!-- 数据库驱动 -->
      <property name="driverClassName" value="${jdbc.driver}"/>
</bean>
<!-- 定义 JdbcTemplate Bean -->
<bean id="jdbcTemplate" class="org.springframework.jdbc.
   core.JdbcTemplate">
   <property name="dataSource" ref="dataSource" />
</bean>
```

4. 创建实体类

在 src/main/java 文件夹下创建一个名为 spring.jdbc.entity 的包,并在该包中创建一个名为 User 的类,代码如文件 12-1 所示。

【文件 12-1】 User.java

```
package spring.jdbc.entity;

public class User {
    private Integer userId;
    private String userName;
    private Float balance;
    //此处省略了 Getters/Setters 方法
    //此处省略了 toString()方法
}
```

5. 创建数据访问组件

在 src/main/java 目录下创建名为 spring.jdbc.dao 的包,并创建数据访问接口 UserDao 和对应的实现类 UserDaoImpl。其中,UserDao 的代码如文件 12-2 所示。

【文件 12-2】 UserDao.java

```
package spring.jdbc.dao;
import java.util.List;
import spring.jdbc.entity.User;

public interface UserDao {
    public int add(User user);
    public int update(User user);
    public int count();
    public List<User> getList();
```

```
    public User getUser(Integer id);
    public void batchAddUser(List<Object[]> users);
}
```

类 UserDaoImpl 使用 JdbcTemplate 类实现数据库访问，该类被注解@Repository 标注，将其注册为 Spring 的 Bean，代码如文件 12-3 所示。

【文件 12-3】 UserDaoImpl.java

```
package spring.jdbc.dao.impl;
import spring.jdbc.dao.UserDao;
import spring.jdbc.entity.User;
//其余 import 部分略

@Repository("userDao")
public class UserDaoImpl implements UserDao{

    //注入属性 template
    @Autowired
    private JdbcTemplate template;

    public int add(User user) {
        String sql = "insert into tb_user(user_name,balance)
            values(?,?);";
        //返回受到影响的行数
        int update = template.update(
        sql,user.getUserName(),user.getBalance());
      return update;
    }

    public int update(User user) {
        String sql = "updatetb_user set user_name = ?, balance = ?"
                + " where user_id = ?";
        return template.update(sql,user.getUserName(),
            user.getBalance(),user.getUserId());
    }

    public int count() {
        String sql = "select count( * ) from tb_user;";
        return template.queryForObject(sql, Integer.class);
    }

    public List<User> getList() {
        String sql = "SELECT user_id,user_name,balance from tb_user;";
        return template.query(sql,
            new BeanPropertyRowMapper<User>(User.class));
    }

    public User getUser(Integer id) {
        String sql = "SELECT user_id,user_name,balance" +
            "from tb_user where user_id=?;";
        return template.queryForObject(sql,
```

```
44                 new BeanPropertyRowMapper<User>(User.class), id);
45     }
46 
47         public void batchAddUser(List<Object[]> users) {
48             String sql = "INSERT into tb_user(
49               user_name, balance) VALUES(?,?);";
50             template.batchUpdate(sql, users);
51         }
52 }
```

在文件 12-3 中,第 13～20 行实现添加功能,第 22～27 行实现更改的功能,第 29～32 行实现统计记录条数的功能,第 34～38 行实现返回所有记录的功能,第 40～45 行实现根据 id 查找用户信息的功能,第 47～51 行实现批量添加的功能。其中,BeanPropertyRowMapper 类是 RowMapper 接口的实现类(如第 37、44 行),它可以自动将数据表中的数据映射到用户自定义的实体类中(前提是实体类中的属性与数据表中的字段相对应)。

6. 编写服务组件

在 src/main/java 目录下创建一个名为 spring.jdbc.service 的包,并创建服务组件接口 UserService,其代码与 UserDao 代码相同,此处略。创建 UserService 接口的实现类 UserServiceImpl,代码如文件 12-4 所示。

【文件 12-4】 UserServiceImpl.java

```
package spring.jdbc.service.impl;
import spring.jdbc.dao.UserDao;
import spring.jdbc.entity.User;
import spring.jdbc.service.UserService;
//其余 import 部分略

@Service("userService")
public class UserServiceImpl implements UserService {
    @Autowired
    private UserDao userDao;

    public int add(User user) {
        return userDao.add(user);
    }
        //此处省略了对 UserDao 接口的其余方法的调用
}
```

7. 编写测试类

修改 applicationContext.xml 文件,增加组件自动扫描标记,代码如下。

```
<!-- 开启组件扫描 -->
<context:component-scan base-package="spring.jdbc" />
```

这样配置后,Spring 容器会自动扫描 spring.jdbc 包及其子包,实例化注解标注过的类。在 src/test/java 目录下创建测试类,以下给出测试批量添加功能的部分测试代码。

```
    @Test
    public void testAddBatchUser() {
```

```
    String file = "applicationContext.xml";
    ClassPathXmlApplicationContext ac =
        new ClassPathXmlApplicationContext(file);
    UserService us = ac.getBean(
        "userService",UserServiceImpl.class);
    List < Object[ ]> users = new ArrayList <>();
    Object[ ] u1 = {"Jetty", 201.43f};
    Object[ ] u2 = {"Peter", 1234.32f};
    Object[ ] u3 = {"Linda", 543.75f};
    Object[ ] u4 = {"Momot", 450.31f};
    users.add(u1); users.add(u2);
    users.add(u3); users.add(u4);
    us.batchAddUser(users);
}
```

执行批量添加功能的测试代码。在 MySQL 客户端查看执行的结果如图 12-2 所示。

```
mysql> select * from tb_user;
+---------+-----------+---------+
| user_id | user_name | balance |
+---------+-----------+---------+
|       1 | Jack      |     200 |
|       3 | Jetty     |  201.43 |
|       4 | Peter     | 1234.32 |
|       5 | Linda     |  543.75 |
|       6 | Momot     |  450.31 |
+---------+-----------+---------+
5 rows in set (0.00 sec)
```

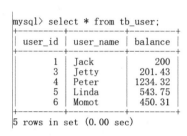

图 12-2 批量添加运行结果

12.3 Spring 事务管理

事务(Transaction)是基于关系数据库(Relational Database Management System, RDBMS)的企业应用的重要组成部分。在软件开发领域,事务扮演着十分重要的角色,用来确保应用程序数据的完整性和一致性。

事务具有 4 个特性:原子性、一致性、隔离性和持久性,简称为 ACID 特性。

原子性(Atomicity):一个事务是一个不可分割的工作单位,事务中所包括的动作要么都做,要么都不做。

一致性(Consistency):事务必须保证数据库从一个一致性状态迁移到另一个一致性状态,一致性和原子性是密切相关的。

隔离性(Isolation):一个事务的执行不能被其他事务干扰,即一个事务内部的操作及使用的数据对并发的其他事务是隔离的,并发执行的各个事务之间不能互相干扰。

持久性(Durability):持久性也称为永久性,指一个事务一旦提交,它对数据库中数据的改变就是永久性的,后面的其他操作和故障都不应该对其有任何影响。

事务允许将一组操作组合成一个要么全部成功、要么全部失败的工作单元。如果事务中的所有操作都执行成功,意味着任务完成。但如果事务中的任何一个操作失败,那么事务中所有的操作都会被回滚,已经执行成功的操作结果也会被完全清除干净,就好像什么事都没有发生一样。在日常生活中,与事务相关的最常见的例子就是银行转账了。假设需要将

1000 元从 A 账户转到 B 账户中,这个转账事务共涉及了以下两个操作:

① 从 A 账户中扣除 1000 元;

② 往 B 账户中存入 1000 元。

如果 A 账户成功地扣除了 1000 元,但向 B 账户存入时失败的话,那么 A 将凭空损失 1000 元;如果 A 账户扣款时失败,但成功地向 B 账户存入 1000 元的话,B 账户就凭空多出了 1000 元,那么银行就会遭受损失。因此必须保证事务中的所有操作要么全部成功,要么全部失败。

作为一个优秀的开源框架,Spring 借助 IoC 容器强大的配置能力和 AOP 特性,为事务提供了丰富的功能支持。

12.3.1 事务管理方式

Spring 支持两种事务管理方式:编程式事务管理和声明式事务管理。编程式事务管理通过编写代码实现事务管理。这种方式能够在代码中精确地定义事务的边界,可以根据需求规定事务从哪里开始,到哪里结束。声明式事务管理则以方法为单位,以声明方式管理事务。声明式事务管理在底层采用了 AOP 技术,其最大的优点在于只需要在配置文件中进行相关的规则声明,就可以将事务规则应用到业务逻辑中。

选择编程式事务还是声明式事务,很大程度上是在控制权粒度和易用性之间进行权衡。

编程式对事务控制的粒度更细,开发人员能够精确地控制事务的边界,事务的开始和结束完全取决于业务需求,但这种方式存在一个致命的缺点,就是事务规则与业务代码耦合度高,难以维护。因此,很少使用这种事务管理方式。

Spring 的声明式事务管理是通过 AOP 实现的,其本质是在目标方法执行前后进行拦截,然后在目标方法开始之前开启(或加入)一个事务;在目标方法执行结束时,根据执行情况提交或回滚事务。声明式事务易用性更高,对业务代码没有侵入性,可以将业务代码和事务管理代码很好地解耦,易于维护。因此,这种方式是最常用的事务管理方式。Spring 的声明式事务管理主要通过两种方式实现:基于 XML 的事务管理和基于注解的事务管理。

12.3.2 事务管理相关接口

本节介绍 Spring 为事务管理提供的 3 个主要接口,它们是 PlatformTransactionManager 接口、TransactionDefinition 接口和 TransactionStatus 接口。

1. PlatformTransactionManager 接口

Spring 并不会直接管理事务,而是通过事务管理器管理事务。在 Spring 中提供了一个 PlatformTransactionManager(org. springframework. transaction. PlatformTr ansactionManager)接口。这个接口被称为 Spring 的事务管理器,它是 Spring 事务管理的核心接口,其源码如下:

```
public interface PlatformTransactionManager
        extends TransactionManager {
//获取事务状态信息
TransactionStatus getTransaction(@Nullable
            TransactionDefinition definition)
    throws TransactionException;
```

```
    //提交事务
    void commit(TransactionStatus status)
          throws TransactionException;
    //回滚事务
    void rollback(TransactionStatus status)
        throws TransactionException;
}
```

一般情况下，应用程序并不直接使用这个接口，而是通过声明性事务划分使用这个接口的实现类。Spring 为不同的持久化框架或平台(例如 JDBC、Hibernate、JPA 以及 JTA 等)提供了不同的 PlatformTransactionManager 接口实现，这些实现类被称为事务管理器(实现)。这些事务管理器的使用方式十分简单，只要根据持久化框架(或平台)选用相应的事务管理器，即可实现事务管理，而不必关心实际事务的内容是什么。表 12-2 列举了一些事务管理器的实现类。

表 12-2　事务管理器的实现类

实　现　类	说　　明
org. springframework. jdbc. datasource. DataSourceTransactionManager	使用 Spring JDBC 或 MyBatis 进行数据持久化时使用
org. springframework. orm. hibernate3. HibernateTransactionManager	使用 Hibernate 3.0 及以上版本进行数据持久化时使用
org. springframework. orm. jpa. JpaTransactionManager	使用 JPA 进行数据持久化时使用
org. springframework. transaction. jta. JtaTransactionManager	使用 JTA 来实现事务管理，在一个事务跨越多个不同的资源(即分布式事务)时使用

2. TranscationDefinition 接口

TransactionDefinition(org. springframework. transaction. TransactionDefinition)接口用来定义与 Spring 兼容的事务属性。Spring 将 XML 配置中的事务信息封装到 TransactionDefinition 对象中，然后通过事务管理器的 getTransaction()方法获得事务的状态(TransactionStatus)，并对事务进行下一步操作。TransactionDefinition 接口提供了获取事务相关信息的方法，接口源码如下：

```
public interface TransactionDefinition {
    //获取事务的传播行为
    int getPropagationBehavior();
    //获取事务的隔离级别
    int getIsolationLevel();
    //获取事务的名称
    String getName();
    //获取事务的超时时间
    int getTimeout();
    //获取事务的只读状态
    boolean isReadOnly();
}
```

1）事务的隔离级别

事务的隔离级别(Isolation Level)定义了一个事务可能受其他并发事务影响的程度。

在项目开发中,经常会出现多个事务同时对同一数据执行不同操作,来实现各自的任务的情况。此时就可能导致脏读、幻读以及不可重复读等问题的出现。理想情况下,事务之间是完全隔离的,自然不会出现上述问题。但事务的完全隔离会导致性能问题,并且不是所有的应用程序都需要事务的完全隔离,因此应用程序在事务隔离上有一定的灵活性。

TransactionDefinition 接口以常量形式定义了 5 种事务隔离级别,如表 12-3 所示。开发人员可以根据需求自行选择合适的事务隔离级别。

表 12-3 事务的隔离级别

事务隔离级别常量	说　明
ISOLATION_DEFAULT	使用后端数据库默认的隔离级别
ISOLATION_READ_UNCOMMITTED	允许读取尚未提交的更改,可能导致脏读、幻读和不可重复读
ISOLATION_READ_COMMITTED	Oracle 默认级别,允许读取已提交的并发事务,防止脏读,可能出现幻读和不可重复读
ISOLATION_REPEATABLE_READ	MySQL 默认级别,多次读取相同字段的结果是一致的,防止脏读和不可重复读,可能出现幻读
ISOLATION_SERIALIZABLE	完全服从 ACID 的隔离级别,防止脏读、不可重复读和幻读

2) 事务的传播行为

事务的传播行为(Propagation Behavior)指的是,当一个事务方法被另一个事务方法调用时,被调用事务方法的运行方式。例如,事务方法 A 在调用事务方法 B 时,B 方法是继续在调用者 A 方法的事务中运行呢,还是为自己开启一个新的事务运行,这就由事务方法 B 的传播行为决定。TransactionDefinition 接口以常量形式定义了 7 种事务传播行为,如表 12-4 所示。

表 12-4 事务的传播行为

事务传播行为常量	说　明
PROPAGATION_MANDATORY	支持当前事务,如果不存在当前事务,则引发异常
PROPAGATION_NESTED	如果当前事务存在,则在嵌套事务中执行
PROPAGATION_NEVER	不支持当前事务,如果当前事务存在,则引发异常
PROPAGATION_NOT_SUPPORTED	不支持当前事务,始终以非事务方式执行
PROPAGATION_REQUIRED	默认传播行为,如果存在当前事务,则当前方法就在当前事务中运行,如果不存在,则创建一个新的事务,并在这个新的事务中运行
PROPAGATION_REQUIRES_NEW	创建新事务,如果已经存在事务则暂停当前事务
PROPAGATION_SUPPORTS	支持当前事务,如果不存在事务,则以非事务方式执行

3. TransactionStatus 接口

TransactionStatus(org. springframework. transaction. TransactionStatus)接口提供了一些简单的方法,来控制事务的执行、查询事务的状态,接口源码如下:

```
public interface TransactionStatus extends SavepointManager {
    //判断是否是新事务
    boolean isNewTransaction();
```

```
    //查看是否存在保存点
    boolean hasSavepoint();
    //设置事务回滚
    void setRollbackOnly();
    //查看事务是否回滚
    boolean isRollbackOnly();
    //查看事务是否完成
    boolean isCompleted();
}
```

12.4 基于 XML 的声明式事务管理

基于 XML 的声明式事务管理是通过在配置文件中配置事务规则的相关声明实现的。下面通过一个案例演示如何基于 XML 方式实现 Spring 的声明式事务管理。本案例以 12.2 节案例为基础，增加一个模拟银行转账的程序。实施步骤如下。

1. 修改数据访问组件代码

修改文件 12-2 的 UserDao 接口，增加一个用于转账的抽象方法，代码如下：

```
public void transfer(String fromUser, String toUser, Float amount);
```

修改文件 12-3 的 UserDaoImpl 类，用 JDBC Template 实现转账功能，代码如下：

```
public void transfer(String fromUser, String toUser,
    Float amount) {
        String query_sql = "select balance from tb_user
            where user_name = ?";
        String from_sql = "update tb_user set balance =
            balance - ? where user_name = ?";
        String to_sql = "update tb_user set balance =
            balance + ? where user_name = ?";
        float current_balance = template.queryForObject(
            query_sql, Float.class,fromUser);
        if(current_balance >= amount) {
            template.update(from_sql,amount,fromUser);
            //int a = 1/0;
            template.update(to_sql,amount,toUser);
            System.out.println("转账完成");
        } else {
            System.out.println("余额不足");
        }
}
```

2. 修改服务组件代码

相应地，修改 UserService 接口和 UserServiceImpl 实现类代码，以增加转账功能的方法调用。其中 UserServiceImpl 实现类代码修改如下：

```
public void transfer(String fromUser, String toUser, Float amount) {
    userDao.transfer(fromUser, toUser, amount);
}
```

3. 引入 tx 命名空间

在使用 XML 文件配置声明式事务时,首先要引入 tx 命名空间,然后使用< tx:advice >元素来配置事务管理通知,进而通过 Spring AOP 实现事务管理。由于 Spring 提供的声明式事务管理是依赖于 Spring AOP 实现的,因此在 XML 配置文件中还应该添加与 AOP 命名空间相关的配置,具体内容如下:

```
<beans xmlns="http://www.springframework.org/schema/beans"
  xmlns:xsi="http://www.w3.org/2001/XMLSchema-instance"
  xmlns:aop="http://www.springframework.org/schema/aop"
  xmlns:tx="http://www.springframework.org/schema/tx"
  xmlns:context="http://www.springframework.org/schema/context"
  xsi:schemaLocation="http://www.springframework.org/schema/beans
  http://www.springframework.org/schema/beans/spring-beans.xsd
  http://www.springframework.org/schema/tx
  http://www.springframework.org/schema/tx/spring-tx.xsd
  http://www.springframework.org/schema/context
  http://www.springframework.org/schema/context/spring-context.xsd
  http://www.springframework.org/schema/aop
  http://www.springframework.org/schema/aop/spring-aop.xsd">
```

4. 配置事务管理器

需要借助数据源配置,定义相应的事务管理器 Bean(PlatformTransactionManager 接口的实现类),配置内容如下:

```
<!--配置事务管理器 -->
<bean id="transactionManager"
    class="org.springframework.jdbc.datasource.
    DataSourceTransactionManager">
    <property name="dataSource" ref="dataSource" />
</bean>
```

以上配置中,配置的事务管理器实现为 DataSourceTransactionManager,即为 JDBC 和 MyBatis 提供的 PlatformTransactionManager 接口实现。

5. 配置通知

配置事务通知,指定事务作用的目标方法以及所需的事务属性:

```
<!-- 配置通知 -->
<tx:advice id="myAdvice"
    transaction-manager="transactionManager">
    <tx:attributes>
        <tx:method name="transfer" propagation="REQUIRED"
        isolation="DEFAULT" read-only="false" />
    </tx:attributes>
</tx:advice>
```

当使用< tx:advice >来声明事务时,需要通过 transaction-manager 属性来定义一个事务管理器。这个参数的默认值为 transactionManager。如果设置的事务管理器(第 4 步中设置的事务管理器）id 恰好与默认值相同，则可以省略对 transaction-manager 属性的配置。如果设置的事务管理器 id 与默认值不同，则必须手动在< tx:advice >元素中通过 transaction-manager 属性指定。对于< tx:advice >来说，事务属性是被定义在< tx:attributes >中的，该元素可以包含一个或多个< tx:method >元素。

< tx:method >元素包含多个属性参数，可以为某个或某些指定的方法（name 属性指定的方法）定义事务属性，如表 12-5 所示。

表 12-5 < tx:method >元素中的事务属性

属性名称	说　明
propagation	指定事务的传播行为
isolation	指定事务的隔离级别
read-only	指定是否为只读事务
timeout	表示超时时间，单位：s；声明的事务在指定的超时时间后自动回滚，避免事务长时间不提交而导致的数据库资源的占用
rollback-for	指定事务对于哪些类型的异常应当回滚，而不提交
no-rollback-for	指定事务对于哪些异常应当继续运行，而不回滚

6. 配置切点和切面

< tx:advice >元素只是定义了一个 AOP 通知，并没有定义哪些 Bean 应该被通知，因此它不是一个完整的切面。还需要定义切点，配置内容如下：

```
<aop:config>
    <!-- 切点 -->
    <aop:pointcut expression = "execution( * spring.jdbc
        .service.impl.UserServiceImpl. * (..))"  id = "myPointcut" />
    <!-- 切面：将切入点与通知整合 -->
    <aop:advisor advice-ref = "myAdvice"   pointcut-ref = "myPointcut" />
</aop:config>
```

7. 编写测试代码

修改 UserDaoImpl 代码，增加一个抛出运行时异常的语句：

```
int a = 1/0;
```

可以用这个语句来模拟转账过程中抛出的运行时异常，如果出现异常情况则转账失败。

在 src/test/java 目录下创建测试类，编写测试代码。首先，查看各用户的账户余额。现由 Peter 用户给 Momot 用户转账 200.00 元，并且转账过程中出现了异常情况，转账失败。此时参与转账的双方的余额应无变化。在没有引入事务管理的情况下，可以看到转出方 Peter 的账户余额减少了 200.00 元，而转入方 Momot 的账户余额没有变化，这样的情况显然是不合理的。在引入事务管理后，重做同样的转账实验，会发现转出方和转入方的余额都没有变化，说明事务管理已生效。双方账户余额的变化过程如图 12-3 所示。

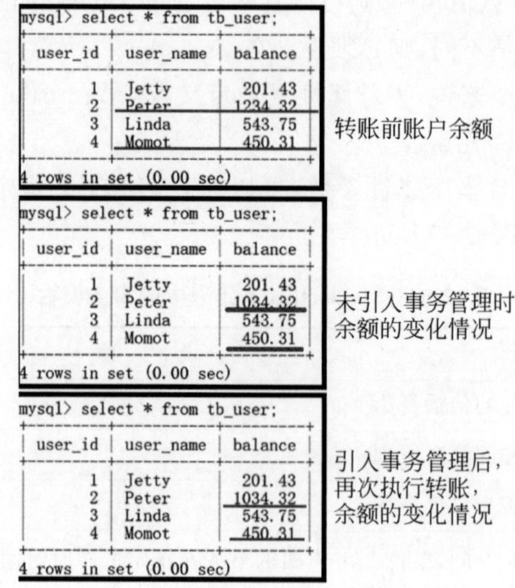

图 12-3　3 次实验中的账户余额的变化情况

12.5　基于注解的声明式事务管理

12.4 节讲解了基于 XML 方式的声明式事务,但基于 XML 的事务管理实现存在缺点,即需要在 Spring 配置文件中配置大量的信息。为了解决此问题,可以使用基于注解的方式实现声明式事务管理。这样做可以简化 Spinrg 配置文件中的代码。基于注解方式的声明式事务,可以采用@Transactional 注解实现。这个注解和 XML 文件中<tx:advice>元素具有相同的功能。

下面介绍如何通过注解方式实现声明式事务管理。本节使用的案例只需要在 12.4 节基础上做简单修改,步骤如下。

1. 开启注解事务

tx 命名空间提供了一个 <tx:annotation-driven> 元素,用来开启注解事务,简化 Spring 声明式事务的 XML 配置。<tx:annotation-driven>元素的使用方式十分简单,只要在 Spring 的 XML 配置文件中添加一行配置即可:

```
<tx:annotation-driven
    transaction-manager="transactionManager" />
```

开启注解事务后,可将 12.4 节配置文件中配置通知、切点和切面的内容删除。

与<tx:advice>元素一样,<tx:annotation-driven>也需要通过 transaction-manager 属性来定义一个事务管理器。transaction-manager 属性的默认值为 transactionManager。如果使用的事务管理器 id 与默认值相同,则可以省略对该属性的配置。通过<tx:annotation-driven>元素开启注解事务后,Spring 会自动对容器中的 Bean 进行检查,找到使用@Transactional 注解标注的 Bean,并为其提供事务支持。

2. 使用@Transactional 注解

@Transactional 注解是 Spring 声明式事务管理的核心注解,该注解既可以在类上使用，也可以在方法上使用，例如：

```
@Transactional
public class XXX {
    @Transactional
    public void A(Order order) {
    …
    }
    public void B(Order order) {
    …
    }
}
```

若@Transactional注解在类上使用，则表示类中的所有方法都支持事务；若@Transactional注解在方法上使用，则表示当前方法支持事务。Spring会自动查找所有标注了@Transactional注解的Bean，并自动为它们添加事务通知。通知的属性则是通过@Transactional注解的属性来定义的。@Transactional注解包含多个属性，其中常用属性如表12-6所示。

表12-6　@Transactional注解的属性

属　性　名	说　　明
propagation	指定事务的传播行为
isolation	指定事务的隔离级别
read-only	指定是否为只读事务
timeout	表示超时时间，单位：s；事务在指定的超时时间后，自动回滚，避免事务长时间不提交而导致的数据库资源的占用
rollback-for	指定事务对于哪些类型的异常应当回滚，而不提交
no-rollback-for	指定事务对于哪些异常应当继续运行，而不回滚

本案例中，在Service组件中实现事务管理。即修改UserServiceImpl类代码，在12.4节案例的步骤2中添加的转账功能代码的基础上使用@Transactional注解，具体如下：

```
@Transactional(isolation = Isolation.DEFAULT, propagation = Propagation.REQUIRED,
timeout = 10, readOnly = false)
public void transfer(String fromUser, String toUser, Float amount) {
  userDao.transfer(fromUser, toUser, amount);
}
```

3. 编写测试代码

测试代码用于查看当转账执行中出现异常时，事务是否回滚。程序执行后，会出现与XML方式同样的运行结果，这里不再赘述。部分测试代码如下：

```
@Test
public void testTransfer() {
    String file = "transactionContext4Annotation.xml";
    ClassPathXmlApplicationContext ac =
        new ClassPathXmlApplicationContext(file);
    UserService us = ac.getBean("userService",UserService.class);
```

```
        us.transfer("Peter","Momot",200.00f);
    ac.close();
}
```


12.6　Spring 整合 Redis

视频讲解

12.6.1　非关系数据库概述

NoSQL 最常见的解释是 non-relational 或 Not Only SQL。NoSQL 仅仅是一个概念，泛指非关系数据库。区别于关系数据库，NoSQL 不保证关系数据的 ACID 特性(原子性、一致性、隔离性、持久性)。一个支持事务的数据库，必须要具有这 4 种特性，否则在事务执行过程当中无法保证数据的正确性。NoSQL 不使用 SQL 作为查询语言。其数据存储可以不需要固定的表格模式，一般都有水平可扩展的特征。NoSQL 主要有如下几种分类。

键值(Key-Value)存储数据库：这种数据存储通常是无数据结构的，数据一般被当作字符串或二进制数据。其数据加载速度快，典型的使用场景是用于处理高并发或者日志系统。这一类的代表性数据库有 Redis、Tokyo Cabinet 等。

列存储数据库：顾名思义，这种数据库是按列存储数据的。最大的特点是可存储结构化和半结构化数据，方便做数据压缩，查找速度快，容易进行分布式扩展，针对某一列或某几列的查询有非常大的 IO 优势。一般用于分布式文件系统。这一类的代表性数据库有 HBase、Cassandra 等。

文档型数据库：这种数据库没有严格的数据格式，文档存储一般用类似 JSON 的格式存储，存储的内容是文档型的。这样也就有机会对某些字段建立索引，实现关系数据库的某些功能。这一类的代表性数据库有 MongoDB、CouchDB 等。

图形数据库：这种数据库专注于构建关系图谱，例如社交网络，推荐系统等。这一类的代表性数据库有 Neo4J、DEX 等。

目前，对于 NoSQL 并没有一个明确的范围和定义，但是它们都存在以下一些共同特征。

1. 易扩展

NoSQL 数据库种类繁多，一个共同特点是去掉了关系数据库的关系型特性。数据之间无关系，这样就非常容易扩展。在 Web 应用程序中，数据库是最难进行横向扩展的，当一个应用系统的用户量和访问量与日俱增的时候，数据库却没有办法像 Web server 和 App server 那样简单地通过添加更多的硬件和服务节点来扩展性能和负载能力。而采用 NoSQL 数据库可以避免出现这种尴尬局面。

2. 大数据量，高性能

NoSQL 数据库都具有非常高的读写性能，尤其在大数据量下，同样表现优秀。这得益于它们的无关系特性，数据库的结构简单。MySQL 数据库使用查询缓存(Query Cache)，而 NoSQL 的缓存则是一种细粒度的记录级缓存。从这个方面来说，NoSQL 的性能就要高很多，足以胜任海量数据高并发的读写需求。

3. 灵活的数据模型

NoSQL 无须事先为要存储的数据建立字段，可以随时存储自定义的数据格式。而在关系数据库里，增删字段是一件非常麻烦的事情。

4. 高可用

NoSQL 在不太影响性能的情况下，就可以方便地实现高可用的架构，如 Cassandra、HBase 模型，通过复制模型也能实现高可用。

对于种类繁多的 NoSQL，Spring Data 对大多数 NoSQL 都提供了配置支持，本书主要介绍使用 Spring 整合两个常见的 NoSQL：Redis 和 MongoDB。

12.6.2 Redis 安装与设置

扫描下方二维码，可获取本节电子版资料。

12.6.3 Spring 整合 Redis 数据库

Redis 用单线程来处理多个客户端的请求。Redis 制定了 RESP 协议（Redis Serialization Protocol，Redis 序列化协议）实现客户端与服务端的交互，这种协议简单高效，既能够被机器解析，又容易被人类识别。

RESP 可以序列化不同的数据类型，如整型、字符串、数组还有一种特殊的 Error 类型。需要执行的 Redis 命令会被封装为类似于字符串数组的请求中，然后通过 Redis 客户端发送到 Redis 服务端。Redis 服务端会基于特定的命令类型选择对应的数据类型进行回复。

Redis 官方推荐的 Java 客户端有 Jedis、lettuce、Redisson 和 JRedis 等。Spring Data Redis 是 Spring Data 模块的一部分，专门用来支持在 Spring 管理的项目中对 Redis 的操作。Spring Data Redis 为如下 4 种 Redis 客户端实现提供了连接工厂。

- JedisConnectionFactory
- JredisConnectionFactory
- LettuceConnectionFactory
- SrpConnectionFactory

其中，Jedis 集成了与 Redis 相关的操作命令，它是 Java 操作 Redis 数据库的桥梁，是 Redis 官方推荐的面向 Java 的操作 Redis 的客户端。RedisTemplate 类是 Spring Data Redis 中对 Jedis API 的高度封装。Spring Data Redis 相对于 Jedis 来说可以方便地更换 Redis 的 Java 客户端，比 Jedis 多了自动管理连接池的特性，方便与 Spring 框架搭配使用。下面，分步骤讲述如何使用 Spring Data Redis 操作 Redis 数据库。

1. 添加依赖

引入 Jedis 相关 JAR 包和 spring-data-redis 包，修改 pom. xml 文件，增加如下引用：

```
<dependency>
    <groupId>org.springframework.data</groupId>
    <artifactId>spring-data-redis</artifactId>
    <version>1.8.1.RELEASE</version>
```

```
    </dependency>
    <dependency>
        <groupId>redis.clients</groupId>
        <artifactId>jedis</artifactId>
        <version>2.9.0</version>
    </dependency>
```

2. 创建 Redis 连接

可以通过连接工厂配置 Redis 连接。首先,创建连接工厂对象。再借助连接工厂构建 RedisTemplate(org.springframework.data.redis.core.RedisTemplate)对象。RedisTemplate 对象可以简化 Redis 数据访问,它能够持久化各种类型的键(Key)和值(Value)。如果操作的值是 String 类型,也可以使用 RedisTemplate 的子类 StringRedisTemplate(org.springframework.data.redis.core.StringRedisTemplate)。由于程序中要频繁使用 RedisTemplate 对象,可以将其设置为被 Spring 管理的 Bean,然后由 Spring 将该对象注入到需要它的地方。实现代码如文件 12-5 所示。

【文件 12-5】 RedisConfig.java

```
1  package spring.redis;
2  import org.springframework.context.annotation.Bean;
3  import org.springframework.context.annotation.Configuration;
4  import org.springframework.data.redis.connection
5      .RedisConnectionFactory;
6  import org.springframework.data.redis.connection.jedis
7      .JedisConnectionFactory;
8  import org.springframework.data.redis.core.StringRedisTemplate;
9
10 @Configuration
11 public class RedisConfig {
12     @Bean
13     public RedisConnectionFactory redisCF() {
14         JedisConnectionFactory cf = new JedisConnectionFactory();
15         cf.setHostName("127.0.0.1");
16         cf.setPort(6379);
17         return cf;
18     }
19
20     @Bean
21     public StringRedisTemplate redisTemplate(
22         RedisConnectionFactory cf){
23         StringRedisTemplate template = new StringRedisTemplate();
24         template.setConnectionFactory(cf);
25         return template;
26     }
27 }
```

文件 12-5 的第 13～18 行利用 JedisConnectionFactory 类的默认构造方法创建连接工厂对象,并指定了 Redis 服务器的地址和端口。同时,用@Bean 注解表示方法产生一个由 Spring 管理的对象(第 12 行和第 20 行)。由于本案例操作的都是 String 类型的值,因而创建了 StringRedisTemplate 对象(第 21～25 行)。

3. 创建测试代码

在 src/test/java 文件夹下创建名为 MyRedisTest 的测试类,代码如文件 12-6 所示。

【文件 12-6】 MyRedisTest.java

```
1  package spring.redis.test;
2  import spring.jdbc.RedisConfig;
3  //其余 import 部分略
4  @RunWith(SpringJUnit4ClassRunner.class)
5  @ContextConfiguration(classes = RedisConfig.class)
6  public class MyRedisTest {
7      @Autowired
8      private StringRedisTemplate redis;
9  }
```

如文件 12-6 所示,本节的案例将针对 String 类型的值进行操作,因此测试代码中的第 8 行引用了 StringRedisTemplate 的实例。

4. 使用 StringRedisTemplate

在创建了 StringRedisTemplate(或 RedisTemplate)对象后,可以执行保存、获取及删除操作。Redis 可以存储 5 种不同类型的数据,它们分别是字符串(String)、列表(List)、散列(Hash)、集合(Set)和有序集合(ZSet)。RedisTemplate 对数据的大部分操作都是借助表 12-7 中的方法和子接口完成的。

表 12-7 RedisTemplate 的主要方法和子接口

方　　法	子　接　口	说　　明
opsForValue()	ValueOperations<K,V>	操作简单值条目
opsForList()	ListOperations<K,V>	操作 List 值的条目
opsForSet()	SetOperations<K,V>	操作 Set 值的条目
opsForHash()	HashOperations<K,V>	操作 Hash 值的条目
opsForZSet()	ZSetOperations<K,V>	操作 ZSet(有序集合)值的条目

下面分别介绍对 5 种类型的数据的操作方法。

1) 简单值

例如,通过键 user 保存值 hello,redis,需要调用 RedisTemplate 类的 opsForValue()方法获取 ValueOperations 子接口的实例。再通过调用 ValueOperations 子接口提供的 set (String key, String value)方法实现,如下述代码片段所示。

```
@Test
public void testOpsForValue() {
  redis.opsForValue().set("user","hello,redis");
  String str = redis.opsForValue().get("user");
  System.out.println(str);
}
```

如上述测试代码所示,表 12-7 中的子接口 ValueOperations<K,V>对象可以通过 RedisTemplate 或 StringRedisTemplate 对象获取。即通过 redis.opsForValue() 调用获得

对应的子接口引用(第 3 行),再调用子接口中对应的方法完成对值或值的集合的操作。

2) List 类型数据

使用 List 类型的值与 1)类似,只要调用 ListOperations 子接口的 opsForList()方法即可,例如:

```
1   @Test
2   public void testOpsForList() {
3       List<String> strs = new ArrayList<String>();
4       for(int i = 1;i < 11;i++) {
5           strs.add(String.valueOf(i));
6       }
7       redis.opsForList().leftPushAll("strs",strs);
8       redis.opsForList().range("strs", 0, -1)
9           .forEach(System.out::println);
10  }
```

其中,ListOperations 子接口的 leftPushAll()方法会在表头添加一组值,rightPushAll()方法会在表尾添加一组值。如第 7 行所示,leftPushAll()方法将 strs 列表添加到表头。如果要从列表中取出元素,可以使用 ListOperations 子接口的 leftPop()或 rightPop()方法,除了取出值之外,这两个方法的另一个作用是从列表中删除所弹出的元素。本例中使用 range(String key, long start, long end)方法获取需要的值,并不实施删除操作(第 8 行)。其中,参数 strs 为指定的键,参数 start=0 表示从索引为 0 的元素(第一个元素)开始查找,参数 end 表示查找结束的位置(不包含此位置的数据),end=-1 表示查询所有数据。执行此测试代码,可以利用 Redis 客户端查看结果,如图 12-4 所示。

```
C:\software\redis>redis-cli
127.0.0.1:6379> LRANGE strs 0 11
 1) "10"
 2) "9"
 3) "8"
 4) "7"
 5) "6"
 6) "5"
 7) "4"
 8) "3"
 9) "2"
10) "1"
```

图 12-4　添加列表后 Redis 中的数据

3) Hash 类型数据

使用 Hash 类型的值与 1)类似,只要调用 HashOperations 子接口的 opsForHash()方法即可,例如:

```
@Test
public void testOpsForHash() {
    //初始化数据
    redis.opsForHash().put("redisHash", "name", "Tom");
    redis.opsForHash().put("redisHash", "age", "26");
    redis.opsForHash().put("redisHash", "class", "3");

    //确定 hashKey 是否存在
    System.out.println(redis.opsForHash().hasKey("redisHash","age"));
    System.out.println(redis.opsForHash().hasKey("redisHash","ttt"));
```

```
11
12      //从键中的哈希获取给定的 hashKey 的值
13      System.out.println(redis.opsForHash()
14          .get("redisHash", "age").toString());
15
16      //根据 key 获取哈希存储
17      System.out.println(redis.opsForHash().entries("redisHash"));
18  }
```

其中,Redis 的散列(Hash)可以让用户将多个键值对存储到一个 Redis 键里面,如第 4～6 行,分别将< name,Tom >,< age, 26 >和< class,3 >这 3 个键值对以 redisHash 为键存放在 Redis 中。数据准备好以后,可以调用 HashOperations 子接口的 Boolean hasKey(H key, Object hashKey)方法判断 hashKey 是否存在(第 9～10 行)。第 17 行利用 HashOperations 子接口的 entries()方法根据 Redis 中的键 redisHash 获取整个 Hash 存储的值。其中,方法 entries()的原型为:

```
Map < HK, HV > entries(H key);
```

执行测试代码后,可以在控制台查看输出结果,如图 12-5 所示。

```
true
false
26
{name=Tom, age=26, class=3}
```

图 12-5 控制台输出

4) Set 类型数据

Redis 的 Set 是 String 类型的无序集合。集合成员是唯一的,这就意味着集合中不能出现重复的数据。Redis 中的集合是通过哈希表实现的,所以添加,删除,查找的复杂度都是 O(1)。使用 Set 类型的值与 1)类似,只要调用 SetOperations 子接口的 opsForSet()方法即可,例如:

```
@Test
public void testOpsForSet() {
    //准备数据
    String[] arr1 = {"aaa","bbb","ccc"};
    String[] arr2 = {"aaa","ddd","eee"};
    redis.opsForSet().add("arr1", arr1);
    redis.opsForSet().add("arr2", arr2);
    //输出集合元素
    System.out.println("arr1 集合: "
        + redis.opsForSet().members("arr1"));
    System.out.println("arr2 集合: "
        + redis.opsForSet().members("arr2"));
    //求交并差集
    System.out.println("交集: "
        + redis.opsForSet().intersect("arr1", "arr2"));
    System.out.println("并集: "
        + redis.opsForSet().union("arr1", "arr2"));
```

```
18      System.out.println("差集: "
19          + redis.opsForSet().difference("arr1", "arr2"));
20  }
```


其中,第 6～7 行使用 SetOperations 子接口的 add()方法向集合中一次性添加了多个值。随后,使用 members()方法输出两个集合中的元素(第 9～12 行)。第 14～19 行对两个集合执行交、并、差运算。执行测试代码后控制台输出如图 12-6 所示。

```
arr1集合: [ccc, bbb, aaa]
arr2集合: [aaa, ddd, eee]
交集: [aaa]
并集: [aaa, bbb, ccc, ddd, eee]
差集: [bbb, ccc]
```

图 12-6　集合运算结果

5) ZSet 类型数据

Redis 有序集合 ZSet 和无序集合一样也是 String 类型元素的集合,且不允许出现重复的元素。不同的是 ZSet 的每个元素都会关联一个 double 类型的分数。Redis 正是通过该分数来为集合中的成员从小到大排序。有序集合的成员是唯一的,但分数的值却可以重复,例如:

```
1   @Test
2   public void testOpsForZSet() {
3       //准备数据
4       ZSetOperations.TypedTuple<String> t1 =
5           new DefaultTypedTuple<String>("zset - 1",9.9);
6       ZSetOperations.TypedTuple<String> objectTypedTuple2 =
7           new DefaultTypedTuple<String>("zset - 2",9.6);
8       ZSetOperations.TypedTuple<String> objectTypedTuple3 =
9           new DefaultTypedTuple<String>("zset - 3",9.1);
10      Set<ZSetOperations.TypedTuple<String>> tuples =
11          new HashSet<ZSetOperations.TypedTuple<String>>();
12      //将数据添加到有序集合
13      tuples.add(objectTypedTuple1);
14      tuples.add(objectTypedTuple2);
15      tuples.add(objectTypedTuple3);
16
17      //将有序集合添加到 Redis
18      redis.opsForZSet().add("zset", tuples);
19      tuples = redis.opsForZSet().rangeWithScores("zset",0, - 1);
20      Iterator<ZSetOperations.TypedTuple<String>> iterator =
21          tuples.iterator();
22      iterator.forEachRemaining(item -> System.out.println(
23          "value:" + item.getValue() + " score:" + item.getScore()));
24  }
```

其中,第 4～9 行准备了有序集合中的 3 个元素,分别为 zset-1、zset-2 和 zset-3,并相应地赋予各自的分数。在创建有序集合对象并将 3 个元素放入有序集合后(第 10～15 行),第 18 行调用 ZSetOperations 子接口的 Long add(K key, Set<TypedTuple<V>> tuples)方法将有序集合添加到 Redis。第 19 行调用 Set<TypedTuple<V>> rangeWithScores(K key, long start, long end)方法，通过索引区间返回指定区间内的有序集合的成员对象，其中有序集成员按分数值递增顺序排列。参数 end＝－1 表示返回所有元素。在对有序集合中的数据排序后，调用 Iterator < E > iterator()方法将排序后的数据存入迭代器(第 20～21 行)。第 22～23 行利用 Lambda 表达式输出迭代器中的元素。执行测试代码后，控制台输出顺序后的结果如图 12-7 所示。

```
value:zset-3 score:9.1
value:zset-2 score:9.6
value:zset-1 score:9.9
```

图 12-7　执行排序后的结果

向 Redis 中存储对象时要进行序列化。序列化是将对象保存成一种可跨平台识别的字节格式，这样可以进行跨平台存储和网络传输。目标平台可以通过字节信息解析还原对象信息，即反序列化。当某个条目保存到 Redis 的时候，键(Key)和值(Value)都会使用 Redis 的序列化器(Serializer)进行序列化。Spring Data Redis 提供了多个这样的序列化器，这里列举出其中的 4 个。

- GenericToStringSerializer：使用 Spring 转换服务进行序列化。
- JacksonJsonRedisSerializer：使用 Jackson 1，将对象序列化为 JSON。
- Jackson2JsonRedisSerializer：使用 Jackson 2，将对象序列化为 JSON。
- JdkSerializationRedisSerializer：使用 Java 序列化。

其中，RedisTemplate 会使用 JdkSerializationRedisSerializer，这意味着键和值都会通过 Java 进行序列化。StringRedisTemplate 默认使用 StringRedisSerializer，实现 String 与 byte 数组之间的相互转换。开发人员也可以自定义序列化器，相关内容略。

12.6.4　Spring 整合 Redis 缓存

Spring 自身并没有实现缓存解决方案，但它对缓存功能提供了声明式的支持，能够与多种流行的缓存实现集成，如 Ehcache、Redis、JCache 等。Spring 对缓存的支持有两种方式：注解驱动式缓存和 XML 声明式缓存。从实现形式来讲，缓存是一个键值对(Key-value Pair)，其中键描述了产生值的操作和参数。因此，Redis 作为键值存储数据库，非常适合做缓存。本节关注如何应用 Spring 集成 Redis 缓存。

为实现声明式缓存，Spring 提供了一个缓存管理器 CacheManager(org.springframework.cache.CacheManager)接口。缓存管理器是 Spring 缓存抽象的核心，它能够与多个流行的缓存集成。对于 Redis，Spring Data Redis 提供了 RedisCacheManager(org.springframework.data.redis.cache.RedisCacheManager)类，它是 CacheManager 接口的实现类。RedisCacheManager 会与一个 Redis 服务器协作，并通过 RedisTemplate 类将缓存条目存储到 Redis 中。

下面，在 12.2 节项目的基础上，并结合 12.6.3 节的内容，讲解如何将 Redis 作为项目缓存，步骤如下。

1. 配置 Redis 缓存管理器

为了使用 RedisCacheManager，需要一个 RedisTemplate Bean 以及 RedisConnectionFactory

实现类(如 JedisConnectionFactory)的一个 Bean。这些 Bean 已在文件 12-5 中配置完毕。

此外,要启动 Spring 对注解驱动的缓存管理的支持,需要在配置类上添加一个 @EnableCaching 注解。随后,配置 RedisCacheManager 就非常简单了,对文件 12-5 可做如下修改,如文件 12-7 所示。

【文件 12-7】 RedisConfig.java

```
1  package spring.jdbc;
2  @Configuration
3  @EnableCaching
4  public class RedisConfig {
5      @Bean
6      public RedisConnectionFactory redisCF() {
7          //略
8      }
9      @Bean
10     public StringRedisTemplate redisTemplate(
11         RedisConnectionFactory cf){
12         //略
13     }
14     @Bean
15     public RedisTemplate< String, User > template(
16         RedisConnectionFactory cf){
17         RedisTemplate< String, User > t =
18             new RedisTemplate< String, User >();
19         t.setConnectionFactory(cf);
20         return t;
21     }
22    @Bean(name = "redisCacheManager")
23     public CacheManager initRedisCacheManager(RedisTemplate< String,
24     User > template) {
25         RedisCacheManager cacheManager =
26             new RedisCacheManager(template);
27         return cacheManager;
28     }
29 }
```

为了在操作数据库读取 User 对象的数据时将 Redis 作为缓存,文件 12-7 在文件 12-5 的基础上创建了一个普通的 RedisTemplate 对象(第 15～21 行),同时指定了 RedisTemplate 的键和值的类型分别为 String 和 User。第 23～28 行通过给 RedisCacheManager 的构造方法传递一个 RedisTemplate 对象作为参数,创建了一个 RedisCacheManager 对象。

2. 修改持久化类

在本例中,要在 Redis 中缓存 User 对象数据。因此,需要 User 类显式地实现 java.io.Serializable 接口。

3. 实现注解声明式缓存

Spring 中应用于缓存的注解共有 4 个,如表 12-8 所示。

表 12-8　缓存注解

注　　解	说　　明
@Cacheable	在进入该注解标注的方法之前,Spring 会先去缓存服务器中查找对应键的缓存值,如果找到缓存值,那么 Spring 将不会再调用方法,而是将缓存值读出,返回给调用者;如果没有找到缓存值,那么 Spring 就会执行该注解标注的方法,将方法的返回结果通过键保存到缓存服务器中
@CachePut	Spring 会将该注解标注的方法的返回值保存到缓存服务器中。需要注意的是,Spring 不会事先去缓存服务器中查找,而是直接执行方法,然后缓存。即该注解标注的方法始终会被 Spring 调用
@CacheEvict	移除缓存对应的键
@Caching	这是个分组注解,它能够同时应用于其他缓存的注解

一般而言,对于查询操作,可使用@Cacheable 注解;对于插入和修改操作,可使用@CachePut 注解;对于删除操作,可使用@CacheEvict 注解。@Cacheable 注解和@CachePut 注解都可以保存缓存键值对,只是它们的方式略有不同,请注意二者的区别,它们只能运用于有返回值的方法中。而删除缓存键的@CacheEvict 则可以用在 void 的方法上,因为它并不需要保存任何值。

上述注解都能标注到类或者方法上。如果标注到类上,则对类的所有的方法都有效;如果标注到方法上,则只对被标注的方法有效。在大部分情况下,会标注到方法上。例如,对于 12.2 节的查询操作,可以应用@Cacheable 注解,代码如下:

```
1  @Cacheable(value = "redisCacheManager", key = "'redis_user_' + #id")
2  public User getUserById(long id) {
3      System.out.println("====DATABASE====");
4      return userDao.getUserById(id);
5  }
```

其中,第 1 行应用@Cacheable 注解将 getUserById()方法的返回值存入 Redis 缓存。由 value 属性指定的缓存管理器为文件 12-7 中创建的缓存管理器。由 key 属性指定缓存内容的键为 redis_user_#id,其中 #id 是 Spring EL 表达式,表示 id 的值由 getUserById()方法的参数 id 指定。第 3 行增加控制台输出,用于检验该方法是否被调用。

4. 执行测试

现要求从 tb_user 表中取出 id 值为 1 的记录,编写测试代码并执行,控制台输出的内容如图 12-8 所示。

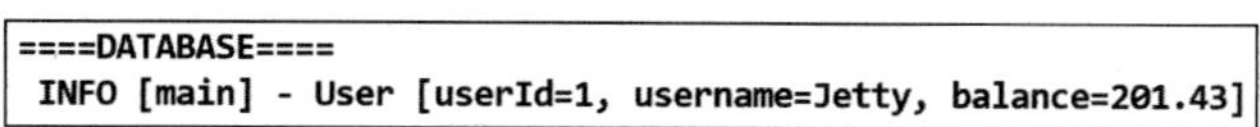

图 12-8　首次查询时控制台的输出

由于 getUserById()方法被@Cacheable 注解标注,所以该方法的返回值会以键 redis_user_1 保存到 Redis 中。当再次对相同内容的数据发出请求时,由于该数据已保存在 Redis 缓存中,则无需执行数据库查询,而是直接从缓存中获取该数据。执行第二次查询后的控制台输出如图 12-9 所示。

至此,已完成 Spring 对 Redis 的整合。

```
INFO [main] - User [userId=1, username=Jetty, balance=201.43]
```

图 12-9　再次查询时控制台的输出

视频讲解

12.7　Spring 整合 MongoDB

有些数据的最佳表现形式是文档(Document)。也就是说,不要把这些数据分散到多个表、节点或实体中,将这些信息收集到一个非规范化的结构(文档)中会更有意义。尽管两个或两个以上的文档有可能会彼此产生关联,但通常来讲,文档是独立的实体。能够按照这种方式优化并处理文档的数据库称为文档数据库。

MongoDB 是一个基于分布式文件存储的文档数据库,用 C++语言编写,旨在为 Web 应用提供可扩展的高性能数据存储解决方案。

Spring Data MongoDB 提供了 3 种方式供开发者在 Spring 应用中使用 MongoDB:

(1) 通过注解实现对象-文档映射;

(2) 使用 MongoTemplate 实现基于模板的数据库访问;

(3) 自动化的运行时 Repository 生成功能。

在应用以上 3 种方式访问 MongoDB 之前,首先要完成 Spring Data MongoDB 的配置。

12.7.1　MongoDB 配置

1. MongoDB 安装

可以从 MongoDB 官网下载最新版的 MongoDB 安装包或压缩包,下载地址为"https://www.mongodb.com/try/download/community"。执行安装程序即完成安装。随后要创建数据目录。MongoDB 将数据存储在 db 目录下。但是这个数据目录不会主动创建,要在安装完成后创建它。请注意,数据目录应该放在根目录下(如:C:\ 或者 D:\ 等)。比如,已经在 C 盘安装了 Mongodb,现在创建一个名为 data 的目录,然后在 data 目录里创建 db 目录。随后,可以利用 MongoDB 自带的客户端(Compass)操作数据库。

2. 导入 jar 包

要利用 Spring 整合 MongoDB,需要导入 Spring Data MongoDB 包和 MongoDB 的 Java 驱动包。修改 pom.xml 文件,增加对相关包的依赖,示例代码如下。

```
<!-- MongoDB -->
<dependency>
    <groupId>org.mongodb</groupId>
    <artifactId>mongodb-driver-sync</artifactId>
    <version>4.6.0</version>
</dependency>
<!-- spring-data-mongodb -->
<dependency>
    <groupId>org.springframework.data</groupId>
    <artifactId>spring-data-mongodb</artifactId>
    <version>3.3.0</version>
</dependency>
```

3. 配置相关 Bean

为了有效使用 Spring Data MongoDB,需要在 Spring 中配置几个必要的 Bean。首先配置 MongoClient,以便于访问 MongoDB 数据库。同时,还需要一个 MongoTemplate,实现基于模板的数据库访问。

文件 12-8 展示了如何编写简单的 Spring Data MongoDB 配置类,它包含了上述两个 Bean。

【文件 12-8】 MongoConfig.java

```
1  package spring.mongodb;
2  import org.springframework.data.mongodb.core.MongoOperations;
3  import org.springframework.data.mongodb.core.MongoTemplate;
4  import com.mongodb.client.MongoClient;
5  import com.mongodb.client.MongoClients;
6  //其余 import 部分略
7  @Configuration
8  @ComponentScan(basePackages = "spring.mongodb")
9  public class MongoConfig {
10
11     @Bean
12     public MongoClient mongoClient() {
13         return MongoClients.create("mongodb://localhost:27017");
14     }
15     @Bean
16     public MongoOperations mongoTemplate() {
17         return new MongoTemplate(mongoClient(), "mongo");
18     }
19 }
```

其中,第 11～14 行声明了一个 MongoClient Bean。这个 Bean 将 Spring Data MongoDB 与数据库连接起来(这与使用关系数据库时的 DataSource 没什么区别)。另一个@Bean 方法声明了 MongoTemplate Bean(第 15～18 行)。它借助 MongoClient 实例的引用并指定了使用的数据库的名称为 mongo。即使不使用 MongoTemplate,也需要配置这个 Bean,因为 Repository 的自动化生成功能要在底层使用它。MongoOperations 是一个接口,它暴露了多个使用 MongoDB 文档数据库的方法,而 MongoTemplate 是这个接口的实现类。一般情况下,可以将 MongoOperations 注入自己设计的 Repository 类中,并调用它提供的方法来实现数据库访问。

在完成了 MongoDB 相关类的配置后,可以用两种方式实现数据库访问。第一种方式是使用 MongoTemplate 自定义数据库操作(Repository)类,第二种方式是通过注解实现文档-对象映射并自动生成 Repository 实现类。12.7.2 节和 12.7.3 节将分别介绍这两种方法。

12.7.2 MongoTemplate

本节通过一个案例演示如何使用自定义 Repository 类,利用 MongoTemplate 实现对 MongoDB 数据库的增删改(CRUD)操作,步骤如下。

1. 编写实体类

在 spring. mongodb. entity 包中创建一个名为 Person 的实体类,代码如文件 12-9 所示。

【文件 12-9】 Person. java

```
package spring.mongodb.entity;

public class Person {
    private String id;
    private String name;
    private int age;

    public Person(String name, int age) {
        super();
        this.name = name;
        this.age = age;
    }
      //此处省略了 Getters 方法
      //此处省略了 toString()方法
}
```

2. 编写 Repository 接口及实现类

在 spring. mongodb. repository 包中创建数据库操作接口 PersonDao,代码略。同时,创建 PersonDao 接口的实现类 PersonDaoImpl,利用 MongoOperations 接口提供的方法实现数据库增删改操作,代码如文件 12-10 所示。

【文件 12-10】 PersonDaoImpl. java

```
package spring.mongodb.repository;
import static org.springframework.data.mongodb.core
        .query.Criteria.where;
import static org.springframework.data.mongodb.core
        .query.Query.query;
import static org.springframework.data.mongodb.core
        .query.Update.update;
import java.util.List;
import org.springframework.beans.factory.annotation.Autowired;
import org.springframework.data.mongodb.core.MongoOperations;
import org.springframework.stereotype.Repository;
import spring.mongodb.entity.Person;

@Repository
public class PersonDaoImpl implements PersonDao{

    @Autowired
    private MongoOperations mongoOps;

    //insert
    public Person savePerson(Person p) {
        return mongoOps.insert(p);
```

```
23      }
24      //findById
25      public Person findById(String id) {
26          return mongoOps.findById(id, Person.class);
27      }
28      //findAll
29      public List<Person> findAll(){
30          List<Person> pList = mongoOps.findAll(Person.class);
31          return pList;
32      }
33      //update
34      public Person updatePerson(Person p) {
35            mongoOps.updateFirst(query(where("name").is(p.getName())),
36                update("age", p.getAge()), Person.class);
37            Person q = mongoOps.findOne(query(where("name")
38                .is(p.getName())), Person.class);
39            return q;
40      }
41      //delete
42      public void deletePerson(Person p) {
43          Person q = mongoOps.findOne(query(where("name")
44              .is(p.getName())), Person.class);
45          mongoOps.remove(q);
46      }
47  }
```

如文件 12-10 所示,可以利用 MongoOperations 接口提供的方法完成基本的 CRUD 操作。其中第 18 行将 MongoTemplate 注入类型为 MongoOperations 的属性中(文件 12-8 中已声明)。不使用具体实现是一个良好的设计方案,可以在满足接口要求的情况下灵活切换实现组件。

3. 编写测试代码

在 src/test/java 目录下创建测试类,关于添加功能的测试代码如文件 12-11 所示。

【文件 12-11】 TestMongoForPerson.java

```
package spring.mongo.test;
//import 部分略
@RunWith(SpringJUnit4ClassRunner.class)
@ContextConfiguration(classes = MongoConfig.class)
public final class TestMongoForPerson {
    @Autowired
    private PersonDao prm;

    @Test
    public void testSavePerson() {
        Person p = new Person("John",25);
        Person q = prm.savePerson(p);
        System.out.println(q);
    }
}
```

如文件 12-11 所示，将 PersonDaoImpl 对象 prm 注入测试类的 PersonDao 属性中(第 6～7 行)。为了得到由 Spring 管理的 Bean，指定配置类并通过注解扫描实例化相关的类(第 4 行)，指定运行器为 SpringJUnit4ClassRunner，让测试运行于 Spring 测试环境(第 3 行)。执行测试代码后，可以在控制台查看操作结果，也可以利用 MongoDB 自带的客户端 Compass 查看结果，分别如图 12-10 和 12-11 所示。

```
Person [id=629555b47a38c25f88454312, name=John, age=25]
```

图 12-10　执行添加操作后控制台的输出

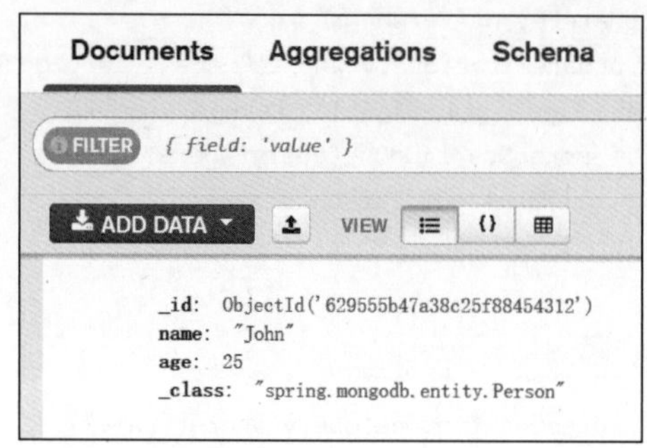

图 12-11　执行添加操作后利用 MongoDB Compass 工具查看结果

12.7.3　MongoDB Repository

本节通过一个案例演示如何使用自动生成的 Repository 类，实现对 MongoDB 数据库的增删改操作。具体为将订单和订单中的商品信息保存到 MongoDB 数据库，并实现相应的查询等操作。步骤如下。

1. 创建实体类

创建一个名为 Order 的实体类和一个名为 Item 的实体类，以实现 MongoDB 持久化。当使用 JDBC 或 MyBatis 时，需要将 Java 对象实体类映射到关系数据库的表上。但是 MongoDB 没有提供对象-文档映射的注解。Spring Data MongoDB 填补了这一空白，提供了一些将 Java 类型映射为 MongoDB 文档的注解，如表 12-9 所示。

表 12-9　对象-文档映射注解

注　解	说　明
@Document	标识映射到 MongoDB 文档上的对象
@Id	标识某个属性为 id 域
@DbRef	提示某个属性要引用其他文档
@Field	为文档域指定自定义的元数据
@Version	标识某个属性用做版本域

其中，@Document 注解用于标注实体类，@Field 注解用于标注类的属性。对于要以文档形式保存到 MongoDB 数据库的每个 Java 对象都会使用这两个注解。在本例的 Order 实体类中，可以添加相应的注解，如文件 12-12 所示。

【文件 12-12】 Order. java

```
1  package spring.mongodb.entity;
2  import java.util.Collection;
3  import java.util.LinkedHashSet;
4  import org.springframework.data.annotation.Id;
5  import org.springframework.data.mongodb.core.mapping.Document;
6  import org.springframework.data.mongodb.core.mapping.Field;
7
8  @Document
9  public class Order {
10     @Id
11     private String id;
12
13     @Field("client")
14     private String customer;
15     private String type;
16     private Collection<Item> items = new LinkedHashSet<Item>();
17     //此处省略了 Getters/Setters 方法
18     //此处省略了 toString()方法
19 }
```

如文件 12-12 所示，第 8 行用@Document 注解标注了 Order 类，这样 Order 类就可以借助 MongoTemplate 或自动生成的 Repository 进行持久化。其 id 属性上标注了@Id 注解，用来指定 id 属性作为文档的 id。此外，customer 属性上标注了@Field 注解，当 Order 对象持久化的时候，customer 属性会映射为 client 域。对于没有添加注解的属性，除非将属性设置为瞬时的(transient)的，否则 Java 对象中的所有属性都会持久化为文档中的域，并且文档域中的名字与 Java 属性的名字相同。图 12-12 展示了 Order 对象持久化到 MongoDB 数据库后的文档形态。

图 12-12 Order 对象持久化到 MongoDB 数据库后的文档形态

同时，需要注意的是 items 属性，它代表订单中的商品条目。在关系数据库中，这些条目会保存在另一张表中，通过外键与 Order 所在的表进行关联。但在 MongoDB 文档数据库中，Item 对象被内嵌入 Order 对象，并存放在同一个文档内。而对于 Item 类，因为不会对 Item 对象单独进行持久化，它始终是 Order 文档中 items 列表的一个成员，并且作为文档中的嵌入元素。因此，Item 类无需任何注解，代码如文件 12-13 所示。

【文件 12-13】 Item. java

```
package spring.mongodb.entity;
```

```
public class Item {
    private long id;
    private String product;
    private double price;
    //此处省略了 Getters/Setters 方法
    }
}
```

2. 创建数据库操作接口

可以创建一个 OrderRepository 接口,扩展 MongoRepository 接口,代码如下:

```
public interface OrderRepository extends
    MongoRepository<Order, String>{
}
```

MongoRepository 接口有两个参数,第一个是由@Document 注解标注的对象类型,也就是该 Repository 要处理的类型。第二个参数是由@Id 注解标注的属性类型。尽管 OrderRepository 接口没有定义任何方法,但是它会继承多个方法,包括为 Order 文档进行基本的 CRUD 操作的方法,如表 12-10 所示。这些操作方法会由 Spring Data MongoDB 自动实现。

表 12-10　OrderRepository 接口继承的部分 CRUD 方法

方　法	说　明
long count();	返回集合中文档的数量
void deleteAll(Iterable <? extends T>);	删除与指定对象关联的所有文档
void delete(T);	删除与指定对象关联的文档
void deleteAll();	删除当前 Repository 管理的所有文档
<S extends T> S insert(S entity);	将指定的实体(entity)保存到数据库
<S extends T> List<S> insert(Iterable<S> entities);	执行批量添加实体
List<T> findAll();	返回指定类型的所有文档
Iterable<T> findAllById(Iterable<ID>);	返回指定文档 id 对应的所有文档

表 12-10 中的方法使用了方法泛型。OrderRepository 接口扩展了 MongoRepository <Order,String>,其中 T 映射为 Order,ID 映射为 String,S 映射为所有扩展 Order 的类型(即 Order 类的子类)。

除了继承 MongoRepository 接口预定义的 CRUD 方法,开发人员还可以为 OrderRepository 接口添加自定义的方法。例如,根据指定的客户名(customer 域)和类型(type 域)查找相应的订单信息,可以在 OrderRepository 接口中添加如下抽象方法:

```
List<Order> getOrderByCustomerAndType(String c, String t);
```

此外,还可以利用@Query 注解为 OrderRepository 接口中的方法自定义查询,其中@Query 注解会接受一个 JSON 格式查询参数。例如,想要查询给定类型的订单,并且要求 customer 的名称为 test。OrderRepository 接口中可做如下的方法声明:

```
@Query("{'customer':'test','type': ?0}")
List<Order> getNamedOrders(String t);
```

@Query 中给定的 JSON 将会与所有的 Order 文档比对，并返回匹配的文档。其中，type 属性映射成了“? 0”，表明 type 属性应该与查询方法的第 1 个参数相等。如果有多个参数的话，它们可以通过“? 1”、“? 2”等方式引用。

3. 启用自动生成 Repository 类的功能

要开启 Spring Data MongoDB 的 Repository 自动生成功能，只需要在配置类中添加@EnableMongoRepositories 注解，即：

```
@EnableMongoRepositories
public class MongoConfig {
    ...
}
```

添加了这个注解后即启用了 Spring Data MongoDB 的 Repository 功能。允许 Spring 创建 OrderRepository 接口实现类的代理。

4. 执行测试

编写测试代码前，用@Repository 注解标注 OrderRepository 接口，以此通知 Spring 创建出来的 OrderRepository 代理对象为@Repository 组件，可将其注入到需要的地方。

在 src/test/java 目录下创建一个名为 TestMongoForOrder 的测试类，代码如文件 12-14 所示。

【文件 12-14】 TestMongoForOrder.java

```
1  @RunWith(SpringJUnit4ClassRunner.class)
2  @ContextConfiguration(classes = MongoConfig.class)
3  public class TestMongoForOrder {
4      private Logger logger = LoggerFactory.getLogger(this.getClass());
5      @Autowired
6      private OrderRepository orm;
7  }
```

其中，第 1 行利用@RunWith 注解指定了测试运行器，第 2 行利用@ContextConfiguration 注解指定了配置类。第 5～6 行将 OrderRepository 代理对象注入到 TestMongoForOrder 测试类。

对于添加功能，可以执行如下的测试代码：

```
@Test
public void testSaveOrder() {
    Order o = new Order();

    Item item1 = new Item();
    item1.setProduct("trousers");
    item1.setPrice(225.6);

    Item item2 = new Item();
    item2.setProduct("shirt");
    item2.setPrice(150.5);

    List<Item> items = new ArrayList<Item>();
```

```
    items.add(item1);
    items.add(item2);

    o.setCustomer("test");
    o.setType("2");
    o.setItems(items);
    Order order = orm.insert(o);
    logger.info(order.toString());
}
```

执行添加功能后，可以在控制台或 MongoDB 的客户端查看添加结果，如图 12-13 所示。

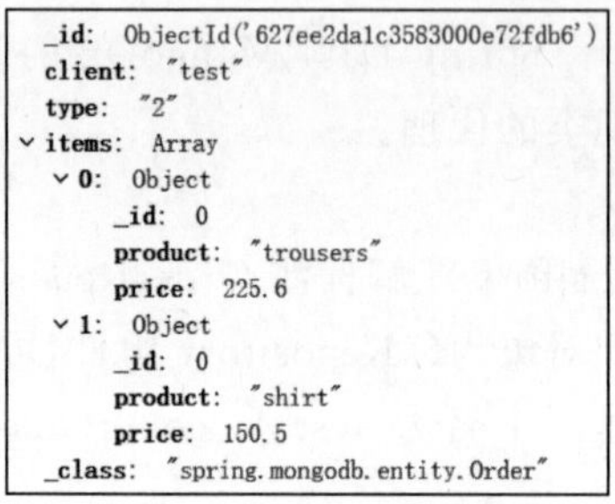

```
_id: ObjectId('627ee2da1c3583000e72fdb6')
client: "test"
type: "2"
items: Array
  0: Object
    _id: 0
    product: "trousers"
    price: 225.6
  1: Object
    _id: 0
    product: "shirt"
    price: 150.5
_class: "spring.mongodb.entity.Order"
```

图 12-13　执行添加操作的结果

为测试条件查询功能，可以用同样的方法添加另外两条记录。现在，集合中所有的文档如图 12-14 所示。

	_id ObjectId	client String	type String	items Array
1	ObjectId('627edfd547c9e03c546…	"test"	"1"	[] 2 elements
2	ObjectId('627ee25f77875c059de…	"Tom"	"1"	[] 2 elements
3	ObjectId('627ee2da1c3583000e7…	"test"	"2"	[] 2 elements

图 12-14　集合中的所有文档

对于条件查询，除了采用 OrderRepository 接口中的自定义方法外，也可以应用 MongoRepository 接口中的预定义方法。例如，要查询 type 值为 1 的所有订单，可以执行如下条件查询：

```
1  @Test
2  public void testGetOrdersByType() {
3      Order o = new Order();
4      o.setType("1");
5      ExampleMatcher matcher =
6          ExampleMatcher.matching().withIgnorePaths("items");
7      Example<Order> ex = Example.of(o,matcher);
8      List<Order> orders = orm.findAll(ex);
9      orders.forEach(System.out::println);
10 }
```

其中，第 5～6 行创建了 ExampleMatcher 对象，用于指定查询时可以忽略的属性 items。第

7～8 行用 Example(org. springframework. data. domain. Example)接口的 of()方法根据 ExampleMatcher(org. springframework. data. domain. ExampleMatcher)接口制定的规则创建一个 Example 对象并将其作为 findAll() 方法的参数。第 9 行用 Lambda 表达式输出查询结果。执行查询后,控制台输出的查询结果如图 12-15 所示。

```
Order [id=627edfd547c9e03c546f0ab1, customer=test, items=[Item [id=0, product=mouse,
price=90.1], Item [id=0, product=keyboard, price=109.2]]]
Order [id=627ee25f77875c059de0515d, customer=Tom, items=[Item [id=0, product=beer,
price=25.6], Item [id=0, product=tea, price=111.6]]]
```

图 12-15　条件查询结果

第 13 章 Spring MVC 基础

视频讲解

MVC 设计模式将一个 Web 应用程序分为 3 个基本部分，即模型(Model)、视图(View)和控制器(Controller)。MVC 模式可以让这 3 部分以最低的耦合程度协同工作，从而提高应用程序的可扩展性及可维护性。Spring MVC 是 Spring 提供的一个实现了 MVC 设计模式的轻量级 Web 框架，是结构最清晰的 MVC 实现。

Spring MVC 是基于 Servlet API 构建的原始 Web 框架，是 Spring 的一个模块，正式名称为 Spring Web MVC，通常被称为 Spring MVC。Spring MVC 提供了对 MVC 模式的全面支持，它可以将表现层与应用程序解耦。同时，Spring MVC 是基于请求-响应处理模型的请求驱动框架，简化了表现层的实现。

Spring MVC 框架采用松耦合可插拔的组件结构，具有高度可配置性，比其他 MVC 框架更具可扩展性和灵活性。

此外，Spring MVC 的注解驱动和对 RESTful 风格的支持，也是它最具特色的功能。无论是在框架设计，还是可扩展性、灵活性等方面都全面超越了 Struts2 等 MVC 框架。并且由于 Spring MVC 本身就是 Spring 框架的一部分，可以与 Spring 框架无缝集成，性能方面具有先天的优越性。对于开发者来说，开发效率也高于其他的 Web 框架，在企业中的应用越来越广泛，已成为主流的 MVC 框架。

13.1 Spring MVC 相关组件

Spring MVC 框架是高度可配置的，包含多种视图技术，例如 JSP、FreeMarker、Tiles、iText 和 Thymeleaf。Spring MVC 框架并不关心使用的视图技术，也不会强迫开发者只使用 JSP。

Spring MVC 框架主要由前端控制器(DispatcherServlet)、处理器映射器(HandlerMapping)、处理器适配器(HandlerAdapter)和视图解析器(View Resolver)组成。

Spring MVC 的工作流程如图 13-1 所示。

(1) 客户端发出一个 HTTP 请求，该请求会被提交到前端控制器。

(2) 前端控制器请求一个或多个处理器映射器，并由处理器映射器返回一个执行链(HandlerExecutionChain)。

(3) 前端控制器将执行链返回的处理器(Handler)信息发送给处理器适配器。

(4) 处理器适配器根据处理器信息找到对应的处理器，并由其执行相应的处理。

(5) 处理器执行完毕后会返回给处理器适配器一个 ModelAndView 对象(Spring MVC 的底层对象，包括数据模型和视图信息)。

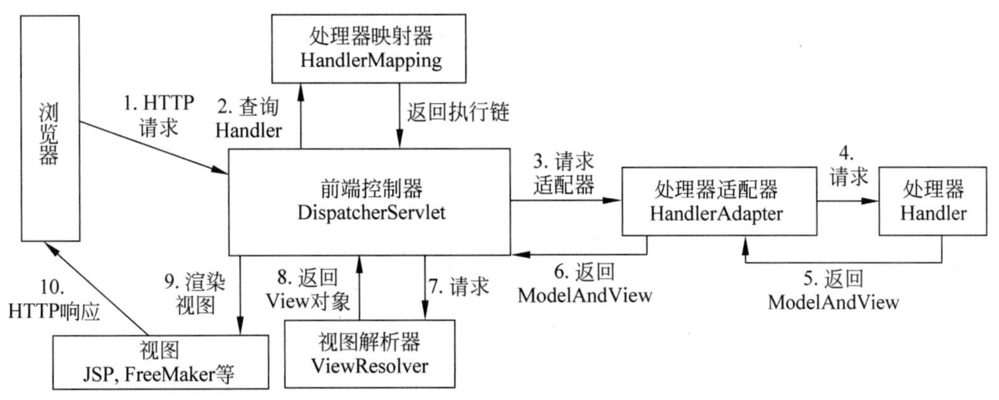

图 13-1　Spring MVC 的工作流程

(6) 处理器适配器接收到 ModelAndView 对象后,将其返回给前端控制器。

(7) 前端控制器(DispatcherServlet)接收到 ModelAndView 对象后,会请求视图解析器对视图进行解析。

(8) 视图解析器根据视图信息匹配到相应的视图结果,并返回给前端控制器。

(9) 前端控制器接收到具体的视图后,进行视图渲染,将模型中的数据填充到视图中的请求域,生成最终的视图。

(10) 视图负责将结果显示到浏览器(客户端)。

Spring MVC 的组件有 DispatcherServlet(前端控制器)、HandlerMapping(处理器映射器)、HandlerAdapter(处理器适配器)、Handler(处理器)、ViewResolver(视图解析器)和View(视图)。

1. DispatcherServlet

DispatcherServlet 是前端控制器,Spring MVC 的所有请求都要经过 DispatcherServlet 来统一分发。DispatcherServlet 相当于一个转发器或中央处理器,控制整个流程的执行,对各个组件进行统一调度,以降低组件之间的耦合性,有利于组件之间的拓展。

2. HandlerMapping

HandlerMapping 是处理器映射器,其作用是根据请求的 URL,通过注解或者 XML 配置,寻找匹配的处理器。

3. HandlerAdapter

HandlerAdapter 是处理器适配器,其作用是根据处理器映射器找到的处理器信息,按照特定规则执行相关的处理器。

4. Handler

Handler 是处理器,和 Java Servlet 扮演的角色一致。其作用是执行相关的请求处理逻辑,并将返回的数据和视图信息封装在 ModelAndView 对象中。处理器一般以方法的形式出现,其所在的类一般称为控制器。

5. ViewResolver

ViewResolver 是视图解析器,通过 ModelAndView 对象中的 View 信息将逻辑视图名解析成真正的视图,如通过一个 JSP 路径返回一个真正的 JSP 页面。

6. View

View 是视图,其本身是一个接口,实现类可以支持不同的 View 类型,如 JSP、FreeMarker 等。

以上组件中,需要开发的是处理器和视图。通俗地说,要开发处理该请求的代码以及最终展示给用户的界面。

13.2 视图解析器

视图解析器是 Spring MVC 的重要组成部分,负责将逻辑视图名解析为具体的视图对象。Spring MVC 提供了很多视图解析类,其中每一项都对应 Java Web 应用中某些特定的视图技术。InternalResourceViewResolver 是日常开发中最常用的视图解析类型。

InternalResourceViewResolver 能自动将返回的视图名称解析为 InternalResourceView 类型的对象。InternalResourceView 会把处理器返回的模型属性都存放到对应的请求(request)属性中,然后通过请求转发器(RequestDispatcher)在服务器端把请求重定向到目标 URL。InternalResourceViewResolver 通过 prefix 属性指定前缀,suffix 属性指定后缀。当处理器返回视图名称时,InternalResourceViewResolver 会将前缀 prefix 和后缀 suffix 与处理器指定的视图名称拼接,得到一个视图资源文件的具体加载路径,从而加载真正的视图文件并反馈给客户端。示例代码如下:

```
<bean id="viewResolver"  class="org.springframework.
    web.servlet.view.InternalResourceViewResolver">
    <!-- 可以省略 -->
    <property name="viewClass" value="org.springframework.
    web.servlet.view.InternalResourceViewResolver"/>
    <!-- 前缀 -->
    <property name="prefix" value="/WEB-INF/jsp/"/>
    <!-- 后缀 -->
    <property name="suffix" value=".jsp"/>
</bean>
```

13.3 Spring MVC 案例

本节通过一个简单的 Web 应用来演示 Spring MVC 入门程序的实现过程。具体步骤如下。

1. 创建项目

创建一个名为 springmvc 的 Maven 项目。并加入相关依赖,具体如下:

```
<dependency>
    <groupId>org.springframework</groupId>
    <artifactId>spring-core</artifactId>
    <version>${spring.version}</version>
</dependency>
<dependency>
```

```
        <groupId>org.springframework</groupId>
        <artifactId>spring-beans</artifactId>
        <version>${spring.version}</version>
    </dependency>
    <dependency>
        <groupId>org.springframework</groupId>
        <artifactId>spring-expression</artifactId>
        <version>${spring.version}</version>
    </dependency>
    <dependency>
        <groupId>org.springframework</groupId>
        <artifactId>spring-context</artifactId>
        <version>${spring.version}</version>
    </dependency>
    <dependency>
        <groupId>org.springframework</groupId>
        <artifactId>spring-web</artifactId>
        <version>${spring.version}</version>
    </dependency>
    <dependency>
        <groupId>org.springframework</groupId>
        <artifactId>spring-webmvc</artifactId>
        <version>${spring.version}</version>
    </dependency>
```

2. 配置前端控制器

Spring MVC 通过前端控制器拦截客户端请求并进行转发,因此在使用 Spring MVC 时,配置前端控制器是必不可少的一步。Spring MVC 的前端控制器是一个 Servlet,既可以在项目的 web.xml 文件中配置,又可以使用 Java 代码在 Servlet 容器中配置。其中,web.xml 文件的内容如文件 13-1 所示。

【文件 13-1】 web.xml

```
<servlet>
    <servlet-name>springmvc</servlet-name>
    <servlet-class>
        org.springframework.web.servlet.DispatcherServlet
    </servlet-class>
    <init-param>
        <param-name>contextConfigLocation</param-name>
        <param-value>
            classpath:springmvc-config.xml
        </param-value>
    </init-param>
    <load-on-startup>1</load-on-startup>
</servlet>
<servlet-mapping>
    <servlet-name>springmvc</servlet-name>
    <url-pattern>/</url-pattern>
</servlet-mapping>
```

如文件 13-1 所示,第 2 行指定了前端控制器的名字,第 4 行指定前端控制器类的全限定名。第 6～11 行配置了前端控制器 DispatcherServlet 的初始化参数,即 DispatcherServlet 启动时要加载 classpath 路径下的 springmvc-config. xml 配置文件。第 12 行配置了<lodad-on-startup>元素,取值为 1 意味着在项目启动时立即加载 DispatcherServlet。第 16 行的<url-pattern>则规定了在项目运行时,Spring MVC 会拦截所有请求,并交由 DispatcherServlet 处理。文件内容省去了<web-app>元素和相关约束信息,这些内容可以从使用的 Tomcat 的{Tomcat}\webapps\examples 目录下的相关文件中复制。

3. 编写 Spring MVC 配置文件

在 src/main/resources 目录下创建一个名为 springmvc-config. xml 的配置文件,用于配置处理器映射信息和视图解析器,内容如文件 13-2 所示。

【文件 13-2】 springmvc-config. xml

```
1  <?xml version = "1.0" encoding = "UTF - 8"?>
2  < beans xmlns = "http://www.springframework.org/schema/beans"
3  xmlns:xsi = "http://www.w3.org/2001/XMLSchema - instance"
4  xmlns:context = "http://www.springframework.org/schema/context"
5  xsi:schemaLocation = "http://www.springframework.org/schema/beans
6  http://www.springframework.org/schema/beans/spring - beans.xsd
7  http://www.springframework.org/schema/context
8  http://www.springframework.org/schema/context/spring - context.xsd">
9       <!-- 指定需要扫描的包 -->
10      < context:component - scan base - package =
11          "com.example.springmvc.controller" />
12      <!-- 定义视图解析器 -->
13      < bean id = "viewResolver" class = "org.springframework.web.
14          servlet.view.InternalResourceViewResolver">
15          <!-- 设置前缀 -->
16          < property name = "prefix" value = "/WEB - INF/jsp/" />
17          <!-- 设置后缀 -->
18          < property name = "suffix" value = ".jsp" />
19      </bean >
20  </beans >
```

如文件 13-2 所示,第 10～11 行通过设置<context:component-scan>元素来扫描相关的包。Spring 容器会将包中所有的控制器加载到 Spring MVC 中。第 13～19 行配置视图解析器来解析视图,并将结果视图呈现给用户。其中第 16 行和第 18 行 prefix 属性名和 suffix 属性名分别代表查找视图页面的前缀和后缀。最终显示给用户的地址格式如下:视图页面的前缀+逻辑视图名+视图页面的后缀,其中逻辑视图名需要由处理请求的处理器指定。

4. 创建控制器

在 src/main/java 目录下创建一个名为 com. example. springmvc. controller 的包。在包中创建控制器 MyFirstController,用于处理客户端请求并指定逻辑视图名,具体内容如文件 13-3 所示。

【文件 13-3】 MyFirstController.java

```
1  package com.example.springmvc.controller;
2  import javax.servlet.http.HttpServletRequest;
3  import javax.servlet.http.HttpServletResponse;
4  import org.springframework.stereotype.Controller;
5  import org.springframework.ui.Model;
6  import org.springframework.web.bind.annotation.RequestMapping;
7
8  @Controller
9  public class MyFirstController {
10
11     @RequestMapping("/firstController")
12     public String handleRequest(HttpServletRequest request,
13         HttpServletResponse response, Model model) {
14     model.addAttribute("msg","Hello,SpringMVC");
15     return "first";
16   }
17 }
```

如文件 13-3 所示，@Controller 注解用于将 MyFirstController 类设置为控制器(第 8 行)，当应用程序启动时结合 Spring MVC 配置文件的包扫描配置，该类会被实例化并作为控制器被注册到 Spring MVC 容器中；第 11 行用@RequestMapping 注解设置当前处理器的访问映射地址；第 12 行定义 handleRequest()方法处理请求，该方法可称为处理器；第 14 行调用了 Model 类的 setAttribute()方法，向视图传递一个名为 msg 的属性，其值为“Hello,SpringMVC”；第 15 行用于设置逻辑视图名，结合 Spring MVC 的配置文件，将返回值与视图解析器的前后缀进行拼接以确定结果视图的最终路径，同时将结果视图解析后呈现给用户。

5. 创建视图页面

在 WEB-INF 文件夹下创建名为 jsp 的文件夹，并在该文件夹下创建名为 first.jsp 的文件，用于生成视图，代码如文件 13-4 所示。

【文件 13-4】 first.jsp

```
<%@ page contentType="text/html; charset=UTF-8" %>
<html>
<body>
    ${msg}
</body>
</html>
```

6. 测试

启动 Tomcat 服务器，在浏览器的地址栏输入“http://localhost:8080/springmvc/firstController”，向处理器 MyFirstController 发请求，浏览器会跳转到 first.jsp 页面，如图 13-2 所示。

从 Spring 3.2 开始，Spring 提供了一种 Spring MVC Test 测试框架(MockMVC)，可以按照控制器的方式来测试 Spring MVC 中的控制器。MockMVC 可以测试完整的 Spring MVC 请求处理流程，即从发送请求到处理器，直到视图渲染。这样，使得单元测试可以延

图 13-2　浏览器显示结果

伸到控制层。

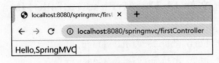

MockMVC实现了对HTTP请求的模拟,能够直接使用网络的形式,转换到对控制器的调用。在测试控制器的时候,无须启动Web服务器和浏览器。MockMVC测试速度快、不依赖网络环境,而且提供了一套验证工具,这样可以使得请求的验证统一而且方便。测试用例可以保存并循环使用。

要使用MockMVC对控制器执行单元测试,需添加spring-test和JUnit的依赖,内容如下:

```
<dependency>
    <groupId>org.springframework</groupId>
    <artifactId>spring-test</artifactId>
    <version>${spring.version}</version>
</dependency>
<dependency>
    <groupId>junit</groupId>
    <artifactId>junit</artifactId>
    <version>4.12</version>
    <scope>test</scope>
</dependency>
```

下面演示如何用MockMVC测试Spring MVC的控制器,测试代码如文件13-5所示。

【文件13-5】　MyFirstControllerTest.java

```
package springmvc.test;
import org.junit.Test;
import org.springframework.test.web.servlet.MockMvc;
import org.springframework.test.web.servlet.request
    .MockMvcRequestBuilders;
import org.springframework.test.web.servlet.result
    .MockMvcResultHandlers;
import org.springframework.test.web.servlet.result
    .MockMvcResultMatchers;
import org.springframework.test.web.servlet.setup.MockMvcBuilders;
import com.example.springmvc.controller.MyFirstController;

public class MyFirstControllerTest {

    @Test
    public void testMyController() throws Exception{
        MyFirstController mc = new MyFirstController();
        MockMvc mockMvc =
          MockMvcBuilders.standaloneSetup(mc).build();
    mockMvc.perform(MockMvcRequestBuilders
```

```
21            .get("/firstController"))
22            .andExpect(MockMvcResultMatchers.view().name("first"))
23            .andExpect(MockMvcResultMatchers.status().isOk())
24            .andExpect(MockMvcResultMatchers.model()
25            .attribute("msg","Hello,SpringMVC"))
26            .andDo(MockMvcResultHandlers.print());
27        }
28    }
```

如文件 13-5 所示，第 3 行导入的 MockMvc 类是测试的主入口，其核心方法是 perform(RequestBuilder rb)，该方法会自动执行 Spring MVC 的流程并映射到相应的处理器处理请求，方法返回值是 ResultActions。第 4～10 行导入相关的测试工具类。其中，MockMvcBuilders 用来访问所有可以用来构建 MockMvc 实例的构建器；MockMvcRequestBuiders 类是用来构建 HTTP 请求的，其主要有两个子类 MockHttpServletRequestBuilder 和 MockMultipartHttpServletRequestBuilder（文件上传使用）。MockMultipartHttpServletRequestBuilder 可以用来模拟客户端请求需要的所有数据。MockMvcResultMatchers 用于验证执行结果是否正确。MockMvcResultHandlers 是结果处理器，提供了对测试结果将执行的操作。

MockMvc 可以通过以下两种方式之一进行实例化。第一，直接指向要测试的控制器，并以编程方式配置 Spring MVC，即使用 StandaloneMockMvcBuilder 实例化。第二，通过 Spring 配置，其中包含 Spring MVC 和控制器基础设置，即通过 WebApplicationContext 实例化。本案例使用第一种方式，指明被测试的控制器 mc，如第 17～19 行所示。第 20～21 行利用 perform()方法执行一个 GET 请求。第 22～25 行对相应的视图名称、状态码、模型属性及属性值等内容做出判定。第 26 行配置结果处理器，在控制台输出测试结果。

借助 MockMvc，可以像测试普通 Java 类一样测试 Spring MVC 控制器。执行测试代码，在控制台上输出的测试结果如图 13-3 所示。

```
            Method = com.example.springmvc.controller.MyFirstController#handleRequest
(HttpServletRequest, HttpServletResponse, Model)

Async:
    Async started = false
     Async result = null

Resolved Exception:
             Type = null

ModelAndView:
        View name = first
             View = null
        Attribute = msg
            value = Hello,SpringMVC
```

图 13-3 控制台输出的测试结果

第 14 章　Spring MVC 控制器

视频讲解

控制器(Controller)是 Spring MVC 开发的核心。控制器类包含了对请求的处理逻辑，是请求和业务逻辑之间的桥梁，负责将请求分派给具体的处理器处理。

在 13.3 节讲述了一个 Spring MVC 的入门程序。并使用@Controller 注解和@RequestMapping 注解分别对控制器类和处理器进行了标注。使用基于注解的控制器具有以下两个优点：

(1) 在基于注解的控制器类中可以编写多个处理器，进而可以处理多个请求。这就允许将相关的操作编写在同一个控制器类中，从而减少控制器类的数量，方便维护。

(2) 基于注解的控制器不需要在配置文件中映射，仅需要使用 @RequestMapping 注解标注一个处理器处理请求即可。

14.1　@Controller 注解

@Controller 注解用于声明其标注的类的实例是一个控制器。例如，在 com.example.springmvc.controller 包中创建控制器类 ExampleController，示例代码如下：

```
package com.example.springmvc.controller;
import org.springframework.stereotype.Controller;
@Controller
public class ExampleController {
    // 处理请求的方法(处理器)
}
```

使用@Controller 注解时，只需要将@Controller 注解标注在普通的 Java 类上，然后通过 Spring MVC 框架提供的注解扫描机制找到标注了该注解的 Java 类，该类就成为了 Spring MVC 的控制器。

为了保证 Spring MVC 能够找到控制器，需要在 Spring MVC 的配置文件中添加相应的扫描配置信息。首先在 Spring MVC 的配置文件中声明 spring-context 约束，并使用<context:component-scan/>元素指定控制器所在的包(请确保所有控制器类都在该包及其子包下)。代码可参考文件 13-2。

14.2　@RequestMapping 注解

使用@Controller 注解可以将普通的 Java 类声明为 Spring MVC 的控制器，但是如果只使用@Controller 注解的话，Spring MVC 不能确定当前的 Web 请求由控制器中的哪个方法(处理器)处理。控制器中的每个方法(处理器)可以负责不同的请求,而@RequestMapping注解负责将请求映射到对应的处理器上。

@RequestMapping 注解可标注于类或方法上。当其用于类上的时候,表示类中的所有响应请求的方法都以该地址作为父路径。当其用于方法上的时候,表示该方法是一个可以处理请求的处理器(Handler),它会在 Spring MVC 接收到对应请求时执行。@RequestMapping 注解有下列属性。

1. value 属性

value 属性用于指定请求的 URL,是@RequestMapping 注解的默认属性。如果只有 value 属性时,可以省略该属性名,例如:

```
@RequestMapping(value = "toRegister")
```

或

```
@RequestMapping("toRegister")
```

使用 value 属性时,可以指定单个的请求 URL,也可以将多个请求 URL 映射到同一个方法上。例如:

【文件 14-1】 ExampleController.java

```
1   package com.example.springmvc.controller;
2   import org.springframework.stereotype.Controller;
3   import org.springframework.web.bind.annotation.RequestMapping;
4   @Controller
5   @RequestMapping("/demo")
6   public class ExampleController {
7       @RequestMapping(value = {"/addBook","/deleteBook"})
8       public void check() {
9           System.out.println("this is CRUD operation");
10      }
11  }
```

在文件 14-1 中,由@RequestMapping 注解指定控制器 ExampleController 的请求路径“/demo”(第 5 行)。处理器的请求路径存放在一对花括号内,处理器 check()映射的请求路径为“/addBook”和“/deleteBook”(第 7 行)。可通过浏览器输入地址“http://localhost:8080/项目名/demo/addBook 和 http:// localhost:8080/项目名/demo/deleteBook”将请求发送给处理器 check()方法,同时观察控制台的输出。

2. name 属性

name 属性相当于方法的注释,使方法更易理解。如@RequestMapping(value = "toUser",name = "转到用户登录界面")。

3. path 属性

path 属性和 value 属性都可以作为请求路径的映射使用。即 @RequestMapping(value="toUser") 和 @RequestMapping(path="toUser")都能访问处理器 toUser() 方法。path 属性支持通配符匹配,如@RequestMapping(path="toUser/ * ")表示“http://localhost:8080/toUser/1”或“http://localhost:8080/toUser/haha”都能够被处理器 toUser()处理。

4. method 属性

method 属性用于表示该方法支持哪些方式的 HTTP 请求(HTTP 请求方式见表 1-1)。如果省略 method 属性,说明该方法支持 HTTP 请求的所有方式。例如,@RequestMapping(value = "toUser", method = RequestMethod. GET)表示该方法只支持 GET 方式的 HTTP 请求。也可指定多个 HTTP 请求,如@RequestMapping(value = "toUser", method ={RequestMethod. GET, RequestMethod. POST}),说明该方法同时支持 GET 和 POST 方式的 HTTP 请求。

5. params 属性

params 属性用于指定请求中的参数,例如:

```
@RequestMapping(value = "/addBook", params = "type")
public void check() {
    System.out.println("this is CRUD operation");
}
```

以上代码表示请求中必须包含 type 参数时才能用 check()方法处理该请求。即“http://localhost:8080/addBook?type=xxx”能够被 check()处理,而“http://localhost:8080/addBook”则不能被 check()处理。如果对@RequestMapping 的属性做如下修改:

```
@RequestMapping(value = "/addBook", params = "type = 1")
```

表示请求中必须包含 type 参数,且 type 参数值为 1 时才能够使用 check()方法处理该请求。

14.3 请求映射

从 Spring 4.3 开始,除了使用@RequestMapping 注解来限定客户端的请求方式外,还可以使用@RequestMapping 注解的特定于 HTTP 方法的快捷方式变体来限定客户端的请求方式,这些变体如下:

- @GetMapping
- @PostMapping
- @PutMapping
- @DeleteMapping
- @PatchMapping

例如,@GetMapping 注解是@ReqestMapping(method=RequestMethod. GET)的缩写。默认情况下,@RequestMapping 注解与所有 HTTP 方法都匹配。在类这一级别仍然需要@RequestMapping 来表示共享映射。

14.4 请求转发与重定向

Spring MVC 处理请求的方式分为请求转发和重定向两种,分别使用 forward 和 redirect 关键字在处理器中声明。

重定向是将用户从当前请求定向到另一个视图(例如 JSP)或其他资源。这种情况下，前一次请求中存放的信息全部失效,一个新的请求作用域被开启；请求转发是将当前的请求转发给另一个视图或资源,当前请求中存放的信息不会失效。

在 Spring MVC 中,处理器中的 return 语句默认的请求处理方式是请求转发,是将请求转发到视图。示例代码如下：

```
@RequestMapping("/register")
public String register() {
    //将请求转发到 register.jsp
    return "register";
}
```

在 Spring MVC 中,重定向与转发的示例代码如下：

```
@Controller
@RequestMapping("/index")
public class IndexController {
    @RequestMapping("/login")
    public String login() {
        //将请求转发到一个处理器(同一个控制器类可以省略/index/)
        return "forward:/index/isLogin";
    }
    @RequestMapping("/isLogin")
    public String isLogin() {
        //重定向到一个处理器
        return "redirect:/index/isRegister";
    }
    @RequestMapping("/isRegister")
    public String isRegister() {
        //将请求转发到一个视图
        return "register";
    }
}
```

在 Spring MVC 中,不管是重定向还是请求转发,都需要符合视图解析器的配置要求。如果直接转发到一个静态资源,例如图片、JavaScript 文件、CSS 文件等,则需要使用 <mvc:resources> 标记做配置,例如：

```
<mvc:resources location = "/html/" mapping = "/html/ ** " />
```

其中,location 属性的作用是由其指定的目录不被拦截,直接请求,这里的目录指在根目录下的 html 文件夹下的所有文件。mapping 属性指该配置路径下(本例中为 html 文件夹)的所有文件(** 代表所有文件)不会被 DispatcherServlet 拦截,直接访问,可当作静态资源交给控制器处理。

14.5 数据绑定

Spring MVC 在接收到请求后,会根据请求参数和请求头等数据信息,将请求参数以特定方式转换并绑定到处理器的形参中。这个过程可称为数据绑定。

Spring MVC 的控制器接收请求参数的方式有很多,有的适合 GET 请求方式,有的适合 POST 请求方式,有的两者都适合。控制器接收请求参数主要有以下几种方式:

(1) 通过处理器的形参接收请求参数。

(2) 通过实体 Bean 接收请求参数。

(3) 通过 HttpServletRequest 接收请求参数。

(4) 通过 @PathVariable 注解接收 URL 中的请求参数。

(5) 通过 @RequestParam 注解接收请求参数。

(6) 通过 @ModelAttribute 注解接收请求参数。

14.5.1 通过处理器的形参接收请求参数

通过处理器的形参接收请求参数就是直接把请求参数写在处理器的形参中,形参名称要与请求参数名称完全相同。该方式适用于 GET 和 POST 请求方式。例如,要将用户填写的用户名和密码提交给处理器,进行能否登录的判断。利用处理器形参接收请求参数的示例代码如文件 14-2 所示。

【文件 14-2】 MyParamController.java

```
1  package com.example.springmvc.controller;
2  import org.springframework.stereotype.Controller;
3  import org.springframework.ui.Model;
4  import org.springframework.web.bind.annotation.RequestMapping;
5
6  @Controller
7  @RequestMapping("/parameters")
8  public class MyParamController {
9      @RequestMapping("/login1451")
10     public String login(String name, String pwd, Model model) {
11         if ("admin".equals(name)&& "1234".equals(pwd)) {
12             model.addAttribute("message", "登录成功");
13             //登录成功,跳转到 main.jsp
14             return "main";
15         } else {
16             model.addAttribute("message", "用户名或密码错误");
17             return "login";
18         }
19     }
20 }
```

如文件 14-2 所示,处理器 login()的有两个形参 name 和 pwd(第 10 行),这就要求请求参数的名字与两个形参的名字完全相同。这种情况下,处理器 login()就可以接收请求参数。可以利用 MockMvc 模拟浏览器以 GET 或 POST 方式向该控制器发送请求,完成单元测试,部分测试代码如下:

```
@Test
public void testMyController() throws Exception{
    MyParamController mc = new MyParamController();
    MockMvc mockMvc =
        MockMvcBuilders.standaloneSetup(mc).build();
    mockMvc.perform(MockMvcRequestBuilders.post(
```

```
7           "/parameters/login1451")
8           .param("name", "admin").param("pwd", "1234"))
9           .andExpect(MockMvcResultMatchers.view().name("main"))
10          .andExpect(MockMvcResultMatchers.status().isOk())
11          .andExpect(MockMvcResultMatchers.model()
12          .attribute("message","登录成功"))
13          .andDo(MockMvcResultHandlers.print());
14  }
```

如测试代码第 8 行所示，测试类利用 param()方法向控制器发送请求参数。这个参数既可以是查询字符串形式的参数(利用 GET 方式提交请求)，也可以是以表单形式提交的参数(利用 POST 方式提交请求)。

14.5.2 通过实体 Bean 接收请求参数

实体 Bean 接收请求参数适用于 GET 和 POST 提交请求的方式。需要注意，Bean 的属性名称必须与请求参数名称相同，示例代码如下：

```
@RequestMapping("/login1452")
public String login(User user, Model model) {
    if ("admin".equals(user.getName())
          &&"123456".equals(user.getPwd())) {
        model.addAttribute("message", "登录成功");
        // 登录成功,跳转到 main.jsp
        return "main";
    } else {
        model.addAttribute("message", "用户名或密码错误");
        return "login";
    }
}
```

其中，关于 User 类的定义如文件 14-3 所示。

【文件 14-3】 User.java

```
public class User {
    private String name;
    private String pwd;
    //此处省略了 Getters/Setters 方法
}
```

14.5.3 通过 HttpServletRequest 接收请求参数

在控制器中，也可以直接使用 Jakarta Servlet API 来获取请求参数。通过 HttpServletRequest API 接收请求参数适用于 GET 和 POST 提交请求方式，示例代码如下：

```
@RequestMapping("/login1453")
public String login(HttpServletRequest request, Model model) {
    String name = request.getParameter("name");
    String pwd = request.getParameter("pwd");
    //以下省略了登录成功与否的判断
}
```

14.5.4 RESTful 风格的路径映射

表述性状态传递(Representational State Transfer,REST)是一种网络资源的访问风格。它结构清晰、易于理解、有较好的扩展性。Spring RESTful 风格可以简单理解为:使用 URL 表示资源时,每个资源都用一个独一无二的 URL 来表示。可以使用 HTTP 方法(如 GET、POST、PUT、DELETE)表示操作,准确描述服务器对资源的处理动作,实现增删改查操作。其中各方法对应的操作如下:

(1) GET 表示获取资源。

(2) POS 表示新建资源。

(3) PUT 表示更新资源。

(4) DELETE 表示删除资源。

下面举例说明 RESTful 风格的 URL 与传统 URL 的区别,如表 14-1 所示。

表 14-1 传统 URL 与 REST 风格的 URL

传统 URL	RESTful 风格 URL
/userview. html?id=1	/user/view/1
/userdelete. html?id=1	/user/delete/1
/usermodify. html?id=1	/user/modify/1

RESTful 风格的 URL 中最明显的特征就是参数不再使用"?"传递。这种风格的 URL 项目架构清晰可读性更好。重要的是 Spring MVC 也提供对这种风格的支持。

RESTful 风格的 URL 也有弊端,在国内项目中,URL 参数有时会传递中文,而中文乱码是一个令人头疼的问题,所以应该根据实际情况进行灵活处理。很多 Web 应用程序都是传统 URL 风格与 RESTful 风格混合使用。

使用 RESTful 风格的处理器要使用@PathVariable 注解标注请求路径中的形参。例如,在下述代码的第 1 行,用两组"{}"声明了请求路径中的两个形参 name 和 pwd,第 2 和第 3 行,处理器 login4rest()分别用两个@PathVairable 注解标注了请求路径中的这两个形参。在访问"http://localhost:8080/项目名/login/admin/1234"路径时,这些代码会自动将 URL 中的模板变量{name}和{pwd}绑定到由@PathVariable 注解标记的同名参数上,即 name=admin、pwd=1234。

```
1  @RequestMapping("/login/{name}/{pwd}")
2  public String login4rest(@PathVariable String name,
3       @PathVariable String pwd, Model model) {
4       if ("admin".equals(name) && "1234".equals(pwd)) {
5           model.addAttribute("message", "登录成功");
6           return "main";
7       } else {
8           model.addAttribute("message", "用户名或密码错误");
9           return "login";
10      }
11 }
```

14.6 JSON 数据交互

Spring MVC 在数据绑定的过程中需要对传递数据的格式和类型进行转换，它既可以转换 String 等类型的数据，也可以转换 JSON 等其他类型的数据。

JS 对象标记(JavaScript Object Notation，JSON)是一种轻量级的数据交换格式。与 XML 一样，JSON 也是基于纯文本的数据格式。相对于 XML，JSON 解析速度更快，占用空间更小。因此，在项目开发中，客户端请求中发送的数据通常为 JSON 格式。本节将针对 Spring MVC 中 JSON 类型的数据交互进行讲解。

14.6.1 JSON 数据结构

JSON 有对象和数组两种数据结构。

1. 对象结构

对象结构以"{"开始、以"}"结束，中间部分由 0 个或多个以英文逗号(,)分隔的键(Key)/值(Value)对构成，键和值之间以英文冒号(:)分隔。对象结构的语法结构如下：

```
{
    key1:value1, key2:value2,
    …
}
```

其中，Key 必须为 String 类型，Value 可以是 String、Number、Object、Array 等数据类型。例如，一个 person 对象包含姓名、密码、年龄等信息，使用 JSON 的表示形式如下：

```
{
    "pname":"张三",
    "password":"123456",
    "page":40
}
```

2. 数组结构

数组结构以"["开始、以"]"结束，中间部分由 0 个或多个以英文逗号(,)分隔的值的列表组成。数组结构的语法结构如下：

```
[
    value1,
    value2,
    …
]
```

上述两种(对象、数组)数据结构也可以分别组合构成更加复杂的数据结构。例如，一个 student 对象包含 sno、sname、hobby 和 college 对象，其 JSON 的表示形式如下：

```
{
    "sno":"201802228888",
    "sname":"张三",
    "hobby":["篮球","足球"],
```

```
        "college":{
            "cname":"清华大学",
            "city":"北京"
        }
}
```

14.6.2 JSON数据绑定

早期JSON的组装和解析都是通过手工编写代码来实现的。这种方式效率不高,所以后来有许多关于组装和解析JSON文档的工具类出现,如json-lib、Jackson、Gson和FastJson等,可以提高JSON交互的开发效率。

开源的Jackson是Spring MVC内置的JSON转换工具。Jackson所依赖JAR文件较少,简单易用并且性能也要相对高些。同时Jackson更新速度也比较快。

Gson是目前功能最全的JSON解析器,Gson最初是应谷歌公司内部需求自行研发。Gson主要提供了toJson()与fromJson()两个转换方法,不需要依赖其他的JAR文件就能直接在JDK上运行。在使用这两个函数转换之前,需要先创建好对象的类型以及其成员才能成功地将JSON字符串转换为相应的对象。

FastJson是用Java语言编写的高性能JSON处理器。FastJson不需要依赖其他的JAR文件,就能直接在JDK上运行。FastJson采用独创的算法,解析的速度大幅提升。

下面,通过一个案例演示Spring MVC中的JSON数据绑定,采用的JSON库是Gson,步骤如下:

1. 导入依赖

本案例采用Gson库,因此修改pom.xml文件,导入相关依赖:

```
<dependency>
    <groupId>com.google.code.gson</groupId>
    <artifactId>gson</artifactId>
    <version>2.8.6</version>
</dependency>
```

2. 修改Spring MVC配置文件

配置Spring MVC的JSON转换器一般可以采用注解驱动方式,此处修改Spring MVC的配置文件,如下添加注解驱动即可:

```
<mvc:annotation-driven />
```

3. 编写实体类

编写实体类Student,设置3个属性:姓名、性别、年龄。Student对象作为客户端与控制器间交换的数据。Student类代码如文件14-4所示。

【文件14-4】 Student.java

```
package com.example.springmvc.entity;
public class Student {
    private String name;
    private String gender;
    private Integer age;
```

```
    //此处省略了 Getters/Setters 方法
    //为便于查看输出结果,此处重写了 toString()方法,代码略
}
```

4. 编写控制器

编写一个名为 MyJsonController 的控制器,在获取客户端提交的信息后,将收到的信息以 JSON 形式返回给客户端。由于客户端发送的也是 JSON 格式的数据,此时,处理器无法直接使用形参接收数据以及完成数据的自动绑定。因此,需要使用 Spring MVC 提供的@RequestBody 注解,控制器代码如文件 14-5 所示。

【文件 14-5】 MyJsonController.java

```
1  package com.example.springmvc.controller;
2  import com.example.springmvc.entity.Student;
3  import com.google.gson.Gson;
4  //其余 import 部分略
5
6  @Controller
7  @RequestMapping("/json")
8  public class MyJsonController {
9      @RequestMapping("/testJson")
10     @ResponseBody
11     public String testJson(@RequestBody Student stu) {
12         // 打印接收的 JSON 数据
13         System.out.println(stu);
14         Gson gson = new Gson();
15         return gson.toJson(stu);
16     }
17 }
```

如文件 14-5 所示,第 11 行定义了处理器 testJson()。这样,就可以结合 Gson 提供的 JSON 格式转换器,将 JSON 格式的数据绑定到处理器的形参中。在使用@RequestBody 注解时,要将@RequestBody 注解添加到处理器的形参前。由于处理器会给客户端返回 JSON 格式的数据,因此,用@ResponseBody 注解标注处理器(第 10 行)。并且,利用 Gson 的 toJson()方法将 stu 对象转换为 JSON 字符串作为服务器端响应(第 15 行)。

5. 执行测试

对于客户端与服务器之间交换 JSON 数据的应用程序,有两种测试方案供选择:第一,可以利用 MockMVC 编写测试代码,对控制器执行单元测试;第二,可以利用 Postman 等接口测试工具对控制器执行接口测试。

方案一:执行单元测试。编写 MockMVC 测试类代码如下。

```
@Test
public void testMyController() throws Exception{
    MyJsonController mc = new MyJsonController();
    MockMvc mockMvc =  MockMvcBuilders
        .standaloneSetup(mc).build();
    String requestBody = "{\"name\":\"admin\",
        \"gender\":\"m\",\"age\":24}";
```

```
8     mockMvc.perform(MockMvcRequestBuilders
9     .post("/json/testJson")
10    .contentType(MediaType.APPLICATION_JSON)
11    .content(requestBody)
12    .accept(MediaType.APPLICATION_JSON))
13    .andExpect(MockMvcResultMatchers.status().isOk())
14    .andDo(MockMvcResultHandlers.print());
15 }
```

如上述代码所示,第 6~7 行准备了一组字符串,代表客户端发送给控制器的 JSON 格式的测试数据。控制器在接收到这组数据后,相应地创建一个 Student 对象,并对对象的属性赋予相应的值。第 8~9 行向控制器发送 POST 请求。控制器收到请求,创建 Student 对象后,会把该对象的属性值以 JSON 形式再返回给客户端(见文件 14-5)。第 10 和第 12 行分别指定请求和响应的数据类型为 application/json。第 13 行断言响应状态码为 200,第 14 行输出测试结果。执行此测试用例,可以在控制台查看测试结果,如图 14-1 所示。

```
MockHttpServletResponse:
           Status = 200
    Error message = null
          Headers = [Content-Type:"application/json", Content-Length:"38"]
     Content type = application/json
             Body = {"name":"admin","gender":"m","age":24}
    Forwarded URL = null
   Redirected URL = null
          Cookies = []
```

图 14-1　控制台输出的测试结果

方案二:执行接口测试。利用接口测试工具 Postman 进行接口测试。在 Tomcat 服务器启动的情况下,首先在 Postman 中指定发送请求的地址"http://localhost:8080/springmvc/json/testJson",选择发送请求的方法为 POST。指定请求的 content-type 属性为 application/json。然后指定传送给控制器的 JSON 数据。单击 Send 按钮即向控制器发送请求。随后,在响应体(Body 选项卡)中可见控制器响应内容,如图 14-2 所示。同时,可以在服务器控制台查看输出。此时,控制台也会产生如图 14-1 所示的输出。

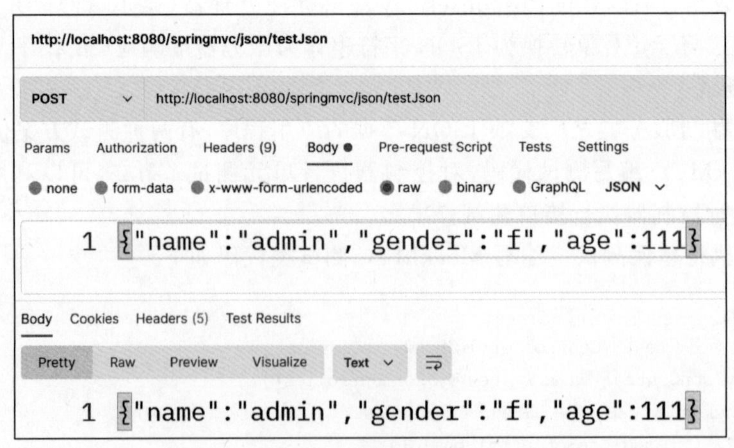

图 14-2　控制器响应内容

第15章 Spring MVC 高级特性

借助于注解，Spring MVC 提供了近似于 POJO 的开发模式。而且，其数据绑定非常灵活，如果处理器需要的话，可以将对象作为参数，而不需要的内容则不必出现在参数列表中。这样就极大简化了 Java Web 开发。此外，使用 Spring MVC 还可以完成自定义拦截器、异常处理、数据校验、文件上传下载等高级功能。本章将介绍这些高级功能。

视频讲解

15.1 拦截器

在项目开发中，经常有这样的需求：某些页面只允许一些特定用户浏览。对于这样的权限访问控制该如何实现？Spring MVC 中的拦截器可以实现上述需求。与 Jakarta Servlet 的过滤器类似，Spring MVC 的拦截器(Interceptor)主要用于拦截用户的请求并做相应的处理，处理过程主要是对请求的预处理和后处理。拦截器通常应用于权限验证、记录日志、判断用户是否登录等功能。

15.1.1 拦截器接口

在 Spring MVC 框架中设计一个拦截器时需要对拦截器进行定义和配置。定义拦截器主要有以下两种方式。

(1) 通过实现 HandlerInterceptor(org.springframework.web.servlet.HandlerInterceptor)接口或继承 HandlerInterceptor 接口的实现类(例如 HandlerInterceptorAdapter)来定义；

(2) 通过实现 WebRequestInterceptor 接口(org.springframework.web.context.request.WebRequestInterceptor)或继承 WebRequestInterceptor 接口的实现类来定义。

本节以上述第一种方式为例，讲解自定义拦截器的方法，示例代码如下：

```
public class InterceptorDemo implements HandlerInterceptor {
    public boolean preHandle(HttpServletRequest request,
        HttpServletResponse response, Object handler)
        throws Exception {
        return true;
    }
    public void postHandle(HttpServletRequest request,
        HttpServletResponse response, Object handler,
        @Nullable ModelAndView modelAndView) throws Exception {
    }
    public void afterCompletion(HttpServletRequest request,
        HttpServletResponse response, Object handler,
```

```
            @Nullable Exception ex) throws Exception {
    }
}
```

从上述示例代码可以看出，实现了 HandlerInterceptor 接口的拦截器需要重写接口中的 3 个方法。这 3 个方法的具体描述如下：

preHandle()：该方法在处理器执行前执行。其返回值表示是否中断后续操作，返回 true 表示继续向下执行；返回 false 表示中断后续操作，参数 handler 为被调用的拦截器对象。

postHandle()：该方法在处理器执行之后、解析视图之前执行。可以通过此方法对请求域中的模型和视图做进一步的修改。参数 modelAndView 可以用来读取和调整与返回结果对应的数据与视图信息。

afterCompletion()：该方法在处理器执行后，并且视图渲染结束后执行。可以通过此方法实现一些资源清理、记录日志信息等工作。参数 ex 代表异常对象，如果拦截器执行过程中出现异常，会将异常信息封装在该异常对象中，在 afterCompletion()方法中进一步处理。

15.1.2 拦截器配置

可在 Spring MVC 的配置文件中对自定义拦截器进行配置，示例代码如下：

```
<!-- 配置拦截器 -->
<mvc:interceptors>
    <!-- 配置一个全局拦截器，拦截所有请求 -->
    <bean class = "com.example.springmvc.interceptor.Interceptor1" />
    <mvc:interceptor>
        <!-- 配置拦截器作用的路径 -->
        <mvc:mapping path = "/**" />
        <!-- 配置不需要拦截作用的路径 -->
        <mvc:exclude-mapping path = "" />
        <!-- <mvc:interceptor>元素中，表示匹配指定路径的请求才进行拦截 -->
        <bean class = "com.example.springmvc.interceptor.Interceptor2" />
    </mvc:interceptor>
</mvc:interceptors>
```

上述示例代码中的元素说明如下：

<mvc:interceptors>：该元素用于配置一组拦截器。

<bean>：该元素是<mvc:interceptors>的子元素，用于定义全局拦截器，即拦截所有的请求。

<mvc:interceptor>：该元素用于定义指定路径的拦截器。

<mvc:mapping>：该元素是<mvc:interceptor>的子元素，用于配置拦截器作用的请求路径，该路径在 path 属性中定义。path 的属性值为/** 时，表示拦截所有路径，值为/gotoTest 时，表示拦截所有以/gotoTest 结尾的路径。如果在请求路径中包含不需要拦截的内容，可以通过<mvc:exclude-mapping>子元素进行配置。

需要注意的是，<mvc:interceptor>元素的子元素必须按照<mvc:mapping…/>、

< mvc:exclude-mapping…/>、< bean…/> 的顺序配置。

15.1.3 拦截器案例

在配置文件中如果只定义了一个拦截器，程序首先执行拦截器类中的 preHandle()方法。如果 preHandle()方法返回 false，则中断后续所有代码的执行。如果该方法返回 true，程序将继续执行处理器以处理请求。当处理器执行过程中没有出现异常时，会执行拦截器中的 postHandle()方法。postHandle()方法执行后会通过相关资源向客户端返回响应，并执行拦截器的 afterCompletion()方法；如果处理器执行过程中出现异常，将跳过拦截器中的 postHandle()方法，直接由前端控制器渲染异常页面返回响应，最后执行拦截器中的 afterCompletion()方法。

下面通过拦截器来完成一个用户登录权限验证的 Web 应用，具体要求如下：只有成功登录的用户才能访问系统的主页面 main.jsp。如果没有成功登录就直接访问主页面，拦截器将拦截请求，并将请求转发到登录页面 login.jsp。当成功登录的用户在系统主页面中单击"退出"链接时，会回到登录页面。具体实现步骤如下。

1. 创建实体类

创建一个名为 User 的实体类，用于封装当前用户的用户名和密码，代码同 14.5.2 节的文件 14-3。

2. 创建控制器

控制器代码如文件 15-1 所示。

【文件 15-1】 MyLoginController.java

```
package com.example.springmvc.controller;
import javax.servlet.http.HttpServletRequest;
import javax.servlet.http.HttpSession;
import org.springframework.stereotype.Controller;
import org.springframework.ui.Model;
import org.springframework.web.bind.annotation.RequestMapping;
import com.example.springmvc.entity.User;

@Controller
public class MyLoginController {

    @RequestMapping("/tologin")
    public String toLogin() {
        return "login";
    }
    @RequestMapping("/login")
    public String login(User user, Model model,
        HttpServletRequest request) {
        /* 判断用户名和密码是否正确 */
        if ("admin".equals(user.getName())
            &&"1234".equals(user.getPwd())) {
            HttpSession session = request.getSession();
            session.setAttribute("user", user);
            //登录成功，跳转到 main.jsp
```

```
25                return "redirect:main";
26            } else {
27                model.addAttribute("message", "用户名或密码错误");
28                return "login";
29            }
30        }
31        @RequestMapping("/main")
32        public String toMain() {
33            return "main";
34        }
35        @RequestMapping("/logout")
36        public String logout(HttpSession session) {
37            // 清除 session
38            session.invalidate();
39            return "redirect:tologin";
40        }
41    }
```

如文件 15-1 所示,在客户端请求登录页面(login.jsp)和主页面(main.jsp)时,请求都需要由前端控制器转发,所以在第 12～15 行和第 31～34 行增加两个处理器,分别负责转发访问登录页和访问主页的请求。第 16～30 行定义了用户登录处理器,当验证过用户名和密码后,将用户信息写入 session 域,并重定向到 main.jsp。第 35～40 行新增处理器 logout(),用来处理用户的注销请求,当用户单击“退出”超链接时,注销 session 对象并重定向到登录页。

3. 创建拦截器

创建一个名为 com.example.springmvc.interceptor 的包,在该包中创建一个名为 LoginInterceptor 的拦截器。重写 preHandler()方法对请求进行拦截。如果用户未经登录而请求相关资源,则执行拦截。判断用户是否登录的标准是 HttpSession 对象中是否存储了用户信息。拦截器代码如文件 15-2 所示。

【文件 15-2】 LoginInterceptor.java

```
package com.example.springmvc.interceptor;
import com.example.springmvc.entity.User;
//其余 import 部分略

public class LoginInterceptor implements HandlerInterceptor {
    public boolean preHandle(HttpServletRequest request,
        HttpServletResponse response, Object handler)
        throws Exception {
        //获取请求的 URL
        String url = request.getRequestURI();
        //login.jsp 或登录请求放行,不拦截
        if(url.indexOf("login")>=0)
            return true;
        //获取 session
        HttpSession session = request.getSession();
        User user = (User)session.getAttribute("user");
        if(user != null)
```

```
            return true;
        // 没有登录且不是登录页面,转发到登录页面,并给出提示错误信息
        request.setAttribute("message", "还没登录,请先登录!");
        request.getRequestDispatcher("/WEB-INF/jsp/login.jsp")
            .forward(request, response);
        return false;
    }
    public void postHandle(HttpServletRequest request,
    HttpServletResponse response, Object handler,
        @Nullable ModelAndView modelAndView) throws Exception {
    }
    public void afterCompletion(HttpServletRequest request,
        HttpServletResponse response, Object handler,
        @Nullable Exception ex) throws Exception {
    }
}
```

4. 配置拦截器

修改 Spring MVC 的配置文件,除了配置包扫描、注解驱动、视图解析器外,还要增加拦截器配置,代码如下:

```
<!-- 配置拦截器 -->
<mvc:interceptors>
    <mvc:interceptor>
    <!-- 配置拦截器作用的路径 -->
        <mvc:mapping path="/**" />
        <bean class="com.example.springmvc
            .interceptor.LoginInterceptor" />
    </mvc:interceptor>
</mvc:interceptors>
```

5. 编写 JSP 文件,执行测试

在 WEB-INF/jsp 文件夹下,创建两个 JSP 文件,一个登录页 login.jsp,一个主页面 main.jsp,代码分别如文件 15-3,文件 15-4 所示。

【文件 15-3】 login.jsp

```
<%@ page contentType="text/html; charset=UTF-8" %>
<html>
<body>
     ${message}
    <form action="${pageContext.request.contextPath}/login"
        method="post">
        用户名:<input type="text" name="name" /><br>
        密码:<input type="password" name="pwd" /><br>
        <input type="submit" value="登录" />
    </form>
</body>
</html>
```

如文件 15-3 所示,表单输入域的名字 name 和 pwd 要与实体类的属性名一致,这样当

表单提交时,表单输入域的值可作为请求参数值自动映射给实体类User的相关属性。

【文件15-4】 main.jsp

```
<%@ page contentType="text/html; charset=UTF-8" %>
<html>
<head>
<title>首页</title>
</head>
<body>
    欢迎 ${user.name } !<br />
    ${message}
    <a href="${pageContext.request.contextPath }/logout">退出</a>
</body>
</html>
```

启动Tomcat服务器,在浏览器的地址栏输入"http://localhost:8080/springmvc/tologin",填入用户名和密码后,可登录主页,如图15-1所示。

单击"退出"超链接后会返回登录页。此时,将地址栏的地址修改为"http://localhost:8080/springmvc/main",在没有登录的情况下访问主页,这个请求会被拦截器拦截并将请求转发给login.jsp页面,浏览器显示的结果如图15-2所示。读者还可以自行验证用户名、密码错误情况下的运行结果,此处略。

图15-1 正常登录主页

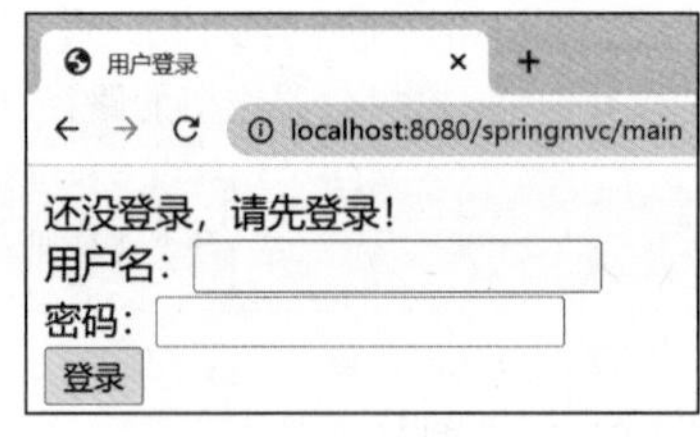

图15-2 未登录时访问主页

15.2 异常处理

在项目开发中,不管是持久层、业务层还是控制层,都会不可避免地遇到各种可预知的或不可预知的异常。如果每个异常都单独处理,那么程序将出现大量冗余代码并且规范性较差,也不利于后期维护。如果能将程序中的所有异常单独抽取出来统一处理,这将极大降低代码的冗余度,有利于程序的维护。

Spring MVC有以下3种方式实现统一的异常处理。

(1) 使用Spring MVC提供的异常处理器SimpleMappingExceptionResolver。

(2) 实现Spring的异常处理接口HandlerExceptionResolver,自定义异常处理器。

(3) 使用@ExceptionHandler注解实现异常处理。

15.2.1 简单异常处理器

Spring MVC提供了一个实现简单异常处理的类SimpleMappingExceptionResolver

(org. springframework. web. servlet. handler. SimpleMappingExceptionResolver)。通过 SimpleMappingExceptionResolver 类可以将不同类型的异常映射到不同的页面。当发生异常的时候，SimpleMappingExceptionResolver 根据发生异常的类型跳转到指定的页面处理异常信息。SimpleMappingExceptionResolver 也可以为所有的异常指定一个默认的异常处理页面，当程序抛出异常没有对应的映射页面时，使用默认页面处理异常信息。下面，通过一个案例来阐述如何使用 SimpleMappingExceptionResolver 类实现统一的异常处理，步骤如下。

1. 编写控制器

编写一个用于抛出异常的控制器，为验证统一的异常处理机制，指定由两个处理器分别抛出两种类型的异常，控制器代码如文件 15-5 所示。

【文件 15-5】 MyExceptionController.java

```
1  package com.example.springmvc.controller;
2  //import 部分此处略
3
4  @Controller
5  @RequestMapping("/exception")
6  public class MyExceptionController {
7
8      @RequestMapping("/testArithmeticException")
9      public String testArithmeticExceptionHandle(
10         @RequestParam("i") Integer i) {
11         System.out.println(10 / i);
12         return "success";
13     }
14
15     @RequestMapping("/testNullPointerException")
16     public String testNullPointerExceptionHandle() {
17         List<String> list = null;
18         System.out.println(list.get(1));
19         return "success";
20     }
21 }
```

如文件 15-5 所示，第 8～13 行和第 15～20 行定义了两个处理器，它们分别抛出 ArithmeticException 异常和 NullPointerException 异常。

2. 配置统一的异常处理器

异常发生时，如果需要跳转到指定的处理页面，则需要在 Spring MVC 的配置文件中使用 SimpleMappingExceptionResolver 指定异常和异常处理页面的映射关系，代码如下：

```
<bean class = "org.springframework.web.servlet.handler
    .SimpleMappingExceptionResolver">
    <!-- 定义默认的异常处理页面,当该异常类型注册时使用 -->
    <property name = "defaultErrorView" value = "error" />
    <!-- 定义异常处理页面用来获取异常信息的变量名,默认名为 exception -->
    <property name = "exceptionAttribute" value = "ex" />
    <!-- 定义需要特殊处理的异常,用类名或完全路径名作为 Key,异常页名作为值 -->
```

```
8       <property name="exceptionMappings">
9           <props>
10              <prop key="ArithmeticException">error</prop>
11              <prop key="NullPointerException">error</prop>
12              <!-- 在这里还可以继续扩展对不同异常类型的处理 -->
13          </props>
14      </property>
15  </bean>
```

如上述代码所示,第 1～2 行通过<bean>元素注入了 SimpleMappingExceptionResolver,用于指定程序异常和异常处理页的映射。当抛出 ArithmeticException 异常时,会根据第 10 行指示跳转到 error.jsp。同样,当抛出 NullPointerException 异常时,会根据第 11 行指示跳转到 error.jsp。

3. 执行测试

在 WEB-INF/jsp 目录下创建一个名为 error.jsp 的 JSP 文件,用于全局异常处理页。启动 Tomcat 服务器后,在浏览器的地址栏输入"http:// localhost:8080/springmvc/exception/testArithmeticException?i=0",处理器 testArithmeticExceptionHandle()接收到请求后会抛出 ArithmeticException 异常,浏览器显示如图 15-3 所示。可以用同样的方法测试当处理器 testNullPointerExceptionHandle()抛出 NullPointerException 异常时的表现。

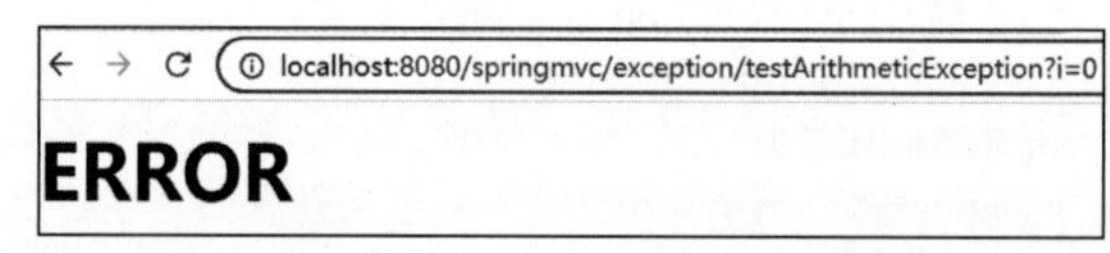

图 15-3　统一的异常处理页面

15.2.2　自定义异常处理器

设计自定义异常处理器,可以通过实现 HandlerExceptionResolver (org.springframework.web.servlet.HandlerExceptionResolver)接口处理异常。可以处理的异常类型包括处理器异常、数据绑定异常以及控制器执行时发生的异常。HandlerExceptionResolver 仅有一个接口方法,接口源码如下:

```
public interface HandlerExceptionResolver {
    @Nullable
    ModelAndView resolveException(
            HttpServletRequest request,
            HttpServletResponse response,
            @Nullable Object handler, Exception ex);
}
```

发生异常时,Spring MVC 会调用 resolveException()方法,并转到 ModelAndView 对应的视图,返回一个异常报告页面反馈给用户。例如,自定义一个异常处理器,在抛出 ArithmeticException 时,页面跳转到 error.jsp;在抛出其他类型的异常时,跳转到 error2.jsp。自定义异常处理器代码如文件 15-6 所示。

【文件 15-6】 MyExceptionHandler.java

```java
package com.example.springmvc.exception;
//import 部分此处略

@Component
public class MyExceptionHandler
    implements HandlerExceptionResolver {
    public ModelAndView resolveException(
        HttpServletRequest request, HttpServletResponse response,
        Object obj, Exception ex) {
        Map<String, Object> model = new HashMap<String, Object>();
        // 根据不同错误转向不同页面(统一处理),即异常与 View 的对应关系
        if (ex instanceof ArithmeticException) {
            return new ModelAndView("error", model);
        }
        return new ModelAndView("error2", model);
    }
}
```

测试用的控制器沿用 15.2.1 节的 MyExceptionController。启动 Tomcat 服务器后,通过浏览器向处理器 testArithmeticExceptionHandle() 发送请求,指定请求参数 i=0 使得处理器抛出 ArithmeticException 异常,浏览器页面会跳转到 error.jsp;向处理器 testNullPointerExceptionHandle() 发送请求,页面会跳转到 error2.jsp,在没有创建 error2.jsp 的情况下,浏览器会报告 404 错误,如图 15-4 所示。

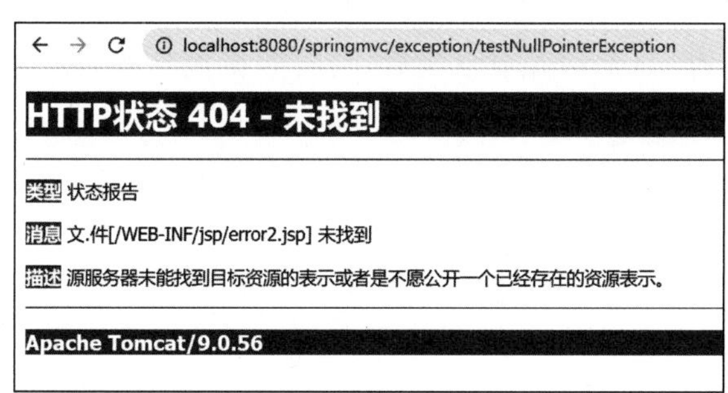

图 15-4 跳转到不存在的 error2.jsp

15.2.3 异常处理器注解

Spring 提供了一个@ExceptionHandler 注解,用于捕获控制器中抛出的异常。这个注解是一个方法型注解。该注解不是加在产生异常的方法上,而是加在处理异常的方法上。对于 15.2.1 的 MyExceptionController 控制器(文件 15-1),可以在控制器中增加一个用于处理异常的方法 testArithmeticException() ,并用@ExceptionHandler 注解标注,例如:

```java
@ExceptionHandler({ ArithmeticException.class })
public String testArithmeticException(Exception e) {
    System.out.println("错误信息 ===> ArithmeticException:" + e);
    // 跳转到指定页面
    return "error";
}
```

启动Tomcat服务器后,向处理器testArithmeticExceptionHandle()发送请求,指定请求参数i=0使得处理器抛出ArithmeticException异常,浏览器页面会跳转到error.jsp,同时控制台会输出错误信息,如图15-5所示。

```
信息: Initializing Servlet 'springmvc'
5月 02, 2022 4:32:52 下午 org.springframework.web.servlet.FrameworkServlet
initServletBean
信息: Completed initialization in 1354 ms
5月 02, 2022 4:32:52 下午 org.apache.coyote.AbstractProtocol start
信息: 开始协议处理句柄["http-nio-8080"]
5月 02, 2022 4:32:53 下午 org.apache.catalina.startup.Catalina start
信息: [3630]毫秒后服务器启动
错误信息 ===> ArithmeticException:java.lang.ArithmeticException: / by zero
```

图15-5　控制台输出错误信息

15.3　文件上传与下载

在Web应用中,允许用户上传文件和下载文件是比较常见的需求。例如,图片的上传与下载,电子邮件附件的上传与下载等。

一般地,Web应用中的文件上传与下载都是基于HTTP的。HTTP通过HTTP报文实现计算机间的通信。从HTTP报文的结构(图1-2,图1-4)可以看出,实体主体是HTTP报文的负荷,传输的内容存放在实体主体中。因此,文件上传或下载时,被传输的文件内容会存放在实体主体中。当HTTP要传送一条报文时,会以流的形式将报文数据通过一条打开的TCP连接按序传输,TCP收到数据流后,会将数据流分解为被称作"段"的数据块,并将数据块封装在IP分组中,通过因特网传输。

15.3.1　文件上传

文件上传时,客户端首先以输入流的形式将文件读入内存,再把文件数据按照一定的格式存放在请求报文的实体主体中,通过HTTP将请求发送给服务器。服务器根据约定的格式对接收到的请求进行解析,取出文件数据后再以输出流的形式将数据写入文件,从而完成文件上传功能。

利用Spring MVC实现文件上传十分容易,它为文件上传提供了直接支持,即MultipartResolver接口(org.springframework.web.multipart.MultipartResolver)。MultipartResolver用于处理文件上传请求。前端控制器可借助MultipartResolver解析文件上传请求。MultpartResolver接口有以下两个实现类:

(1) StandardServletMultipartResolver:使用了Servlet 3.0标准的上传方式。

(2) CommonsMultipartResolver:使用了Apache的commons-fileupload来完成具体的上传操作。

下面,结合文件上传的相关知识,实现一个文件上传的案例,步骤如下。

1. 导入相关依赖

Spring MVC框架的文件上传是基于commons-fileupload组件的。因此需要导入commons-io-2.11.jar和commons-fileupload-1.4.jar两个JAR文件。同时,为了验证文件

上传结果，将已上传的文件名字以 JSON 形式返回客户端，因此还需导入 gson.2.8.jar 文件。结合后续的文件下载操作，需导入 jstl 相关的两个 JAR 文件。所有需要添加的依赖清单如下：

```
<dependency>
    <groupId>com.google.code.gson</groupId>
    <artifactId>gson</artifactId>
    <version>2.8.6</version>
</dependency>
<!-- file upload -->
<dependency>
    <groupId>commons-io</groupId>
    <artifactId>commons-io</artifactId>
    <version>2.11.0</version>
</dependency>
<dependency>
    <groupId>commons-fileupload</groupId>
    <artifactId>commons-fileupload</artifactId>
    <version>1.4</version>
</dependency>
<!-- JSTL -->
<dependency>
    <groupId>jstl</groupId>
    <artifactId>jstl</artifactId>
    <version>1.2</version>
</dependency>
<dependency>
    <groupId>taglibs</groupId>
    <artifactId>standard</artifactId>
    <version>1.1.2</version>
</dependency>
```

2. 设置 MultipartResolver 的属性

本案例使用了 Spring 的 CommonsMultipartReslover 类配置 MultipartResolver 解析器，需要在 Spring MVC 配置文件中设置 CommonsMultipartReslover 类的属性，设置内容如下：

```
<bean id="multipartResolver" class="org.springframework.web
        .multipart.commons.CommonsMultipartResolver">
    <property name="maxUploadSize" value="5000000" />
    <property name="defaultEncoding" value="UTF-8" />
</bean>
```

其中，defaultEncoding 属性设置请求的编码格式。该属性的默认值为 ISO-8859-1，此处设置为 UTF-8(注：defaultEncoding 必须和 JSP 中的 pageEncoding 一致，以便正确读取表单的内容)。maxUploadSize 属性设置上传文件大小的上限，单位为字节。

此外，由于 Spring 的 BeanFactory 已约定了 MultipartResolver 的实现类的对象名为 multipartResolver，在配置 MultipartResolver 时必须指定 Bean 的 id 为 multipartResolver。

3. 编写文件上传控制器

文件上传控制器的代码如文件 15-7 所示。

【文件 15-7】 FileUploadController.java

```java
package com.example.springmvc.controller;
import org.springframework.web.multipart.MultipartFile;
import com.google.gson.Gson;
//其余 import 部分略

@Controller
@RequestMapping("/file")
public class FileUploadController {
    private static final Log logger =
        LogFactory.getLog(FileUploadController.class);
    @RequestMapping("/toFileUpload")
    public String getMultiFile() {
        return "fileUpload";
    }

    @RequestMapping(value = "/upload",
        produces = "text/html;charset = UTF - 8")
    @ResponseBody
    public String fileUpload(List<MultipartFile> myFile,
        HttpServletRequest request) {
        String realpath = request.getServletContext()
            .getRealPath("uploadfiles");
        logger.info(realpath);
        File targetDir = new File(realpath);
        if (!targetDir.exists()) {
            targetDir.mkdirs();
        }
        List<String> fileNameList = new ArrayList<String>();
        for(MultipartFile file:myFile) {
            String fileName = file.getOriginalFilename();
            File targetFile = new File(realpath, fileName);
            fileNameList.add(fileName);
            //上传
            try {
                file.transferTo(targetFile);
            } catch (Exception e) {
                e.printStackTrace();
            }
        }
        //将上传的文件名写入 JSON
        Gson gson = new Gson();
        String fjson = gson.toJson(fileNameList);
        return fjson;
    }
}
```

如文件 15-7 所示，第 16～44 行完成了文件上传处理器的功能。其中，为了避免返回的数据出现中文乱码，使用@RequestMapping 注解的 produces 属性指定返回数据的编码为 UTF-8(第 16～17 行)。同时，该处理器会以 JSON 形式返回已上传文件的文件名(第 41～43 行)。因此，使用@ResponseBody 注解标注处理器(第 18 行)。使用@ResponseBody 注解后，处理器的返回值将不再经过视图解析器，而是以输出流的方式直接发送到客户端。第 21～22 行指定一个目录 uploadfiles 作为存放被上传文件的目录。执行文件上传时，调用的是 MultipartResolver 接口的 transferTo()方法(第 35 行)，该方法的原型为：

```
void transferTo(File file)
```

方法的功能是将接收到的文件数据保存到目标文件中。

4. 编写文件上传界面

编写一个名为 fileUpload.jsp 的 JSP 文件，用于作为文件上传的用户界面，代码如文件 15-8 所示。

【文件 15-8】 fileUpload.jsp

```
1  <%@ page contentType="text/html;charset=UTF-8" %>
2  <html>
3  <body>
4      <form action="${pageContext.request.contextPath}/file/upload"
5          method="post" enctype="multipart/form-data">
6          选择文件:<input type="file" name="myFile"
7                  multiple = "multiple"><br>
8          <input type="submit" value="提交">
9      </form>
10 </body>
11 </html>
```

要实现文件上传功能，需要定义一个文件上传表单，并且这个表单要满足 3 个条件。

(1) 表单提交的方式为 POST。

(2) 表单的 enctype 属性为 multipart/form-data，表单的 enctype 属性指定的是表单数据的编码方式，该属性有以下 3 个值。

① application/x-www-form-urlencoded：这是默认的编码方式，它只处理表单域里的 value 属性值。

② multipart/form-data：该编码方式以二进制流的方式来处理表单数据，并将文件域所指定的文件内容封装到请求参数里。

③ text/plain：该编码方式只有当表单的 action 属性为 mailto：URL 的形式时才使用，主要适用于直接利用表单发送电子邮件的方式。

(3) 提供文件选择对话框。

如果需要在文件选择时一次性选择多个文件上传，可以在文件选择对话框指定 multiple 属性，如文件 15-8 第 7 行所示。

5. 测试

启动 Tomcat 服务器，在浏览器的地址栏输入"http://localhost:8080/springmvc/file/toFileUpload"，然后选择要上传的文件，如图 15-6 所示。

图 15-6　选择被上传的文件

单击“提交”按钮，浏览器显示被上传文件的文件名，如图 15-7 所示。

图 15-7　显示已上传的文件名

15.3.2　文件下载

文件下载有以下两种实现方法：第一，通过超链接实现下载。这种方法实现简单，但会暴露下载文件的真实位置，并且只能下载 Web 应用程序所在目录下的文件(WEB-INF 目录除外)。第二，利用程序编码实现下载。这种方法可增强安全访问控制，可以下载 Web 应用程序所在目录以外的文件，也可以将文件保存到数据库中。

为了不以客户端默认的方式处理下载的文件，需要在服务器端对下载的文件进行相关设置。需要配置的内容包括文件的打开方式、文件的下载方式和响应码。利用程序编码实现下载需要设置以下两个报头：

(1) Web 服务器需要告诉浏览器其所输出内容的类型不是普通文本文件或 HTML 文件，而是一个要保存到本地的下载文件，这需要设置 Content-Type 的值为 application/x-msdownload。

(2) Web 服务器希望浏览器不直接处理响应的实体内容，而是由用户选择将响应的实体内容保存到一个文件中，这需要设置 Content-Disposition 报头。该报头指定了接收程序处理数据的方式。在 HTTP 应用中只有 attachment 是标准方式，attachment 表示要求用户干预。在 attachment 后面还可以指定 filename 参数，该参数是服务器建议浏览器将实体内容保存到文件中的文件名称。

设置报头的示例如下：

```
response.setHeader("Content-Type", "application/x-msdownload");
response.setHeader("Content-Disposition", "attachment;filename=" + filename);
```

程序编码实现文件下载可分为两个步骤：

(1) 在客户端使用一个文件下载超链接，链接指向后台下载文件的方法以及文件名。

(2) 在控制器中，提供文件下载方法进行下载。

Spring 提供了一个 ResponseEntity(org.springframework.http.ResponseEntity)类，可以通过 ResponseEntity 类设置被下载文件的相关信息。下面给出利用 ResponseEntity 类实现文件下载的处理器代码：

```
@RequestMapping("/download")
public ResponseEntity<byte[]> fileDownload(
    HttpServletRequest request, String filename)
```

```
4        throws Exception{
5        String path = request.getServletContext()
6            .getRealPath("uploadfiles");
7            //创建文件对象
8            File file = new File(path + File.separator + filename);
9            //设置文件名编码
10           filename = this.getFileName(filename);
11           HttpHeaders headers = new HttpHeaders();
12           //通知浏览器以下载的方式打开文件
13           headers.setContentDispositionFormData("attachment",filename);
14           //定义以流的形式下载文件
15           headers.setContentType(MediaType.APPLICATION_OCTET_STREAM);
16           return new ResponseEntity < byte[ ]>(
17               FileUtils.readFileToByteArray(file),headers,
18               HttpStatus.OK);
19   }
```

上述代码首先根据文件路径和需要下载的文件名来创建文件对象(第 8 行)。在下载文件时要注意文件中文名的乱码问题,因此设置下载文件名的编码(第 10 行)。然后对响应头中文件下载时的打开方式和下载方式进行了设置(第 13～15 行)。其中设置响应头信息的 MediaType 也称为 MIME 类型,APPLICATION_OCTET_STREAM 常量表示以二进制流的形式下载数据。

对于设置文件名编码(本例第 10 行)的 getFileName()方法,相关代码如下:

```
private String getFileName(String filename) {
        // TODO Auto - generated method stub
        StringBuffer sb = new StringBuffer();
        int len = filename.length();
        for (int i = 0; i < len; i++) {
            // 取出字符中的每个字符
            char c = filename.charAt(i);
            // Unicode 码值为 0～255 时,不做处理
            if (c >= 0 && c <= 255) {
                sb.append(c);
            } else { // 转换 UTF - 8 编码
                byte b[];
                try {
                    b = Character.toString(c).getBytes("UTF - 8");
                } catch (UnsupportedEncodingException e) {
                    e.printStackTrace();
                    b = null;
                }
                // 转换为 %HH 的字符串形式
                for (int j = 0; j < b.length; j++) {
                    int k = b[j];
                    if (k < 0) {
                        k &= 255;
                    }
                    sb.append(" % " + Integer.toHexString(k)
                        .toUpperCase());
```

```
                }
            }
        }
        return sb.toString();
}
```


测试时,利用已上传文件的 uploadfiles 文件夹存放供下载的文件,用浏览器打开文件下载页面,单击文件名字超链接,可实现文件下载,如图 15-8 所示。

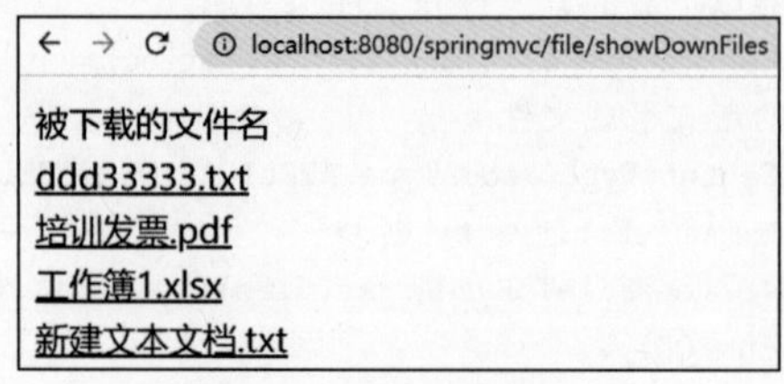

图 15-8　文件下载页面

第16章 SSM框架整合

针对Jakarta EE应用程序的开发，行业中提供了很多框架。但不管如何进行技术选型，Jakarta EE应用程序都可以分为表现层、业务逻辑层和持久层。当前，这3个层的主流框架分别是Spring MVC、Spring和MyBatis，简称SSM。Jakarta EE应用程序也经常通过整合这三大框架完成开发。

视频讲解

进行SSM框架整合时，SpringMVC、Spring和MyBatis这3个框架的分工如下。

Spring MVC负责管理表现层和控制器。Spring MVC是Spring框架的一个子模块，所以Spring与Spring MVC之间不存在整合的问题。

Spring负责对象的创建与事务管理，Spring可以管理持久层的Mapper对象和业务层的Service对象。即原本由MyBatis负责管理并实例化的SqlSessionFactory改由Spring负责配置和实例化。MyBatis不再配置和维护数据库连接信息，数据库连接池由Spring负责配置与管理，数据库连接对象由Spring负责创建并管理。MyBatis的Mapper代理也由Spring负责创建。

MyBatis负责与数据库的交互。

SSM整合的实现方式可分为两种：基于XML配置的方式和基于注解的方式。本章以客户信息管理应用程序为案例，分别讲解这两种整合方法。并附加浏览器客户端(Vue.js开发，代码见附录C)和微信小程序客户端(代码见附录D)，从而实现前后端分离项目开发。

16.1 基于XML方式的整合

传统的基于XML方式的SSM框架整合过程可按照以下步骤执行。

1. 创建数据库和数据库表单

创建一个名为spring的数据库，并在该数据库中创建一个名为ssm_customer的表，用于存放客户信息。创建数据表的SQL语句如下：

```
CREATE TABLE `ssm_customer` (
  `id` int(32) NOT NULL AUTO_INCREMENT,
  `name` varchar(100) NOT NULL,
  `jobs` varchar(50) DEFAULT NULL,
  `phone` varchar(16) DEFAULT NULL,
  PRIMARY KEY (`id`)
) ENGINE = InnoDB AUTO_INCREMENT = 1 DEFAULT CHARSET = utf8mb3;
```

2. 创建项目(引入依赖)

创建一个名为team的Maven项目。本项目需要引入的依赖归纳如下。

(1) Spring 的相关依赖。

Spring-context：Spring 上下文。

Spring-jdbc：Spring JDBC API。

Spring-tx：Spring 事务管理包。

Spring-webmvc：Spring MVC 核心包。

(2) MyBatis 相关依赖。

mybatis：MyBatis API。

mybatis-spring：MyBatis 与 Spring 整合使用。

(3) 数据库连接驱动。

mysql-connector-java：MySQL 的数据库驱动包。

(4) 数据源相关依赖。

Druid：数据库连接池。

(5) 单元测试相关依赖。

junit：单元测试工具。

(6) 日志相关依赖。

logback-classic：slf4j 日志框架和 logback 日志。

(7) 数据交换相关依赖。

本案例为先后端分离的项目,以 JSON 字符串作为前后端项目数据交换的格式。引入相关的包：jackson-databind。

修改 pom.xml 文件,添加如下内容：

```
<properties>
    <!-- Spring 版本号 -->
    <spring.version>5.3.18</spring.version>
</properties>
<dependencies>
<dependency>
    <groupId>junit</groupId>
    <artifactId>junit</artifactId>
    <version>4.12</version>
    <scope>test</scope>
</dependency>
<dependency>
    <groupId>org.springframework</groupId>
    <artifactId>spring-core</artifactId>
    <version>${spring.version}</version>
</dependency>
<dependency>
    <groupId>org.springframework</groupId>
    <artifactId>spring-beans</artifactId>
    <version>${spring.version}</version>
</dependency>
<dependency>
    <groupId>org.springframework</groupId>
    <artifactId>spring-expression</artifactId>
```

```xml
        <version>${spring.version}</version>
    </dependency>
    <dependency>
        <groupId>org.springframework</groupId>
        <artifactId>spring-context</artifactId>
        <version>${spring.version}</version>
    </dependency>
    <dependency>
        <groupId>org.springframework</groupId>
        <artifactId>spring-jdbc</artifactId>
        <version>${spring.version}</version>
    </dependency>
    <dependency>
        <groupId>org.springframework</groupId>
        <artifactId>spring-tx</artifactId>
        <version>${spring.version}</version>
    </dependency>
    <!-- SpringMVC -->
    <dependency>
        <groupId>org.springframework</groupId>
        <artifactId>spring-webmvc</artifactId>
        <version>${spring.version}</version>
    </dependency>
    <!-- MySQL相关包 -->
    <dependency>
        <groupId>mysql</groupId>
        <artifactId>mysql-connector-java</artifactId>
        <version>8.0.28</version>
    </dependency>
    <!-- 数据库连接池 -->
    <dependency>
        <groupId>com.alibaba</groupId>
        <artifactId>druid</artifactId>
        <version>1.2.8</version>
    </dependency>
    <!-- MyBatis -->
    <dependency>
        <groupId>org.mybatis</groupId>
        <artifactId>mybatis</artifactId>
        <version>3.5.9</version>
    </dependency>
    <!-- Spring + MyBatis -->
    <dependency>
        <groupId>org.mybatis</groupId>
        <artifactId>mybatis-spring</artifactId>
        <version>2.0.3</version>
    </dependency>
    <!-- Spring日志包 slf4j&logback -->
    <dependency>
        <groupId>ch.qos.logback</groupId>
        <artifactId>logback-classic</artifactId>
```

```
    <version>1.2.10</version>
</dependency>
<!-- JSON -->
<dependency>
    <groupId>com.fasterxml.jackson.core</groupId>
    <artifactId>jackson-databind</artifactId>
    <version>2.12.3</version>
</dependency>
</dependencies>
```

3. 创建持久化类

在 src/main/java 目录下创建一个名为的 com.example.soft.entity 包,并创建名为 Customer 的持久化类,用于封装客户信息,其代码如文件 16-1 所示。

【文件 16-1】 Customer.java

```java
package com.example.soft.entity;

public class Customer {
    private Integer id;
    private String name;
    private String jobs;
    private String phone;
    //此处省略了 Getters 和 Setters 方法
    //此处省略了 toString()方法
}
```

4. 创建数据访问接口

在 src/main/java 目录下,创建一个名为 com.example.soft.mapper 的包,并创建名为 CustomerMapper 的数据持久化接口,该接口声明对 Customer 对象的 CRUD 方法,其代码如文件 16-2 所示。

【文件 16-2】 CustomerMapper.java

```java
1  package com.example.soft.mapper;
2  import java.util.List;
3  import com.example.soft.entity.Customer;
4
5  public interface CustomerMapper {
6      public int addCustomer(Customer customer);
7      public int deleteCustomer(Integer id);
8      public int updateCustomer(Customer customer);
9      public List<Customer> findAllCustomer();
10     public Customer findCustomerById(Integer id);
11     public List<Customer> findCustomerByName(String name);
12 }
```

其中第 9 行定义了查找所有客户信息的 findAllCustomer()方法,第 10 和第 11 行分别定义了根据 id 和姓名查找客户信息的方法。

可在当前接口文件所在的包中(com.example.soft.mapper)创建 CustomerMapper 接口对应的 MyBatis 映射文件 CustomerMapper.xml。映射文件的部分代码如文件 16-3 所示。

【文件 16-3】 CustomerMapper. xml

```
<mapper namespace = "com.example.soft.mapper.CustomerMapper">
  <select id = "findCustomerById" parameterType = "Integer"
      resultType = "com.example.soft.entity.Customer">
      select id,name,jobs,phone from ssm_customer
      where id =  #{id}
  </select>
  …
</mapper>
```

其中,CustomerMapper. xml 提供了 CustomerMapper 接口中抽象方法的实现。读者可根据第 8 章 MyBatis 的相关知识完成映射文件代码编写。

5. 创建业务逻辑接口

在 src/main/java 目录下创建一个名为 com. example. soft. service 的包,并在该包下创建业务层接口 CustomerService 及其实现类 CustomerServiceImpl。其中,实现类 CustomerServiceImpl 的部分代码如文件 16-4 所示。

【文件 16-4】 CustomerServiceImpl. java

```
package com.example.soft.service;
import org.springframework.beans.factory.annotation.Autowired;
import org.springframework.stereotype.Service;
import org.springframework.transaction.annotation.Transactional;
import com.example.soft.entity.Customer;
import com.example.soft.mapper.CustomerMapper;

@Service("customerService")
@Transactional
public class CustomerServiceImpl implements CustomerService{

    @Autowired
    private CustomerMapper customerMapper;

    public Customer findCustomerById(Integer id) {
        return customerMapper.findCustomerById(id);
    }
}
```

6. 编写 SpringMVC 控制器

在 src/main/java 目录下创建一个名为 com. example. soft. controller 的包,并在该包下创建 Spring MVC 的控制器 CustomerController。控制器部分代码如文件 16-5 所示。

【文件 16-5】 CustomerController. java

```
package com.example.soft.controller;
import java.util.List;
import org.springframework.beans.factory.annotation.Autowired;
import org.springframework.stereotype.Controller;
import org.springframework.web.bind.annotation.PathVariable;
import org.springframework.web.bind.annotation.RequestMapping;
```

```
7  import org.springframework.web.bind.annotation.ResponseBody;
8  import com.example.soft.entity.Customer;
9  import com.example.soft.service.CustomerService;
10
11 @Controller
12 public class CustomerController {
13     @Autowired
14     private CustomerService customerService;
15
16     @RequestMapping(value = "/retriveCustomer/{id}")
17     @ResponseBody
18     public Customer retriveCustomer(@PathVariable String id){
19         Customer cus = customerService
20             .findCustomerById(Integer.parseInt(id));
21         return cus;
22     }
23 }
```

其中,第16行和第18行分别用@RequetMapping注解和@PathVariable注解实现了RESTful风格的路径映射。第17行的@ResponseBody注解表示当前控制器会以JSON字符串的形式生成响应。Spring MVC提供了一个组合注解@RestController,其作用相当于将@Controller注解和@ResponseBody注解联合使用。即文件16-5中的控制器代码可以用@RestController注解修改为:

```
@RestController
public class CustomerController {
    @Autowired
    private CustomerService customerService;
    @RequestMapping(value = "/retriveCustomer/{id}")
    public Customer retriveCustomer(@PathVariable String id){
        Customer cus = customerService
        .findCustomerById(Integer.parseInt(id));
    return cus;
}
```

7. 配置Spring数据源

本例中采用Druid数据源,首先在src/main/resources目录下创建数据库连接信息的配置文件db.properties,其内容可参考6.4.3节中的文件6-10。

随后,创建Spring的配置文件,并在Spring中注册数据源,代码如下:

```
<!-- 加载属性文件 -->
<context:property-placeholder location = "classpath:db.properties"/>
<!-- 注册数据源 -->
<bean id = "dataSource"
class = "com.alibaba.druid.pool.DruidDataSource">
    <property name = "driverClassName" value = "${jdbc.driver}"/>
    <property name = "url" value = "${jdbc.url}"/>
    <property name = "username" value = "${jdbc.username}"/>
    <property name = "password" value = "${jdbc.password}"/>
</bean>
```

8. Spring 配置事务管理器

本例使用基于注解的声明式事务管理，因此在配置过事务管理器后，需增加注解驱动，代码如下：

```
<!-- 声明事务管理器 -->
<bean id = "transactionManager" class = "org.springframework.jdbc
        .datasource.DataSourceTransactionManager">
    <property name = "dataSource" ref = "dataSource" />
</bean>
<!-- 开启事务注解 -->
<tx:annotation-driven transaction-manager = "transactionManager" />
```

9. Spring 配置 SqlSessionFactory

在使用 MyBatis 时，SqlSessionFactory 对象的创建由 MyBatis 负责。在进行 MyBatis 和 Spring 整合的时候，Spring 作为一个实例工厂，负责创建应用程序中需要的所有对象。当然，SqlSessionFactory 对象也不例外。在 mybatis-spring 整合包中提供了一个 SqlSessionFactory 对象，可以在 Spring 配置文件中配置 SqlSessionFactory 的 Bean。这样在配置过 SqlSessionFactory Bean 之后，就可以将 MyBatis 中的 SqlSessionFactory 交给 Spring 管理。

SqlSessionFactory Bean 需要注入数据源。可根据需要在 SqlSessionFactory Bean 中配置 MyBatis 的配置文件路径、别名映射和 Mapper 映射文件路径。因为这些属性是按需配置，本例中没有用到这些属性，故而以注释的形式呈现，代码如下：

```
<bean id = "sqlSessionFactory"
class = "org.mybatis.spring.SqlSessionFactoryBean">
    <property name = "dataSource" ref = "dataSource"/>
    <!-- <property name = "configLocation"
        value = "classpath:mybatis-config.xml"/> -->
</bean>
```

此外，myatis-spring 整合包中还提供了对 Mapper 扫描的 Bean，对于扫描到的 Mapper，Spring 会自动创建代理对象并将交给 Spring 管理，代码如下：

```
<!--  配置 Mapper 扫描 -->
<bean class = "org.mybatis.spring.mapper.MapperScannerConfigurer">
    <!-- 指定要扫描的 Mapper 所在的包 -->
    <property name = "basePackage" value = "com.example.soft.mapper" />
</bean>
```

至此，Spring 和 MyBatis 整合完毕。

10. 配置 Service 组件

在步骤 5 编写业务逻辑组件代码时，已经用@Service 注解标注了 Service 组件。在 Spring 配置文件中要开启注解扫描，指定 Service 组件所在的包，通知 Spring 创建 Service 组件的 Bean。代码如下：

```
<context:component-scan base-package = "com.example.soft.service" />
```

11. SpringMVC 控制器常规配置

在 src/main/resources 目录下创建 Spring MVC 的配置文件 spring-mvc.xml。开启控

制器注解扫描,代码如下:

```
<context:component-scan base-package = "com.example.soft.controller" />
<mvc:annotation-driven />
```


12. 配置监听器和前端控制器

Spring 和 Spring MVC 的整合,只需要在项目启动时加载 Spring 的配置文件。在项目的 web.xml 文件中配置 Spring 的监听器来加载 Spring 的配置文件,具体如下:

```
<!-- 加载配置文件 -->
<context-param>
    <param-name>contextConfigLocation</param-name>
    <param-value>classpath:applicationContext.xml</param-value>
</context-param>
<!-- 配置监听器 -->
<listener>
    <listener-class>
        org.springframework.web.context.ContextLoaderListener
    </listener-class>
</listener>
```

在 Spring MVC 设置完成后,需要在 web.xml 文件中配置 Spring MVC 的前端控制器,并在初始化前端控制器时加载 Spring MVC 的配置文件,具体配置如下:

```
<!-- 配置 Spring MVC 的前端控制器 -->
<servlet>
    <servlet-name>springmvc</servlet-name>
    <servlet-class>
        org.springframework.web.servlet.DispatcherServlet
    </servlet-class>
    <!--  前端控制器的初始化参数 -->
    <init-param>
        <param-name>contextConfigLocation</param-name>
        <param-value>classpath:spring-mvc.xml</param-value>
    </init-param>
    <!--  Servlet 加载时的优先级,1: 容器启动时加载 -->
    <load-on-startup>1</load-on-startup>
</servlet>
<servlet-mapping>
    <servlet-name>springmvc</servlet-name>
    <url-pattern>/</url-pattern>
</servlet-mapping>
```

至此,SSM 框架整合完毕。

13. 接口测试

前后端分离开发是现阶段项目开发的主流模式。它是将传统的 MVC 设计模式中的 V 与 MC 剥离,使得 V 和 MC 两部分各自成为一个独立的子项目。两个子项目之间通过接口交换数据,实现系统的全部功能。前后端分离模式使项目开发的分工更加明确:后端开发专注于处理、存储数据，使开发人员致力于提高项目的性能、并发性和可用性。而前端开发专注于显示数据，使开发人员能够专注于将页面表现设计的更加合理，流畅度更高，提升用户满意度。前后端开发人员都可以专注于自己擅长的领域，有助于提高开发效率。

前端项目与后端项目是两个项目，各自独立部署在两个不同的服务器上。前端项目和后端项目是两个不同的工程，采用两个不同的代码库。前后端工程师需要约定交互接口，实现并行开发，开发结束后需要进行独立部署。前端通过 Ajax 发送 HTTP 请求调用后端的 RESTful API。前后端项目一般采用 JSON 格式的字符串作为数据交换的标准格式。前后端分离开发的基础架构如图 16-1 所示。

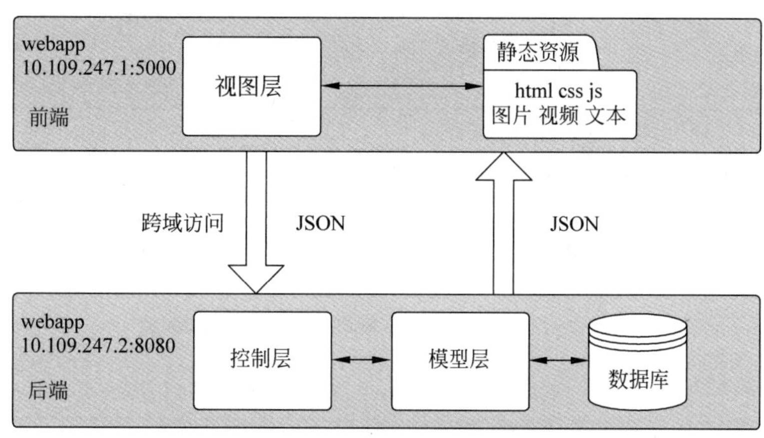

图 16-1　前后端分离开发的基础架构

在后端项目完成 SSM 整合后，可以用接口测试工具 Postman 等执行接口测试。首先查看数据表 ssm_customer 中的现有记录，具体如图 16-2 所示。

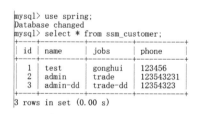

```
mysql> use spring;
Database changed
mysql> select * from ssm_customer;
+----+----------+----------+-----------+
| id | name     | jobs     | phone     |
+----+----------+----------+-----------+
|  1 | test     | gonghui  | 123456    |
|  2 | admin    | trade    | 123543231 |
|  3 | admin-dd | trade-dd | 12354323  |
+----+----------+----------+-----------+
3 rows in set (0.00 s)
```

图 16-2　查看 ssm_customer 表中现有记录

随后，将项目部署到 Tomcat 服务器上，开启 Tomcat。例如，要查找 id 为 1 的客户的信息，可以利用 Postman 向 Spring MVC 控制器发送 RESTful 请求："http://localhost:8080/team/retriveCustomer/1"，单击 Send 按钮发送请求后，会收到服务器端的 JSON 格式的响应，如图 16-3 所示。

观察控制台，在收到客户端请求后，由于配置了 slf4j 日志框架，可查看服务器端执行的 SQL 语句，如图 16-4 所示。

本节中只给出了按照 id 查询客户信息这项功能的代码，对于其他的 CRUD 功能代码，读者可自行完成并测试。此外，可以结合 Spring MVC 拦截器完成用户的登录验证功能，这里不再赘述。

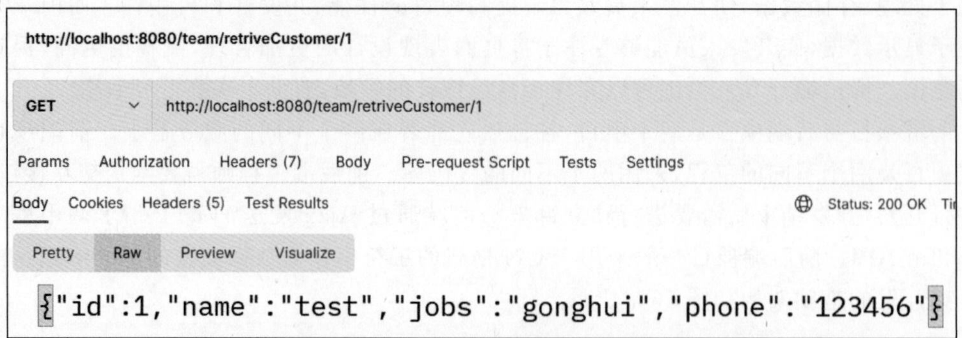

图 16-3　接收服务器端的 JSON 响应

```
信息: [5766]ms 后服务器启动
DEBUG [http-nio-8080-exec-3] - ==>  Preparing: select id,name,jobs,phone from
ssm_customer where id = ?
DEBUG [http-nio-8080-exec-3] - ==> Parameters: 1(Integer)
TRACE [http-nio-8080-exec-3] - <==    Columns: id, name, jobs, phone
TRACE [http-nio-8080-exec-3] - <==        Row: 1, test, gonghui, 123456
DEBUG [http-nio-8080-exec-3] - <==      Total: 1
```

图 16-4　服务器端日志输出执行的 SQL 语句

14. 处理跨域请求

由于前后端项目分别部署于不同的服务器，在进行数据交换时，必然出现跨域请求的情况。所谓跨域，指的是浏览器不能执行其他网站的脚本。它是由浏览器的同源策略造成的，是浏览器施加的安全限制。简单地说，就是从当前域名的网站下不能请求非同源的地址。如浏览器不能通过 A 服务器上的网页"http://abc.123.com/index.html"调用 B 服务器上的服务"http://def.123.com/server.php"。

一个请求 URL 由协议、域名、端口和请求资源地址 4 部分组成，其结构如图 16-5 所示。所谓同源是指，协议、域名、端口均相同，只要有一个不同，就是不同的域。不同域之间相互请求资源，就是跨域。

图 16-5　请求 URL 的结构

在本案例中，后端项目整合了 SSM 三大框架，前端项目分别采用 Vue.js 和微信小程序开发。在执行调试时，前端项目利用 Vue.js 开发，部署在 Node.js 平台，开启 9000 端口；后端项目部署在 Tomcat 服务器上，开启 8080 端口。这样，在浏览器通过前端的 Vue.js 页面请求后端项目的资源时，必然出现跨域问题。为解决跨域问题，可以设置服务器的响应头，通知浏览器接收跨域数据。

对于响应头的设置，需要设置两个域：第一，用 Access-Control-Allow-Origin 来指定发起请求的服务器的地址；第二，用 Access-Control-Allow-Headers 设置响应中传递的数据域清单。对于采用 XML 方式进行的 SSM 框架整合，可以编写 Spring MVC 拦截器解决跨域问题，具体方案如下：

在 src/main/java 目录下创建一个名为 com.example.soft.interceptor 的包,并在该包中创建一个名为 CrossOriginInterceptor 的拦截器。该拦截器的功能就是在跨域请求被 Spring MVC 控制器处理之后(前),追加(设置)响应头,拦截器代码如下:

```
1  public void postHandle(HttpServletRequest arg0,
2  HttpServletResponse arg1, Object arg2, ModelAndView arg3)
3      throws Exception {
4      arg1.setHeader("Access-Control-Allow-Origin",
5          "http://localhost:9000");
6      arg1.setHeader("Access-Control-Allow-Headers",
7          "id,username,jobs,phone");
8  }
```

如拦截器代码所示,第 4～5 行追加响应头 Access-Control-Allow-Origin,表示通知浏览器可以接收来自"http://localhost:9000"地址的跨域请求数据。第 6～7 行设置响应头 Access-Control-Allow-Headers,表示通知浏览器可以接收响应体中跨域数据的清单,本例中的跨域数据为 Customer 类的属性数据,如 id、username、jobs 和 phone。此处,也可以用通配符"*"替代清单中的属性名字,表示接收所有数据。

最后,修改 Spring MVC 的配置文件,注册拦截器,代码如下:

```
<mvc:interceptors>
    <mvc:interceptor>
        <mvc:mapping path="/**"/>
        <bean class="com.example.soft.interceptor
          .CrossOriginInterceptor"/>
    </mvc:interceptor>
</mvc:interceptors>
```

15. 系统测试

经过以上步骤,不仅完成了后端项目 SSM 三大框架的整合,也完成了与前端项目的整合。可以进行前后端整合的系统测试。Tomcat 服务器启动后,开启 Node.js 服务,在看到如图 16-6 提示消息后,在浏览器的地址栏输入"http://localhost:9000/ListEmp",即可看到 Vue.js 前端页面返回的数据,如图 16-7 所示。其中,Vue.js 前端项目代码见附录 C。

```
50% building modules 337/340 modules 3 active ...ore-js\library\modu
50% building modules 338/340 modules 2 active ...ore-js\library\modu
50% building modules 339/340 modules 1 active ...ore-js\library\modu
50% building modules 340/341 modules 1 active ...js\library\modules\
50% building modules 341/342 modules 1 active ...core-js\library\mod
50% building modules 341/343 modules 2 active ...library\modules\_tc
51% building modules 342/343 modules 1 active ...library\modules\_tc
95% emitting

 Compiled successfully in 22727ms

 Your application is running here: http://localhost:9000
```

图 16-6 Node.js 启动日志

解决跨域问题后,也可以开发微信小程序前端项目展示数据,运行效果如图 16-8 所示。微信小程序前端项目代码见附录 D。

图 16-7　Vue.js 页面展示的数据

图 16-8　微信小程序前端展示的数据

16.2　基于注解方式的整合

除了采用 XML 方式,还可以使用注解方式实现 SSM 框架整合。整合过程中,可以使用注解完全替代 XML 文件。使用注解替代 XML 文件的原因是:通过 XML 描述的都是注册在 Spring 或 Spring MVC 配置文件中即将被实例化的类,完全可以使用 Java 代码来实例化这些类。这就是用注解代替 XML 文件的基本思路。

16.1 节 SSM 框架的整合过程已经使用了 XML 和注解混合的方式。因此,只需要将两个 XML 形式的配置文件(Spring 的配置文件和 Spring MVC 的配置文件)改造为 Java 代码即可。可在项目的 src/main/java 目录下创建一个名为 com.example.soft.config 的包。这个包存放用于替代 XML 文件的 Java 类,改造的步骤如下。

1. 注解替代 Spring 的配置文件

Spring 的配置文件 applicationContext.xml 文件中描述了如下 4 项内容。

(1) 配置数据源。

（2）配置事务管理器。

（3）配置 MyBatis 的 SqlSessionFactory 和 Mapper 包扫描。

（4）扫描并实例化 Service 组件。

其中，(1)属于 Druid 数据库连接池相关设置，(2)和(4)属于 Spring 相关设置，(3)属于 MyBatis 相关设置。因此，可在 com. example. soft. config 包中创建 3 个配置类 DruidConfig、SpringConfig 和 MyBatisConfig，分别对应上述 3 类设置。

DruidConfig 类用于获取数据库连接信息并定义创建数据源对象的方法。在 DruidConfig 类中，使用@PropertySource 注解读取 db. properties 文件中的数据库连接信息。定义 getDataSource()方法，用于创建 DruidDataSource 对象。通过 DruidDataSource 对象返回数据库连接信息，具体代码如文件 16-6 所示。

【文件 16-6】 DruidConfig. java

```
1  package com.example.soft.config;
2  import javax.sql.DataSource;
3  import org.springframework.beans.factory.annotation.Value;
4  import org.springframework.context.annotation.Bean;
5  import org.springframework.context.annotation.PropertySource;
6  import com.alibaba.druid.pool.DruidDataSource;
7
8  @PropertySource("classpath:db.properties")
9  public class DruidConfig {
10     @Value("${jdbc.driver}")
11     private String driver;
12     @Value("${jdbc.url}")
13     private String url;
14     @Value("${jdbc.username}")
15     private String userName;
16     @Value("${jdbc.password}")
17     private String password;
18
19     @Bean("dataSource")
20     public DataSource getDataSource() {
21         DruidDataSource ds = new DruidDataSource();
22         ds.setDriverClassName(driver);
23         ds.setUrl(url);
24         ds.setUsername(userName);
25         ds.setPassword(password);
26         return ds;
27     }
28 }
```

如文件 16-6 所示，第 8 行使用@PropertySource 注解指定读取 db. properties 文件，相当于在 Spring 的配置文件中指定：

```
<context:property-placeholder location="classpath:db.properties"/>
```

第 10～17 行等使用@Value("${xxxx}")注解从配置文件 db. properties 中读取参数值，并为 DruidConfig 的属性赋值。第 21 行，创建 DruidDataSource 的实例 ds，第 19 行的

@Bean 注解指示将 getDataSource() 方法的返回值 ds 交给 Spring 管理,并指定了 ds 对象在 Spring 中的名字为 dataSource。第 22～25 行将数据库连接信息通过属性设置到 ds 对象中,然后返回 ds 对象。

MyBatisConfig 类中定义了 getSqlSessionFactoryBean()方法,用于创建 SqlSessionFactoryBean 对象并返回;定义了 getMapperScannerConfigurer()方法,用于创建 MapperScannerConfigurer 对象并返回,代码如文件 16-7 所示。

【文件 16-7】 MyBatisConfig. java

```
1  package com.example.soft.config;
2  import javax.sql.DataSource;
3  import org.mybatis.spring.SqlSessionFactoryBean;
4  import org.mybatis.spring.mapper.MapperScannerConfigurer;
5  import org.springframework.beans.factory.annotation.Autowired;
6  import org.springframework.context.annotation.Bean;
7
8  public class MyBatisConfig {
9      @Bean
10     public SqlSessionFactoryBean getSqlSessionFactoryBean(
11             @Autowired DataSource ds) {
12         SqlSessionFactoryBean sf = new SqlSessionFactoryBean();
13         sf.setDataSource(ds);
14         return sf;
15     }
16
17     @Bean
18     public MapperScannerConfigurer getMapperScannerConfigurer() {
19         MapperScannerConfigurer msc = new MapperScannerConfigurer();
20         msc.setBasePackage("com.example.soft.mapper");
21         return msc;
22     }
23 }
```

在文件 16-7 中,第 9～15 行创建了 SqlSessionFactoryBean 对象 sf,并交由 Spring 管理。使用@Autowired 注解用于将数据源注入形参中(第 11 行);第 17～22 行创建了 MapperScannerConfigurer 对象 msc 并交由 Spring 管理,并在第 20 行指定了要扫描的 Mapper 所在的包。

SpringConfig 类主要负责事务管理器的实例化和指定扫描 Service 组件所在的包,代码如文件 16-8 所示。

【文件 16-8】 SpringConfig. java

```
package com.example.soft.config;
import javax.sql.DataSource;
import org.springframework.beans.factory.annotation.Autowired;
import org.springframework.context.annotation.Bean;
import org.springframework.context.annotation.ComponentScan;
import org.springframework.context.annotation.Configuration;
import org.springframework.context.annotation.Import;
import org.springframework.jdbc.datasource
```

```
9       .DataSourceTransactionManager;
10  import org.springframework.transaction.annotation
11      .EnableTransactionManagement;
12
13  @Configuration
14  @Import({DruidConfig.class, MyBatisConfig.class})
15  @EnableTransactionManagement
16  @ComponentScan(basePackages = "com.example.soft.service")
17  public class SpringConfig {
18      @Bean("transactionManager")
19      public DataSourceTransactionManager getDataSourceTxManager(
20              @Autowired DataSource dataSource) {
21          DataSourceTransactionManager dtm = new
22              DataSourceTransactionManager();
23          dtm.setDataSource(dataSource);
24          return dtm;
25      }
26  }
```

如文件 16-8 所示，第 13 行使用@Configuration 注解，指示该类是一个 Spring 的配置类。@Configuration 标注在类上，作用为配置 Spring 容器(应用上下文)，相当于 XML 文件中的< beans />标记。第 14 行使用@Import 注解，用于导入 MyBatis 和 Druid 配置类。第 15 行使用@EnableTransactionManagement 注解开启 Spring 的事务支持，其作用相当于 XML 文件中的如下语句：

```
<tx:annotation-driven transaction-manager="transactionManager" />
```

第 16 行应用@ComponentScan 注解，指定扫描 Service 组件所在的包。作用相当于 XML 文件中的如下语句：

```
<context:component-scan base-package="com.example.soft.service" />
```

第 18～25 行定义了 getDataSourceTxManager()方法，用来创建 DataSourceTransactionManager 类的对象 dtm。使用@Autowired 注解将数据源注入形参 dataSource 中，在设置了事务管理器的 dataSource 属性后，返回 dtm。第 18 行用@Bean 注解指示了该方法返回的 dtm 对象交由 Spring 管理，并指定返回对象在 Spring 中的名称为 transactionManager。

至此，利用 3 个类将原 Spring XML 配置文件中的内容分解完毕。

2. 注解替代 SpringMVC 的配置文件

在 com.example.soft.config 包中创建名为 SpringMvcConfig 的类作为 Spring MVC 的配置类，在配置类中指定 Controller 组件的扫描路径，代码如文件 16-9 所示。

【文件 16-9】 SpringMvcConfig.java

```
package com.example.soft.config;
import org.springframework.context.annotation.ComponentScan;
import org.springframework.context.annotation.Configuration;
import org.springframework.web.servlet.config
    .annotation.EnableWebMvc;

```

```
7  @Configuration
8  @ComponentScan(basePackages = "com.example.soft.controller")
9  @EnableWebMvc
10 public class SpringMvcConfig {
11 }
```

如文件 16-9 所示，第 8 行指定扫描 Controller 组件所在的包，其作用相当于 XML 配置文件中的如下语句：

```
<context:component-scan base-package="com.example.soft.controller" />
```

第 9 行使用@EnableWebMvc 注解启用 Spring MVC 配置，其作用相当于 XML 文件中的如下语句：

```
<mvc:annotation-driven />
```

在 16.1 节中，采用拦截器解决了跨域问题。同样，也可以用注解来解决。例如在 Spring MVC 的控制器上添加@CrossOrigin 注解。该注解既可以用在类上，也可以用在方法上。在类中使用@CrossOrigin 注解，说明当前控制器所映射的 URL 允许被跨域访问；这个注解只在当前控制器中生效。用在方法上，表示当前处理器所映射的 URL 允许被跨域访问。其中，@CrossOrigin 中有两个参数：

(1) origins：允许访问的域列表。

(2) allowedHeaders：允许访问的响应头列表。

对于文件 16-5 中的 Customer retriveCustomer(String id)方法，其中的形参 id 是一个跨域参数，为实现跨域访问，需要将 id 参数加入允许访问的响应头列表中，如下所示：

```
@CrossOrigin(allowedHeaders = "id")
```

至此，已完成了 SSM 框架整合的配置类的编写。

3. 注解替代 web.xml 部署描述文件

Spring 提供了一个抽象类 AbstractAnnotationConfigDispatcherServletInitializer，该类的子类都会在项目启动时自动配置前端控制器 DispatcherServlet、初始化 Spring MVC 容器和 Spring 容器。而且可以通过该类的子类配置 DispatcherServlet 的映射路径，将 Spring MVC 配置类信息加载到 Spring MVC 容器，将 Spring 配置类信息加载到 Spring 容器。这样，可以创建这个抽象类的子类，编写 Java 代码来替代 web.xml 文件。

在 com.example.soft.config 包中创建名为 ServletContainerInitConfig 的类，继承 AbstractAnnotationConfigDispatcherServletInitializer 抽象类，并重写 3 个方法，ServletContainerInitConfig 类代码如文件 16-10 所示。

【文件 16-10】 ServletContainerInitConfig.java

```
package com.example.soft.config;

import org.springframework.web.servlet.support
    .AbstractAnnotationConfigDispatcherServletInitializer;

public class ServletContainerInitConfig
    extends AbstractAnnotationConfigDispatcherServletInitializer {
```

```
8
9       protected Class <?>[ ] getRootConfigClasses() {
10          return new Class[ ] {SpringConfig.class};
11      }
12
13      protected Class <?>[ ] getServletConfigClasses() {
14          return new Class[ ] {SpringMvcConfig.class};
15      }
16
17      protected String[ ] getServletMappings() {
18          return new String[ ] {"/"};
19      }
20  }
```

如文件 12-10 所示，getRootConfigClasses()方法(第 9～11 行)将 Spring 配置类的信息加载到 Spring 容器中；getServletConfigClasses()方法(第 13～15 行)将 Spring MVC 配置类的信息加载到 Spring MVC 容器中；getServletMappings()(第 17～19 行)指定前端控制器 DispatcherServlet 的映射路径。

ServletContainerInitConfig 类会在项目启动时加载，该类加载后会自动初始化 Spring 容器和 Spring MVC 容器，加载配置类的信息，并配置好 DispatcherServlet。

至此，采用注解方式整合 SSM 框架的任务已全部完成。启动 Tomcat 服务器后，可以用接口测试工具 Postman 进行接口测试。例如，查询 id 值为 2 的客户信息，可以在地址栏输入“http://localhost:8080/team/retriveCustomer/2”。

发送请求后，可以看到成功查询到对应的信息，如图 16-9 所示，说明整合成功。

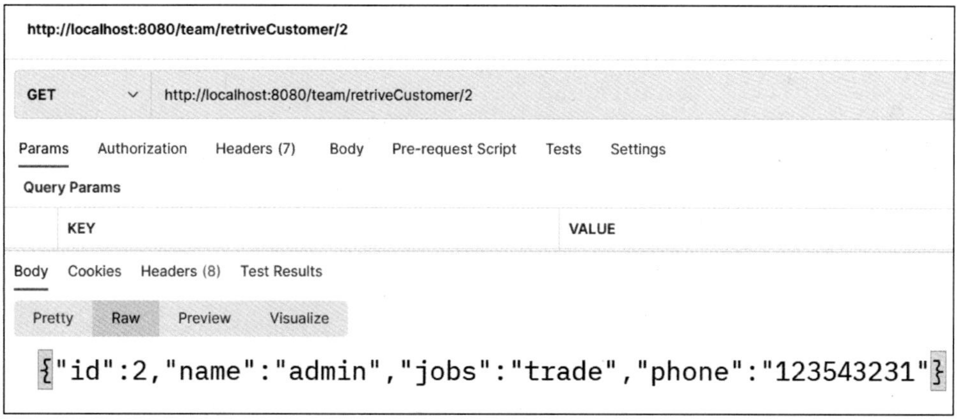

http://localhost:8080/team/retriveCustomer/2

GET http://localhost:8080/team/retriveCustomer/2

Params Authorization Headers (7) Body Pre-request Script Tests Settings

Query Params

KEY	VALUE

Body Cookies Headers (8) Test Results

Pretty Raw Preview Visualize

{"id":2,"name":"admin","jobs":"trade","phone":"123543231"}

图 16-9　查询结果

附录 A　在 Eclipse 中配置 Maven

附录 B　MySQL 的安装与设置

附录 C　Vue. js 客户端代码

附录 D　微信小程序客户端代码

扫描下方二维码，可获取附录 A～D 电子版资料。

图书资源支持

感谢您一直以来对清华版图书的支持和爱护。为了配合本书的使用，本书提供配套的资源，有需求的读者请扫描下方的"书圈"微信公众号二维码，在图书专区下载，也可以拨打电话或发送电子邮件咨询。

如果您在使用本书的过程中遇到了什么问题，或者有相关图书出版计划，也请您发邮件告诉我们，以便我们更好地为您服务。

我们的联系方式：

地　　址：北京市海淀区双清路学研大厦 A 座 714

邮　　编：100084

电　　话：010-83470236　010-83470237

客服邮箱：2301891038@qq.com

QQ：2301891038（请写明您的单位和姓名）

资源下载：关注公众号"书圈"下载配套资源。

资源下载、样书申请

书圈

图书案例

清华计算机学堂

观看课程直播